（1）国家自然科学基金项目“豆科/禾本科间作作物群体对生物炭输入的响应及菌根效应”(NO.31200332)，2013.01-2015.12.
（2）国家自然科学基金项目“生物炭输入对旱作玉米氧化亚氮（N_2O）排放的影响及菌根调节机制”（NO.31700367），2018.01-2020.12.

农田生态系统中生物炭的环境行为与效应

刘领 著

中国水利水电出版社
www.waterpub.com.cn
·北京·

内 容 提 要

本书根据当前国内外有关生物炭在环境污染领域的研究和应用情况，对生物炭的基本性质和污染物治理原理作了简要分析，介绍了生物炭在污染物治理方面的研究进展，以及某些研究成果在生产实践中得到应用的情况。本书主要介绍生物炭的基本概念、生产工艺、流程和作用机理，生物炭与土壤生物，生物炭与全球气候和温室气体排放的关系，生物炭土壤修复，生物炭的潜在环境风险，生物炭的未来发展等方面的内容。

本书可供从事环境科学、土壤化学等专业的师生和研究人员阅读使用，也可供对生物炭感兴趣的其他读者阅读参考。

图书在版编目（CIP）数据

农田生态系统中生物炭的环境行为与效应 / 刘领著
. --北京：中国水利水电出版社，2018.9 （2024.1重印）
ISBN 978-7-5170-6828-0

Ⅰ.①农… Ⅱ.①刘… Ⅲ.①活性炭—应用—农田—农业生态系统—研究 Ⅳ.①S181.6

中国版本图书馆CIP数据核字（2018）第206143号

责任编辑：陈 洁　　封面设计：王 伟

书 名	农田生态系统中生物炭的环境行为与效应 NONGTIAN SHENGTAI XITONG ZHONG SHENGWUTAN DE HUANJING XINGWEI YU XIAOYING
作 者	刘领 著
出版发行	中国水利水电出版社 （北京市海淀区玉渊潭南路1号D座 100038） 网址：www. waterpub. com. cn E-mail：mchannel@263. net（万水） sales@waterpub. com. cn 电话：（010）68367658（营销中心）、82562819（万水）
经 售	全国各地新华书店和相关出版物销售网点
排 版	北京万水电子信息有限公司
印 刷	三河市元兴印务有限公司
规 格	170mm×240mm　16开本　15.75印张　276千字
版 次	2018年9月第1版　2024年1月第2次印刷
印 数	0001–2000册
定 价	69.00元

前　言

所谓生物炭，具体是指一类由动植物残体在缺氧的情况下经缓慢高温热解产生的高度芳香化的富含碳素的固态物质。它具有一定的稳定性，且难溶于水。大量的研究表明，将废弃生物质制备成生物炭施入土壤，不仅可以改善土壤肥力、改善土壤营养元素循环、改变土壤中污染物的形态、催化农药等污染物的水解、促进作物生长、保证农田生产出安全的食品，而且可以显著降低CO_2的排放，对于解决全球性气候变化问题有着巨大的潜力。

我国是一个人口大国，人均耕地面积相对较少，加之近年来的高速城市化，农田面积持续减少，长期高密度的种植又导致土壤肥力严重下降，而且农药、化肥等物质的使用也使得土壤遭到严重的污染。这些问题若不能很好地解决，将严重影响我国社会经济的持续发展。将农业废弃物转化为生物炭进行综合利用，不仅可以缓解工业上碳的增汇减排的压力，而且可以有效改善土壤生态环境。为此，作者特撰写本书，针对农田生态系统中生物炭的环境行为与效应展开研究讨论。

全书内容共分八章。第一章讨论生物炭的概念、来源、分类、特性及表征方法等内容，为全书的研究奠定基础；第二章讨论生物炭的生产工艺及其对生物炭特性的影响；第三章讨论生物炭对土壤质量的影响，内容涉及生物炭对土壤物理性质、化学性质以及有机质的影响；第四章讨论生物炭对土壤微生物、土壤动物以及农作物的影响，并且以小麦秸秆还田为例深入探讨了生物炭在农田生态系统中的应用；第五章讨论生物炭在土壤修复中的应用，内容主要包括生物炭改良土壤酸碱性、生物炭修复土壤有机污染、生物炭修复土壤重金属污染等；第六章讨论生物炭对土壤温室气体排放及气候变化的作用；第七章简要探讨生物炭应用的潜在环境风险；第八章在总结生物炭应用中亟待解决问题的基础上进一步探讨了生物炭应用的未来趋势。

全书逻辑条理、结构完整、语言精练，在总结国内外最新研究成果的基础上，加入了作者在生物炭生产及应用方面的创新见解。

尽管人类对生物炭的应用由来已久，但是学术界对生物炭生产及应用的理论研究却是近些年才大规模展开的，相关理论更新较快，加之作者水平有限，书中难免会有不足之处，恳请相关专家学者批评指正。

在撰写本书的过程中，作者参考了国内外大量的学术文献，也得到了同行业许多学者的指导帮助，在此特表示真诚的感谢。

作　者

2018年5月

目　录

第一章
生物炭的特性与应用概论

生物炭是生物质在缺氧条件下通过热化学转化得到的固态产物，生物炭化还田可能成为人类应对全球气候变化的一条重要途径。大量研究表明，生物炭施入土壤生态系统后，不仅可以增强土壤固碳能力，还可以改善土壤结构及理化性状，具有提高土壤质量和肥力、提升作物产量的作用。生物炭应用于能源领域，可成为替代燃煤、石油、天然气等化石能源的清洁环保能源。进一步特殊加工形成生物炭产品还可应用于退化耕地、退化草原、退化果园及新垦土地等障碍用地的生态修复与重建，以及污水处理、水质净化、面源污染和废弃物处理等诸多领域。随着生物炭研究的不断深入，其在全球碳生物地球化学循环、气候变化和环境保护中的重要作用日趋明显。

第一节　生物炭的定义及来源

一、生物炭的定义

生物炭是一个既新鲜又古老的名词，它是生物质在缺氧条件下通过热化学转化得到的固态产物。木炭作为一种典型的生物炭类型在我国具有悠久的历史。我国作为生产和烧制木炭最早的国家之一，早在商周时期就有木炭的使用记载，且在之后漫长的历史岁月中，木炭起到了极其重要的作用，是我国从农耕文明进入青铜文明，进而步入铁器文明的见证。唐朝诗人白居易的《卖炭翁》流传千古，正是反映我国古代使用生物炭的盛况。最初木炭等生物炭的应用主要与铜等金属冶炼相关，或者单纯作为取暖和供热使用，很少与土壤环境联系在一起。

关于生物炭在土壤环境中的应用，最早见于对南美亚马逊流域黑土Terra Preta的研究中。20世纪60年代，荷兰土壤学家Wim Sombroek在巴西亚马逊流域进行土壤考察时，发现该地区有一种富含黑色物质的土壤，其有机质和氮、磷、钙、锌、锰等植物营养元素含量极其丰富，该类土壤被称为Terra Preta，意思为印第安人的黑土壤。研究表明，该类黑色物质就是生物炭，它已在土壤中保存1000多年，在维持土壤生产能力和肥力中一直发挥着重要作用。

由于生物炭的相关研究起步较晚，初期缺乏国际上统一的名称和标准，不同研究者对生物炭的称呼不尽相同，如生物炭、黑炭、生物质碳和生物质焦等。随着对生物炭的广泛关注，越来越多的研究者试图统一对生物炭的定义。国际生物炭协会对生物炭的定义是：生物炭是生物质在缺氧条件下通过热化学转化得到的固态产物，它可以单独或者作为添加剂使用，能够改良土壤、提高资源利用效率、改善或者避免特定的环境污染，以及作为温室气体减排的有效手段。这一概念更侧重于在用途上区分生物炭与其他炭化产物。生物炭的制备方法与工业生产中木炭的制备方法相似，但因应用目的不同，生物炭制备温度多为300～700℃，主要用于土壤生态系统中，以实现土壤改良、碳固持为目的的一类热解产物，是一个较新的概念，在最近几年有较快的发展。而木炭的制备方式和使用更为宽泛，在金属冶炼、绘画、水处理、化工行业早已广泛应用。表1-1，给出了常见碳质材料的概念和内涵。

表1-1　常见碳质材料的概念和内涵

概念	内涵
生物炭	强调生物质原料来源和在农业科学、环境科学中的应用，主要用于土壤肥力改良、大气碳库增汇减排以及受污染环境的修复
黑炭	泛指有机物不完全燃烧而产生的各种形式的有机残渣。燃烧条件的不同导致黑炭包含了大量物质
木炭	由木材和相关的有机物质的热裂解产生的，主要用于城市里加热或做饭用的燃料，但传统上也被用作土壤改良或气味的控制。传统窑里的温度接近450～500℃，这和工业热裂解的温度相似，但产量较低；相比于工业热裂解（35%），传统窑中原材料干重的转化率仅有10%
活性炭	活性炭具有高热值和高内表面积，是高温（>500℃）长时间（>10h）加热含碳物质而产生的。最终产物具有很高的吸附性，不被用作土壤改良剂而是被应用到了清洁过程，如水的过滤和气体、液体或固体污染物的吸附
焦炭	由任意自然或人工有机物质热裂解形成的固体产物，如来自森林火灾和化石碳氢化合物不完全燃烧而产生的烟灰
农业炭	强调用于农业改良、作物增产的炭质材料，可以认为是生物炭在农业科学中的特定称谓

生物炭的土壤环境效应越来越受到关注。目前，人们已对生物炭在土壤生态系统的固碳效应、生物炭对温室气体的减排效应、生物炭对土壤碳循环的影响、生物炭对土壤氮循环的影响、生物炭对土壤的改良效应、生物炭对土壤氮磷元素流失控制、生物炭对土壤污染的防治及生物炭的潜在环境风险进行了细致的研究。

二、生物炭的来源

（一）生物炭制造的历史

生物炭的生产和使用由来已久，世界上几乎所有民族的文明史中都有关于制造生物炭的记载。1870年，美国地质学家和探险家James Orton出版了《亚马逊与印第安人》一书，书中所描述的热带森林地区肥沃的富含生物黑炭的土壤Terra Preta激起了人们对生物黑炭研究的浓厚兴趣，现代科学家从这种土壤性质出发，萌发了创造技术土壤的构想，希望能够通过类似古人类的管理理念在贫瘠土壤上培育出肥沃而高碳库的土壤。

传统木炭的生产更准确地说应该是“炭化作用”，这涉及在燃烧湿的生物质之前先用土将生物质封闭。传统木炭是采用土窑、木窑、砖窑、钢制窑或混凝土制窑生产的，是隔绝氧气的闷燃烧，是慢速热解过程，其优点是操作简单且成本低。传统木炭的生产要经历三个阶段，这三个阶段可以根据出烟颜色来划分，即分为干燥阶段（白烟）、热解阶段（黄烟）和完结阶段（蓝烟）。土窑、木窑、砖窑、钢制窑以及混凝土窑的简易结构图，如图1-1所示。

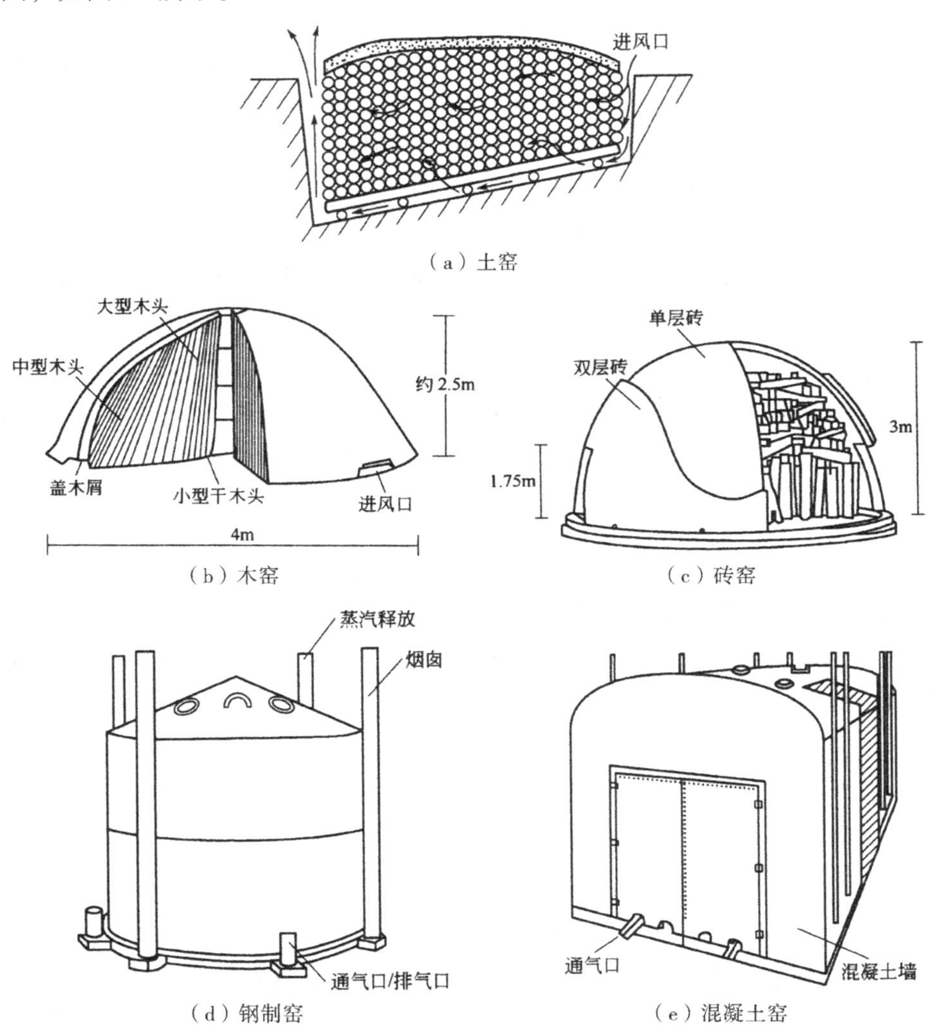

图1-1　土窑、木窑、砖窑、钢制窑以及混凝土窑的简易结构图

土窑采用最简易的方法来保证通风和减少散热。小的土窑容积大约仅$1m^3$，在地下燃烧木材，点火后放进窑里，然后加木材使火焰变大，在此期间，铺上约0.2m厚的枯枝落叶。大点的土窑容积有30m^{3}或者更大。大土窑的单位木炭产量不一定就比小土窑的大，但是从人力角度考虑，大土窑会更高效些。

木窑其实就是土窑在地面上的“翻版”。典型的木窑如图1–1（b）所示，最靠近中心的地方竖直地放置一些小木头，靠外的地方垂直地放置一些大木头，在这些大木头之间填上一些小木头，以增加燃料的密度。但是木窑和土窑一样，最明显的缺点就是木炭产量低且是显著的空气污染源。

砖窑是对前两者的一个显著有效的改进，木炭产率相对较高且成本较低。顾名思义，砖窑就是用砖砌成窑壁，作为窑的隔热部分。砖窑有两个空间上相对的开孔，用于调节和改善通风，空气从窑壁底部的口进入，生产过程中产生的烟则从窑顶部的口排出，其中那个低的开孔还可以作木炭的出口用。两个开孔既可以用钢门关住，也可以用砖或泥封住。

钢制窑源于欧洲，后来在20世纪60年代，逐渐传到一些发展中国家。钢制窑主要由两个相互咬合的圆柱体和一个圆锥形盖子构成。整个窑体由8根垂直并固定在底部的管道支撑。这些管道用于空气的进入或当窑内填满烟灰时，作为烟灰的出口。钢制窑较前几种窑更好，比如说通气口的改进、木炭产率和质量的提高等。

混凝土制窑也叫型窑，是由混凝土或混凝砖制成的矩形窑。窑体的这种设计主要是为了木材和木炭的机械化装卸。

随着制窑技术的改进，木炭产率有所提升，但总体上还是存在产率低、易产生空气污染等问题。

（二）生物炭制造的现状

数千年来，人们制造木炭都是采用在缺氧的环境下燃烧木材、稻草或者农作物废弃物的方法。生物炭也不例外，传统制造方法也是将土壤覆盖在点燃的生物质上，使其长时间无焰燃烧，这是隔绝氧气的闷燃烧，是慢速热解过程，但是，如果以传统的方式去大规模生产生物炭，将会引起过度采伐森林、微粒空气污染、温室气体排放，以及威胁局部地区人民的健康等问题。因此，人们不断开展热解工艺的研究，以期能够最优化利用生物质资源，最小化对环境及人的危害。目前，工业热裂解是生物炭生产的主流方向，工业热裂解主要包括慢速热裂解、中速热裂解、快速热裂解和闪速热裂解。如图1–2所示是根据国际生物炭倡导组织网站资料翻译和修改的生物炭生产与利用的示意图。

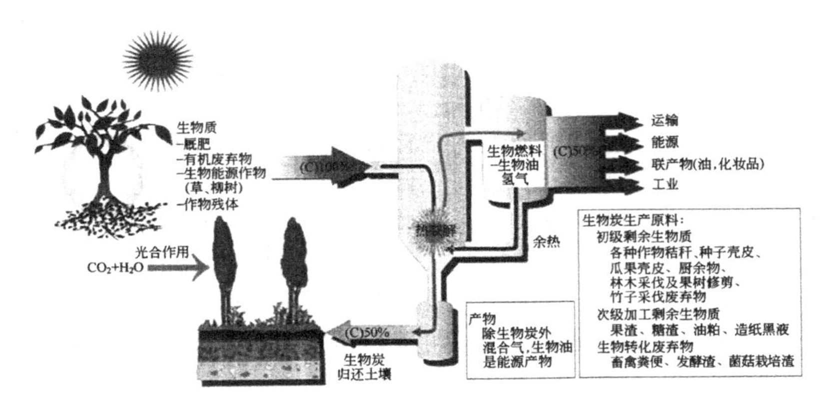

图1-2　生物炭生产与利用

热裂解是在缺氧或有限供氧环境中热分解有机材料（或生物质）。生物质在不同温度及升温速度下进行热裂解都可以产生生物炭，只是生物炭的产量、性质及特征有所不同，而慢速热裂解工艺的生物炭产率最大。热裂解所使用的温度相对较低，为400～800℃。目前利用热裂解生产的两种燃料有氢气和生物油。在英国，人们利用热裂解将生物质转化成液态生物油。虽然热裂解是生物炭文献中最常提及的生产技术，但是目前主要的问题就是缺乏一种性价比较高的裂解技术。虽然科技正在快速发展，但是市场上却没有主导的设计。因此，单位成本依旧很高，而性能、可靠性和可操作性仍然处于研究阶段。正因为如此，笔者建议关注一下气化技术，这种技术对于靠电和热生产的今天是十分经济的。接下来，我们简要讨论如下几种目前最常用的生物炭生产技术：

（1）慢速热裂解。慢速热裂解是有关生物炭的文献中最常提及的技术，它是指在慢速加热条件下发生的热裂解反应。生物质转化成这个反应系统需要几分钟。加热速率范围为20～100℃/min，最高温度约600℃，而且该条件下固、液、气三相的热解产物产量都比较大。生物质分解的第一阶段发生在120～200℃，也称预热解，该阶段中生物质发生内部重排。第二阶段是固体分解，也是热解的主要阶段。该阶段热解反应高速进行并形成热解产物。在第三阶段中，是由C-H和C-O键断裂引起的继续脱气，生物炭慢速产生，形成富碳残留物。现有的生物炭慢速热裂解单元是基于窑型技术。滚筒热裂解器通过一个外部加热的、水平的圆柱壳移动生物质以确保生物炭和气体的质量。这个过程中不允许故意加进空气，虽然在原料颗粒之间会有孔隙携带空气进入。滚筒下面的燃烧室产生的一些气体会被用于加热生物炭。虽然比传统批式的炭化时间要短，但是生物质穿过这个滚筒也需要几分钟，所以这个过程被称作“慢速热裂解”。旋转式热裂解器通过一个管状反应器移动生物质。一些旋转式热裂解器是通过外部加热的，而另一些则是利用一种加热载体如沙子在生物质穿过管子时加热生物质。目前，最大的商业慢速热裂解电厂是日本的MTK。该厂每天在回转窑里加热100t的生物质。而在西澳大利亚西南部的纳罗金成功研发了一座裂解木材一体化1MW（兆瓦电力）的发电厂。该电厂每年发电7500MW，同时可生产活性炭690t以及桉树油210t。还有一种慢速裂解的变体，包含蒸汽气化的一步，此技术是由美国Eprida公司和芝加哥大学联合研发的。将蒸汽添加到热裂解反应中，可以放出另一种合成气，主要是氢气的形式。这个二次裂解后剩下的生物炭表现出和一次裂解不同的性质，如孔的大小和C/O比。合成气可以通过一系列的操作得到纯化，生产出纯的蒸汽，其中氢气为50%，二氧化碳为30%，氮气为15%，甲烷为5%，另外还有低相对分子质量的碳氢化合物，以及一些一氧化碳。

（2）炭化。炭化着重强调热裂解中富含碳的方面。该术语经常被用在木炭制备的传统方法中，可归到慢速裂解的内容中。正如之前提到的，传统木炭制备的温度范围通常低于400℃，得到富含挥发性物质的木炭，适于燃烧。工厂中的反应罐由于其气密性和效率的提升，操作温度在500～600℃之间。

（3）快速热裂解。快速热裂解通过快速加热生物质可以得到大量的液态产物，即相对于生物炭和合成气而言，生物油的产量最大。例如，通常使用的条件是：低于650℃的温度下，很高的加热速率，大约100～1000℃/s，快速猝灭。快速热裂解技术有很多不同的方式，如液化床、烧蚀以及混合着分散的热源，但是所有的这些方式都需要输入的原料粒径小于2mm，并且一并输出油和生物炭，这造成了油中微粒的差异。虽然已经为快速裂解设计了几种反应器，但是流化床的高热和高的转化率使得它成为生物油生产的理想反应器。对细颗粒原料的要求和较难从生物油中分离生物炭使得快速热裂解对于生物炭生产而言是一种成本较高的选择。但是，快速热裂解生产的生物炭的性质可能与慢速热裂解得到的生物炭的性质有很大的不同。大型闪速热裂解电厂在气泡流化床上生产生物油，每天燃烧木材废料200t。圭尔夫电厂与巨型城市回收公司建立了合作伙伴关系，在全面运转时，每年可燃烧66000t的干木材废料，输出的能量相当于130000桶油。另一个快速热裂解单元的例子就是安拓（Antal）等在哈佛大学研发的快速炭化器，是在一个密封的生物质床里高压下通过快速点火燃烧生产生物炭。他们提到，仅在20s或30s内，固定碳产量就可达到理论限值的100%，另外，在压力升高时产量也会有显著的改善，相比于生物炭的形成，氧化了的可燃性气体也会在热裂解过程中先释放出来。

（4）气化。气化实际上就是在高温和限氧条件下（有时在15～50bar的高压下）将含碳物质（煤、石油以及生物质）转化成一氧化碳和氢气蒸汽。合成气是主要的能源输出，气化过程已成为一种废弃物的清洁技术。虽然热裂解发生在完全无氧条件下，但是气化允许氧气或空气来燃烧部分生物质，以为生物质气化过程供热。该气化过程可产生大量的蒸汽、可燃性气体以及生物炭。操作温度相对于热裂解而言较高，空气气化时为800～1100℃；氧气气化时为1000～1400℃。生物质的气化主要是生产合成气用于燃烧或是用于更进一步的过程。合成气通过气体或蒸气漩涡可被用于发电、生产化学品和废料或是进一步净化用作液态燃料。由于将原料转化成合成气通常是主要的目的，所以气体产量最大化而生物炭的产量会降到很低。然而，这个过程也承担着较高的风险，因为重金属和矿物在生物炭中浓缩，当这种生物炭施加到土壤里就可能存在着一定的安全风险。世界范围内，气化被用作全球商业规模的历史已有50多年，主要是用于冶金业、化肥厂和化工厂，在电厂的使用年限超过35年。目前已有超过140家气化电厂。截止到2015年，世界上的气化电厂增长了70%，而在亚洲增长了80%。尽管气化可将10%的生物质原料转化成生物炭，但是作为潜在的生物炭的生产单元，它还没得到重视。因此，一些气化体系的相对简单性和它们用在中大型生物炭生产的潜力使得它们对生物炭的生产者具有一定的吸引力。

第二节　生物炭的分类

越来越多的人认识到生物炭的性质能够在很大程度上发生改变，如生物炭的化学组成、灰分及其组成、密度、持水性、孔径、毒性、离子的吸附与释放、对微生物或非生物质的抗腐蚀性、表面化学性质（如pH值或电荷）、物理特性（如表面积）等。这些生物炭性质影响因素的多少以及相关性质改变的多少使得人们有必要对生物炭进行分类。

一、木炭、活性炭和焦炭的分类体系

目前，对燃料木炭以及其他含碳物质，如活性炭，使用所谓的挥发性物质、固定碳和灰分进行分类。可以用挥发性物质和固定碳表示高温下碳的稳定（固定碳）和不稳定组分。这主要是用来估计燃烧值，但是也适用于在土壤中的稳定性。灰分即为所有的有机元素C、H、N已经被氧化后的

残余固体。这些性质可根据美国材料与试验协会标准（ASTM）D1762—84（2007）中的“近似分析法”来测定。这些测试方法使用的是多数实验室都具备的仪器，并应用于大量样品的常规分析。

相比之下，活性炭和焦炭也是根据它们的比表面积、平均尺寸和孔径分布、吸附性（对于不同类型的气体和液体）、破碎强度、含湿度和水溶性组分来分类的。美国材料与试验协会标准ASTMD2652—94（2006）的有关活性炭标准术语描述了不同类型的活性炭。根据特定物质的性质，ASTM制定了一系列的测试方法，生产商据此进行略微调整即可生产出具有专门用途的活性炭。

新南威尔士州环保局（NSW EPA）为生物固体制定了一个分类体系，根据污染和稳定等级划分为5类。考虑到生物炭是由废弃物如绿色垃圾和城市污泥制得，就需要一种类似的分类体系以满足有关农业废弃物使用的规章制度。“污染分级法”是一种根据所含污染物的浓度范围来描述一种生物固体产品的质量（如重金属和氯代烷烃）的分类标准，等级由A（高质量）到E（低质量）。表1-2给出了“污染分级法”的具体内容。“稳定性分级法”是一种基于生物固体产品的病菌减少水平、对带菌物的吸引减少和恶臭气味的减少而描述其质量的分类方法。无论是污染分级法还是稳定性分级法，都是用来评价生物固体“等级”的，这反过来确定了允许的使用范围和条件。

表1-2 NSW EPA对生物固体的分类

类型	可使用的土地类型	最低的质量等级	
		污染等级	稳定性
无限制使用	1.庭院草坪和花园 2.公共接触平台 3.城市景观 4.农业用地 5.林地 6.固化土地 7.垃圾填埋场 8.荒地	A	A
限制使用1	9.农业用地 10.林地 11.固化土地 12.垃圾填埋场 13.荒地	B	A

续表

类型	可使用的土地类型	最低的质量等级	
		污染等级	稳定性
限制使用2	14.林地 15.固化土地 16.垃圾填埋场 17.荒地	C	B
限制使用3	18.林地 19.固化土地 20.垃圾填埋场 21.荒地	D	C
不适宜使用	22.垃圾填埋场 23.荒地场	E	D

在表1–2中，污染等级是指将生物固体中所含有的一些污染物（如重金属和氯代烃类）浓度划分成A～E级，A级为优（低浓度），E级为差（高浓度），由A～E污染浓度逐渐升高，以此评价生物固体的品质；稳定性等级是指根据病菌减少量和臭气减少量将生物固体的品质划分成A～D级，A级为良好，依次递减，D级为恶劣。

另外，研究人员对焦炭提出了更为复杂的分类体系。这些体系用碳和挥发性物质含量以及热量值作为划分焦炭的最基本特性，并用一系列其他的化学和物理性质来进行进一步划分。这样，烟煤就是固定碳含量（无灰基质）为69%～78%，挥发性物质含量为14%～31%之多，以及热量值从10700～14400Btu/lb（英热单位，一种比能单位）的物质。这种烟煤之后又可再次划分为强、中、弱或不粘煤。

划分用于农业目的的有机物已有很多种分类体系。从规章制度指定的角度而言，由废弃物生产的生物炭有必要遵循全部或部分化合物和生物固体有关的分类方法。对这些标准进行简单描述就是澳大利亚循环性有机物的分类标准：土壤条件、覆盖物、细小的覆盖物或蚯蚓粪便。这个标准还详细描述了每种分类的性质：pH值，导电性，溶解性，氨氮，硝酸盐氮，总氨氮和硝酸盐氮，总氮，有机物含量，硼含量，钠含量，毒性，颗粒物大小，碳酸钙含量，化学污染物（重金属、有机污染物和病原体），玻璃、塑料、石头或黏土混合物，含湿量，自动加热等级，植物的繁殖体和蚯蚓粪便的筛分测试。

二、生物炭的分类体系

生物炭的分类框架图（如图1–3所示）。生物炭的特性基于原料特性和处理的时间、温度和压力条件，当暴露于大气和土壤中时，这些特性会随着时间而改变。在生物炭的这些特性中最主要的区别就是生物炭会有很低或很高的碳含量以及很高或很低的矿物质。一些研究表明，与低矿物质含量的生物炭相比，高矿物质含量的生物炭对植物生长的短期效应更大。然而，对土壤而言，没有数据表明高矿物灰分生物炭比低矿物灰分生物炭有更大的长期效应。

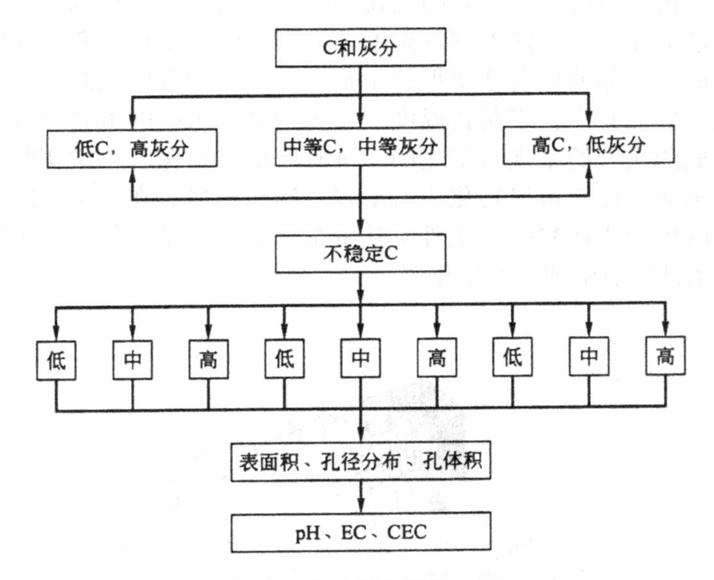

图1–3　生物炭分类框架图

图1–3为生物炭的分类提供了一个可能的框架。为了全面覆盖应用于土壤的生物炭的特性，我们还需要做更多的研究。另外，当将生物炭施用于不同的土壤中时，为了更加准确地测定影响稳定性、植物的生长和土壤健康的最重要的参数，需要确定生物炭的改变。在未来的几年中，将有更多室内和室外试验来确定这些影响不同的土壤和植物的关键的生物炭性质。

第三节　生物炭的微观结构及特性

一、生物炭的微观结构

生物炭在本质上属于无定形碳，碳原子构成的网层不规则地堆积，然而其局部范围内相邻的数个碳原子又呈有序排列，也就是长程无序而短程有序。因此，生物炭的碳结构是乱层微晶结构。图1-4形象地反映了生物炭微观结构随热解温度升高的变化趋势。当制备温度较低时，生物炭的碳层高度紊乱无定形；随着制备温度的升高，碳原子排列有序性增强，微晶逐渐形成，微晶的取向性变得趋于整齐一致，芳香碳逐渐共轭化，在二维尺度上呈短程有序；当制备温度进一步升高，微晶的重叠方式进一步规则化，形成的炭开始呈现石墨化的三维有序层状结构。科学实验证明，一些非石墨碳通过热解可以转化成石墨碳，碳结构能够在三维空间上有序排列。所有的生物质在3500℃条件下热解都会变成石墨，但部分生物质在不到2000℃条件下热解即可石墨化。

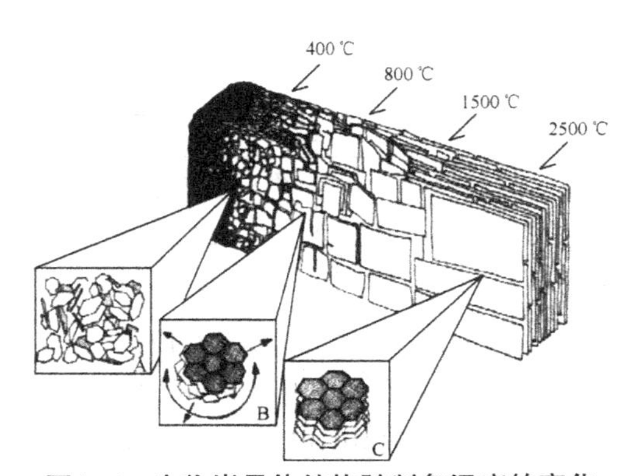

图1-4　生物炭晶体结构随制备温度的变化

A—碳层高度紊乱无定形；B—芳香碳逐渐共轭化，在二维尺度上呈短程有序；C—石墨化的三维有序层状结构

不同类型和来源的生物质的组织形式多样，使得生物炭的微观结构具有复杂性并且因原材料不同而存在明显差异，因此，合适的观测技术和分析方法对研究生物炭微观结构特性有着十分重要的意义。目前研究中采用的技术方法包括X射线衍射分析、透射电子显微镜、核磁共振技术、傅里叶

变换红外光谱等。

X射线衍射分析（XRD）是利用晶体形成的X射线衍射，对物质进行内部原子在空间分布状况的结构分析方法。将具有特定波长的X射线照射到结晶性物质上时，X射线因在结晶内遇到规则排列的原子或离子而发生散射，散射的X射线在某些方向上的相位得到加强，从而显示出与结晶结构相对应的特有的衍射现象。衍射X射线满足布拉格方程，即

$$2d\sin\theta=n\lambda$$

式中：λ为X射线的波长；θ为衍射角；d为结晶面间隔；n为整数。

波长λ可用已知的X射线衍射角测定，进而求得面间隔，即结晶内原子或离子的规则排列状态。将求出的衍射X射线强度和面间隔与已知的表对照，即可确定试样结晶的物质结构，此即定性分析。从衍射X射线强度的比较，可进行定量分析。XRD的特点在于可以获得元素存在的化合物状态、原子间相互结合的方式，从而可进行价态分析，可用于对环境固体的物相鉴定。因此，利用X射线照射，由各衍射峰的角度位置所确定的晶面间距及它们的相对强度，可以得出生物炭中物相的结构及元素的存在状态。研究人员对黄松和高羊茅在100～700℃条件下热解产生的生物炭晶体结构进行对比分析发现，两种原料制备的生物炭在组成上存在很大差异，因草炭灰分较多，矿物含量高，所以KCl等非碳的晶体组分衍射峰明显多于木炭；同时虽然两种原料制备的生物炭在300～400℃都失去纤维素的晶体结构，在400℃以上开始逐步形成乱层微晶结构，但是在相同温度条件下，木炭的石墨化程度高于草炭。对水稻秸秆和牛粪两种原料制备的生物炭的XRD图谱分析比较，研究人员发现这两种硅含量都很丰富的生物炭在晶体结构上的差异主要是由钾引起的，因为秸秆生物炭中的钾催化二氧化硅熔化使得秸秆生物炭中的硅晶体化程度不及牛粪生物炭。

小于0.2nm的细微结构称为亚显微结构或超微结构。倘若想清楚地观察到这些结构，就必须选择波长更短的光源，以提高显微镜的分辨率。透射电子显微镜（TEM）可以看到在光学显微镜下无法看清的小于0.2nm的细微结构。透射电子显微镜以电子束为光源，其波长大大短于可见光和紫外光，并且波长与发射电子束的电压平方根成反比，也就是说电压越高波长越短。因此，透射电镜是在纳米尺度上分析生物炭微观结构的有效手段。通过对比玉米和橡木两种原料制备的生物炭在不同温度下的TEM图谱可以看出，橡木生物炭中碳层平行顺向性较玉米生物炭明显；制备温度的升高使两种原料制备的生物炭的碳层有序性加强且碳层延伸变大；玉米生物炭的碳层有序性变化对温度的响应比橡木生物炭更加明显。

生物炭中的碳原子呈现高度的芳香化结构。芳香化合物存在共轭体

系，大π键上的电子高度离域，电子云密度降低，原子趋于共平面、键长趋于平均化、体系能量降低趋于稳定化。正是生物炭这种特殊的分子结构决定了它比其他任何形式的有机碳都具有更高的生物学惰性与化学稳定性，可以长期储存在土壤生态系统中不易被矿化分解。研究人员推算了不同工艺制备的生物炭的结构，如图1–5所示，热解法制备的生物炭主要以7或8元环的稠环芳烃结构为主[图1–5（a）、（b）]，且不同的热解速率所形成的生物炭结构略有差异，而气化法制备的生物炭每簇约由17元环构成[图1–5（c）]，两类工艺制备的生物炭芳香化程度均大于80%，同时芳环骨架结构中还包含氢、氧等元素，并以羟基、羧基、羰基等含氧官能团形式存在。

核磁共振技术（NMR）是以不破坏样品为前提确定物质的化学结构及某种成分的密度分布。该技术已由物理、化学类基础研究迅速扩展至医疗、生物工程等应用领域，成为分析生物大分子复杂结构最强有力的方法之一。核磁共振的基本原理是，原子核有自旋运动，在恒定的磁场中，自旋的原子核将绕外加磁场做回旋转动，称为进动。进动有一定的频率，它与所加磁场的强度成正比，在此基础上再加一个固定频率的电磁波，并调节外加磁场的强度，使进动频率与电磁波频率相同，这时原子核进动与电磁波产生共振，形成核磁共振。核磁共振时，原子核吸收电磁波的能量，记录下的吸收曲线就是核磁共振谱。由于不同分子中原子核的化学环境不同，将会有不同的共振频率，因此产生特异的共振谱。记录这种波谱即可判断该原子在分子中所处的位置及相对数目，用以进行定量分析及分子质量测定，并对有机化合物进行结构分析。利用核磁共振技术（NMR）可以通过化学位移推测物质含碳基团类型及其所处化学环境，并通过各峰的积分面积反映各种共振信号的相对强度，进而推测有机物结构。^{13}C固体核磁共振技术目前已广泛用于生物炭芳香化结构的研究。由于^{13}C的天然丰度低，因此通常先通过交叉极化（CP）增强信号强度确定含碳基团类型，再通过直接极化（DP）定量分析其相对含量。利用定量^{13}C固体核磁共振技术，研究人员测得玉米生物炭和栎树生物炭中77%以上的碳存在于芳香环中，其中绝大部分是以非质子化的芳香碳存在。芳香碳的比例随制备温度升高而增加。进一步推算发现，玉米生物炭和栎树生物炭稠环芳香族中的平均芳香碳原子数为18～40个。科学家利用NMR对亚马逊流域黑土中存在800多年的生物炭结构进行分析，发现其芳香化程度仍然高达75.4%，羰基占21.1%，烷基比例仅为3.4%，这种生物炭的羧基（COO—）和羰基（C=O）大多直接与芳环相连，以此构建出1个以5～10个芳香环组成的芳香族外围被很多COO—官能团取代的结构模型（如图1–6所示）。研究人员对距今3700余年的古稻田生物炭进行定量^{13}C NMR分析表明，古稻田中的生物炭主要以芳香化基团构成，具有高度的芳香化结构，芳香化程度高达82.8%，其中4.2%是以含氧芳香碳形式存在，如图1-7所示。除此之外，古稻田生物炭还含有15.1%的羰基碳和2.1%的烷基碳。

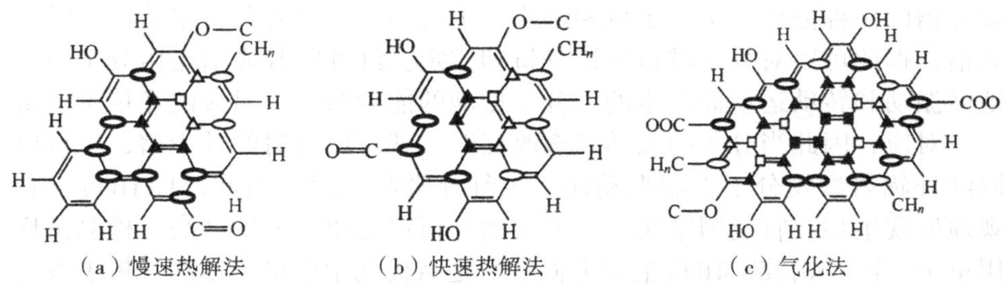

图1-5　不同工艺制备的生物炭芳香化结构

○—来自于多个H的双键；●—来自一个H的双键；
△—来自多个H的三键；▲—来自一个H的三键；
□—来自多个H的四键；■—来自一个H的四键或四键以上的多键

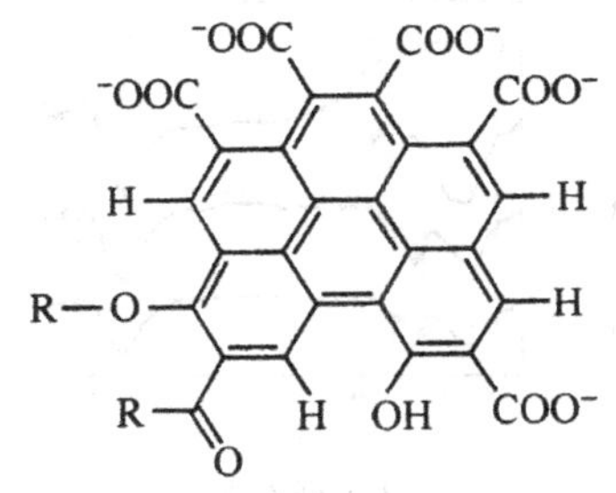

图1-6　亚马逊流域黑土中的生物炭芳香族结构

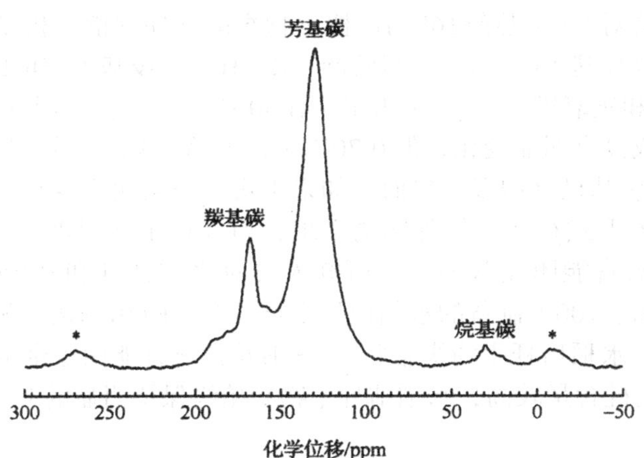

图1-7　距今3700余年的古稻田生物炭DP ^{13}C NMR图谱

（“*”表示边带）

生物炭除了具有芳香化结构外，还包含脂肪族碳、羰基碳等官能团结构。傅里叶变换红外光谱（FTIR）是将一束不同波长的红外射线照射到物质的分子上，某些特定波长的红外射线被吸收，形成这一分子的红外吸收光谱的一种分析方法。组成和结构决定每种分子都有其特定的红外吸收光谱，据此可以对分子进行结构分析和鉴定。红外吸收光谱是由分子不停地做振动和转动运动而产生的。分子振动的能量与红外射线的光量子能量一一对应，因此当分子的振动状态改变时，就可以发射红外光谱，也可以因红外辐射激发分子引起振动而产生红外吸收光谱。因此，FTIR可以直观地展现生物炭官能团结构。红外光谱分析速度快、灵敏度高、检测试样用量少，同时相较NMR价格更为低廉，是结构化学中最常用的分析手段之一，已经普遍用于生物炭的化学组成分析。根据FTIR吸收峰的波数位置可以定性分析生物炭的官能团结构。生物炭官能团的差异和变化在红外图谱中均能得到很好的反映（如图1-8所示）。

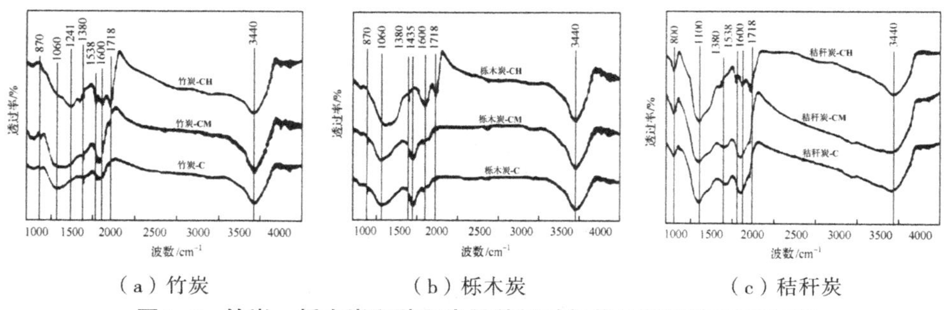

（a）竹炭　　（b）栎木炭　　（c）秸秆炭

图1-8　竹炭、栎木炭和秸秆炭及其经过氧化处理后的FTIR图谱

研究人员对350℃热解16h的洋槐生物炭的红外图谱分析发现，该木炭官能团主要以羟基（O—H）、脂肪族（C—H）、羧基（COOH）、芳香结构（C—C）和碳氧键（C—O）为主，在30℃条件下培养4个月后生物炭含碳官能团组成没有明显变化，但在70℃条件下培养4个月后生物炭的脂肪族C—H减少，羧基显著增多。然而，如果木炭自身炭化程度较高，碳原子基本不以官能团形式存在，红外图谱平坦，但经过不同温度（-22～70℃）老化后，含氧官能团显著增加。研究人员对水稻秸秆和300℃、400℃、500℃、600℃、700℃制备的水稻秸秆生物炭进行FTIR图谱分析发现，随热解温度的升高水稻秸秆生物炭脂肪族C—H及含氧官能团逐渐减少；同时由于水稻秸秆的硅含量较高，水稻秸秆生物炭始终保持明显的Si—O吸收峰。

二、生物炭的特性

由于原材料、技术工艺及热解条件等的差异，生物炭在结构和粒径分布、孔容、表观密度、比表面积、pH值、挥发分含量、灰分含量和持水性等理化性质上表现出非常广泛的多样性，进而使其拥有不同的环境效应和环境应用。目前，学界普遍认为生物炭的原材料和热解温度对生物炭的特性和环境功能影响最为显著。

（一）生物炭的物理性质

生物炭的物理性质有助于发挥其作为环境管理工具的功能。它的物理性质同它影响土壤系统的方式有着直接或间接的联系。基于矿物质和有机物质的性质、它们的相对量以及两者之间的相互作用，每种土壤都有其显著的物理性质。当生物炭施加到土壤中时，它对系统的物理性质就可能产生显著的影响，例如粒径分布、土壤密度以及土壤紧实度等。生物炭对土壤物理性质的影响可能会直接影响植物的生长，因为植物根部空间内的空气和水分的渗透深度和可利用性很大程度上是由表层土壤的物理组成决定的。接下来主要讨论生物炭的一些主要物理性质，详述如下：

（1）粒径分布。由有机物质原料的热裂解而得到的生物炭颗粒的粒径分布依赖于有机物质本身的性质。由于热裂解过程中的收缩和摩擦，有机物质原料的颗粒尺寸有可能大于所产生的生物炭的颗粒尺寸。在一些情况下，颗粒可能发生结块，因此，也会看到粒径增大的生物炭颗粒。根据裂解过程所使用的机械强度，生物炭颗粒将会产生高度摩擦。有人证实了生物炭颗粒的粒径分布依赖于有机物质原料。由锯屑和木头片生成的生物炭经过了不同的前处理，并产生了不同的颗粒尺寸。经慢速热裂解，两种原料都可以得到越来越合适的尺寸分布（由干燥筛分测得）。研究人员还发现，随着热裂解温度的上升（450℃→ 500℃→700℃），颗粒尺寸趋于下降。这可以解释为：随着反应更加彻底，物质的拉力下降，使得在此过程中抗摩擦能力的下降。基于所使用的技术，生物质原料有不同的处理方法。升温速率越快，就需要越小的原料颗粒以减缓热裂解反应的热量和质量的传递。例如，在快速热裂解中，原料被制成细粉或是细尘状，因此，所得到的生物炭也很细。持续低温热裂解技术（5℃/min→30℃/min）可以生产出直径达几厘米的生物炭颗粒。传统的批式生产的热量和质量的传递可持续几周，因此，使用整的树枝和木头。研究人员调查发现，根据所使用的反应类型和技术，二级气化过程的第一步热裂解使用的生物质燃料颗粒尺寸在50～2000μm之间。要得到小尺寸的生物炭颗粒就需要高的加热速率，从500℃/s到极高加热速率（约1×10^5℃/s）以及短的滞留时间。如果需要得到大颗粒，反应就有可能因热量转移到颗粒物中以及质量转移至生物炭以外的挥发成分中而受到限制。例如，在一块油石的热裂解研究中，有人发现生物炭的产量受到了油石尺寸和热裂解最高温度的影响。长的滞留时间可能会克服大颗粒尺寸的影响。热裂解颗粒的线性收缩的增加同挥发性物质的损失相一致。例如，随着热裂解温度由200℃上升到1000℃，颗粒的线性收缩就从0%增加到20%。有学者认为，热裂解压力的增大（从标准大气压升到5bar、10bar和20bar，$1bar=10^5Pa$）会形成更大的生物炭颗粒。目前学界对此的解释为颗粒簇的形成和膨胀是颗粒溶化的结果。

（2）密度。有两种生物炭密度可供研究，即固体密度和容积密度或表观密度。固体密度就是分子水平上的密度，与碳结构的紧密程度有关；容积密度是指由多种颗粒构成的物质的密度，包括颗粒间的宏观孔隙和颗粒内部的空间。通常，固体密度的增加伴随着表观密度的减小，因为在热裂解过程中产生了孔隙。有学者指出，热裂解温度上升至800℃时，表观密度随着孔隙度从8.3%增至24%而降低。然而，当温度升至900℃时，生物炭的表观密度上升而孔隙度由于烧结反而下降。另外，也有学者暗示生物炭具有最低的表观密度和最高的固体密度值。生物炭非有机相中挥发成分和压缩成分的损失加上由类似石墨的晶体颗粒形成的有机相的相对增加，使得生物炭的固体密度比原料本身的固体密度有所增加。有人已经用X射线测得了生物炭中碳的最大密度，在$2.0\sim2.1g/cm^3$之间。这个值仅略微小于固体石墨的密度（$2.25g/cm^3$）。然而，由于残留的孔隙和它的乱层石墨结构，大多数生物炭的固体密度都显著低于石墨的固体密度，一般约为$1.5\sim1.7g/cm^3$。更低的密度值也是比较常见的，如在一个自然火灾后留下的松木生物炭的固体密度值为$1.47g/cm^3$。用于吸附气体的生物炭比用于净化液体的密度大。生物炭的密度由原料物质本身的性质和热裂解过程决定。生物炭的固体密度随着生产温度的上升和加热停滞时间的延长而增加，这同低密度的无序碳向更高密度的层结构碳的转化相吻合。生物炭中更少量的挥发性物质（比固定碳的分子量小）和灰分使得其具有更高的固体密度。然而，有学者认为，固体密度和升温率无关，并且发现了一个简单而直接的因素——最终的热裂解温度。容积密度也是生物炭的一个重要的物理性质。研究人员发现，不同类型的木头在不同类型的传统窑中生产的生物炭的容积密度的范围为$0.30\sim0.43g/cm^3$。常见文献中，用于气体吸附的活性炭的容积密度值为$0.40\sim0.50g/cm^3$，然而用于脱氯的活性炭密度为$0.25\sim0.75g/cm^3$。研究人员在木头容积密度和由其制成的生物炭的容积密度之间建立了一种线性关系。他们发现，将木头以15℃/h的加热速率加热至900℃时，炭化木头的容积密度是炭化前容积密度的82%。

（3）机械强度。生物炭的机械强度同它的固体密度相关。因此，热裂解后的生物质分子的有序化使它的机械密度比生物质原料的机械密度更强。例如，有学者指出，在最高温度为1550℃时炭化的白杨木，其机械强度增加28%。机械强度是一个用来定义活性炭质量的特性，因为它同使用过程中抗磨损的能力相关。由于农业废弃物，如坚果壳（杏树、榛子、夏威夷果和胡桃）和果核（杏核、橄榄核等）具有较高的机械强度（因为有高的木质素和低的灰分），因此都是很好的活性炭原料。

（二）生物炭的微化学性质

由各种生物原料在一系列条件下热降解形成的生物炭在其组成和化学性质上通常会表现出较大的不同。部分由于热裂解过程中发生的复杂的化学反应，化学异质性很大程度上趋向于微观尺寸。这样，严格地讲，每种特定的原材料和制作过程得到的生物炭都具有自己独特的相态混合和微环境，进而具有了一种独特的化学性质。在某些方面，生物炭的化学复杂性与土壤最初的化学性质形成了竞争。接下来将生物炭的微化学性质简单阐述如下。

（1）表面化学性质。生物炭的表面化学性质是非常丰富和多样的。生物表面表现出了亲水性、疏水性和酸碱性等。这些性质影响了生物炭的活性，同时也依赖于原料和生产条件。生物炭表面上的各种官能团通过表面电荷的性质和π电子影响了它的吸附性。同氧化物的表面一样，官能团上的电荷由溶液中的pH值决定，进而影响吸附行为。被吸附的物质的性质也会影响生物炭的吸附。例如，非过渡金属可被静电力牢牢吸附，然而暴露着π轨道的过渡金属除了可以影响到静电结合到碳层边缘的氧化位点外，还可以同碳层上的π电子成键。这些金属很多都是两性的，使得它们的吸附行为更加复杂。对于过渡金属而言，如果可以克服静电斥力，至少会有一些π电子导致的吸附。很多有机的被吸附物，如苯酚、苯胺以及其他氨基官能团，也表现出两性行为，另外，同两性过渡金属一样，这些有机物也在静电吸附和π电子吸附之间寻求一个平衡。一般地，这些分子倾向于在溶液pH值接近它们的零电荷位点时发生最强的吸附。

（2）生物炭的纳米孔径。长期以来，活性炭的孔径分布被认为是其工业应用的一个重要因素。所以，从逻辑上看，生物炭的这个性质也应是其在土壤过程中行为的一个重要因素。总表面积和孔径分布之间的关系是具有相关性的。随着热解温度的升高，在生物炭的碳层间会有更多规则的结构空隙形成；而随着分子越来越规整有序，晶面间的距离也逐渐缩短，所有的这些都使得生物炭的比表面积越来越大。微孔（材料学界认为所有孔径小于2nm的孔）对生物炭的表面积发挥着最大的作用，并且对小分子（如气体和常见的溶剂）的强吸附能力起到重要作用。值得注意的是，在土壤学界，所有孔径小于200nm的孔称为微孔；这里为了讨论分子和结构的效应，将所有的孔隙划分为微孔（孔的内径<2nm）、中孔（孔的内径介于2～50nm之间）和大孔（孔的内径>50nm）。有学者采用了一些文献中的数据来阐述微孔体积和生物炭总的表面积之间的关系。这为微孔尺度的孔径分布对总的表面积的贡献最大提供了证据。另外，升高的温度提供了活化能，而延长的迟滞时间使得反应更加充分完全。例如，在700℃时由玉米壳生产的活性炭的微孔体积—总的孔体积比比在800℃时生产的活性炭的微孔体积-总的孔体积比要低。气体吸附等温线的分析是评估含碳物质表面积的常用方法。吸附剂、脱气体系、温度、压力以及使用的算法使得文献值之间的比较变得困难。生物炭的表面积通常随着热解温度的升高而增加，直到达到形变的温度，达到此温度后，表面积就会减少。在某些条件下，高温可使微孔变宽，因为它破坏了相邻微孔间的孔壁，导致孔变大。这导致微孔的减少，进而导致总的孔体积的减少。加热速率决定着微孔形成的程度，研究人员发现，在大气压和低的加热速率下得到的生物炭主要由微孔组成，而那些在高的加热速率下得到的生物炭则因熔融作用主要由大孔组成。中孔在生物炭中也会存在，这些孔对许多液-固吸附过程很重要。例如，开心果的硬壳同时具有微孔和中孔，微孔占主要地位，这表明由它制成的活性炭既可用于气体吸附，也可用于液体。

（3）生物炭的大孔。在过去，当评估生物炭和活性炭的吸附作用时，大孔（孔的内径>50nm）只被视为是在将被吸附物运送到中孔或微孔的进样孔。然而，大孔在土壤功能如通气和排水中起重要作用。大孔也在从土壤到植物的运输中起作用，还是许多土壤微生物的栖息地。虽然在生物炭中，微孔表面积要远远高于大孔表面积，但是大孔的体积比微孔的大。孔的大体积在土壤中的作用可能比小的表面积所起到的作用大。正如从大多数制造生物炭得到的生物质规则的植物细胞尺寸和排列所预测的那样，大孔的尺寸分布是离散的尺寸孔群而非连续的尺寸孔群。另一个要考虑的是将土壤孔隙视为其理想栖息地的微生物群的类型。微生物的细胞大小通常为0.5～5μm，且这些微生物主要由细菌、真菌、放线菌和地衣组成，而藻类为2～20μm。因此，生物炭的大孔可为微生物群提供一个大小合适的栖息地。从土壤系统尺度上看，家禽排泄物制成的木炭在SEM下看可看到有长达500μm的大孔，这些大孔是非常重要的。然而，在文献中很少有这种尺度上的研究。土壤的结构是由土壤自然结构体定义的，土壤自然结构体是土壤颗粒的排列，而土壤孔隙度通常被定义为在这些土壤自然结构体之间的松散度。不同的生物炭凝聚颗粒和土壤的自然结构间的相互作用和堆叠将直接影响大块土壤的结构。

（三）生物炭的有机化学性质

下面主要从生物炭的共价键类型、生物炭的结构和生物炭的元素比率以及随着热解温度的变化而发生的改变等方面讨论生物炭的有机化学性质，详述如下：

（1）元素比率。一般地，未经燃烧的燃料（如纤维素和木质素）的H/C比约为1.5，有学者用H/C比≤0.2来定义黑炭。研究表明，生物质燃烧温度主要超过400℃时形成的碳其H/C比可能小于等于0.5。因此，生物炭的生产通常通过C、H、O、N的元素浓度和其比率来评估。一般地，H/C和O/C的比率常被用来确定芳香化合熟化的程度。在对天然的和实验室生产的生物炭文献的回顾中可以发现，这些燃烧产物的化学组成差异很大。事实上，有研究显示，虽然有些生物炭的H/C比确实低于0.5，但是这个数并不适用于所有的生物炭，因为很多燃烧残留物都有很高的H/C比。由此看来，生物炭代表了从部分炭化的物质到石墨和煤烟颗粒的那一个连续体，并没有明确的界限。因此，这种炭化条件的连续性可以延伸到和那些提高氧化程度相联系的组成特性。在自然产生的木炭、植被火烧后的残留物和在实验室中高温或延长加热条件下生产的生物炭的比率较低。一般地，实验室生产的生物炭的H/C和O/C的比率会随温度的升高和加热时间的延长而降低。另外，有学者研究了利用有机物的H/C比来预测有关键排列信息的可能性。例如，豆类1.3的H/C比意味着大多数的C或是直接连到一个质子或是直接通过一个羟基连接。还有学者进一步得出了这样一个结论，碳的芳香部分的H/C比为0.4～0.6时意味着每2/3个C连一个质子；相比之下，烟煤和褐煤的H/C比通常＜0.1，这意味着是一个更像石墨的结构。研究人员观察到，从不同温度下得到的生物炭中提取的胡敏酸同生物炭本身的H/C比差不多或是略低。然而，O/C的比率显著高于等量的生物炭产物。于是，有学者将之归因于是用硝酸提取，引入了额外的含氧官能团。因此，生物炭的化学处理可能会改变它们的化学性质，要注意区分是因炭化条件导致的改变还是因化学处理或提取这些人为因素导致的改变。还有学者发现，在70℃通过发酵人工老化刚生产的生物炭比在30℃下有相对较低的有机碳含量（OC）。相反，实验室在氧气减少的条件下加热木头、豌豆、纤维素和豆子时，有机碳含量会随上升的温度或延长的加热时间的函数而增加。然而，草类的有机碳含量在所有的加热处理的条件下都相对较低，而且在600℃或低于600℃时也趋向于降低。这些差异不仅反映了在化学上的变化，也反映了在灰分含量上的变化。火烧残留物中的灰分含量是依植被中的灰分含量而定的。例如，在实验室中相同条件下，木制生物炭（68.2%）比草制生物炭（58.6%）有较高的含碳量，这是因为木头（<0.1%）和草（7.7%）之间的灰分含量不同。燃烧或炭化的效率也会起作用，如完全燃烧成CO_2时残留物中的灰分含量会增加。因此，来自自然植被的火灾残留物（通常是在富氧条件下形成的）通常比在高温和贫氧条件下得到的实验室或商业生产的生物炭的OC含量要低。这是一个重要的发现，因为生物炭通常被看作是富含有机碳的物质（如≥500mg/g）；然而，由自然火灾产生的草制生物炭，其有机碳含量可能不到100mg/g。类似的，由人工或禾本物种（如水稻秸秆）制得的生物炭的有机碳含量远远低于500mg/g。

（2）^{13}C核磁共振谱提供的信息。有些研究主要集中于确定自然和实验室生产的生物炭的化学结构和组成。例如，有学者研究了木头在马弗炉中加热到150℃、200℃、250℃、300℃和350℃时所发生的化学改变。加热到150℃时，C、N的浓度未发生改变；当温度>150℃时，C的浓度升高了；在300℃时，N的浓度达到了最大值；温度高于250℃时，O/C的比率下降了，表明相对于C而言，损失了H和O。有关研究人员将H/C比率的下降看成是含有不饱和碳的结构（如芳香环）形成的指示。为了研究这些化学比率的改变如何在生物炭的分子组成上反映出来，学者们收集了不同温度下的生物炭的^{13}C核磁共振谱。正如预想中的一样，由于温度处理导致的元素比率的改变和官能团的改变相一致，这些官能团是由^{13}C核磁共振谱强度分布的变化而鉴别的。在200℃时，同纤维素和半纤维素结构（烷基O和双氧烷基C）相关的信号强度下降，而同木质素结构（芳香和含氧芳香碳）相关的信号强度则增强。进一步加热到250℃时，芳香碳的信号强度升高到了64%，而烷基O和双氧烷基C的信号强度则降到<10%，表明烷基氧结构向芳香结构的转变。实践证明，强调在部分燃烧过程中的这些化学转变的发生和同时发生的质量损失的变化是很重要的，这在定量化学改变时应该考虑到。有学者指出，在温度从150℃升至300℃时，质量将会从3%的损失升至81%。类似地，还有学者证明，在1000℃时，软木的总质量损失了85%，硬木损失了91%。研究人员用^{13}C和^{15}N核磁共振专门研究了泥炭有机质炭化时发生的变化。结果发现，基于重量损失值和核磁共振的数据，芳香N和杂环上的含N结构的形成是加热的直接结果。进一步研究表明，这种现象的内在机理是不稳定结构向环境稳定结构的转变，这一发现在更稳定难降解方面具有很重要的生物化学意义。有学者比较了不同原料制成的生物炭的化学组成，结果显示，原料的化学组成和燃烧过程的类型将会对燃烧后的物质的化学性质产生影响。他们用^{13}C核磁共振分析了含碳的秸秆和木头在450℃的马弗炉里制成的生物炭和自然植被的火灾残留物。秸秆生物

炭、木头生物炭以及来自植被燃烧的残留物的核磁共振图谱均与在更高温度的试验中得到的图谱相类似，这证实了在这些生物炭中芳香结构占主导地位。然而，很多研究都是集中在木头制成的生物炭的化学性质上，有学者研究了不同草种（狼牙草、黑麦草、藨草、鸭茅和菅草）在一系列升高的温度下所发生的改变。这些草种在250℃、400℃、600℃和800℃的马弗炉里加热1h，并得到所有温度（除800℃）下的核磁共振谱图。另有一些研究也报道了在高温下得到的生物炭的核磁共振谱图具有差异。升高的温度也会导致芳香环区域峰的改变，从400℃下的δ127（49学位移）变到600℃下的δ127。有学者在对由许多不同原料得到的生物炭的观察中发现有峰的变化，而且在大豆炭化过程中最高峰发生了δ11的变化。他们将这个变化归因于由非定域化的π电子产生的抗磁电流，这个π电子在衍生的芳香结构和类似的石墨微晶体中产生了一种覆盖效应或取代效应，进而导致了化学位移值的降低。在近边X射线吸收精细结构的分析中也有峰的改变，芳香碳变到较低的能量（<285eV），在286.1eV处也显示了一个特征峰，可以推测，燃烧后的芳香环具有低的H和O取代。需要特别注意的是，就芳香碳氧、芳香碳和羰基碳的相对比例而言，不同草种燃烧后的产物间具有差异。例如，按依次减少的顺序排列，黑麦草（22.4%）、鸭茅（17%）和藨草（15.4%）在它们的植物结构中具有最高的烷基碳，而菅草和狼牙草的烷基碳含量都小于10%。烷基碳是植物结构的代表，如脂肪和角质层，已知这些结构是耐生物降解的，并且可以在土壤有机质中积累。来自250℃和400℃下的黑麦草、鸭茅和蕤草制成的生物炭同其他的草种相比，具有较高的烷基碳含量和较低的C/N比（在各种草种原料中和在250℃和400℃下的生物炭中）。在600℃下生产的生物炭都是由芳香碳占主导地位的；含氧芳香碳有较小的贡献；而来自羰基、烷氧基和烷基碳的贡献则更小。这些数据显示，植物原料的组成将会影响到在低于500~600℃生产的生物炭的组成。这可能会影响到在气候过程中C和N的释放类型和生物炭的生物可用性。

（四）生物炭的营养性质

尽管人们对生物炭在农业中的利用感兴趣，但目前生物炭的使用仍是有限的。就市场发展而言，如果生物炭可被用作一种可以改善土壤质量和提高作物产量的土壤改良剂，这将提高它的价值。因而，生物炭的一个显著的性质就是其营养价值，为植物提供直接的营养或是通过改善土壤质量而提供间接的营养。生物炭直接营养价值的度量不是总量而是可得到的营养量，因为只有总量中的一部分是可以立即获得或易于转化成植物可以吸收的形态。

生物炭的一个间接营养价值的例子就是维持在土壤中的营养物质的能

力以减少淋滤损失，进而提高植物所吸收的营养及其产量。根据有关学者的研究结论，亚马逊黑土的特性之一就是其保持土壤养分的能力。另一个间接营养的例子就是土壤中限制植物生长和产量的污染物的去除（如利用碱中和酸性土壤，改善肥料的利用率，提高植物产量）。接下来简要讨论生物炭的营养成分以及直接和间接的营养性质，详述如下。

（1）生物炭的营养成分。由于生物炭是由生物质人工制成的，所以可以预测它富含C元素且含有许多植物的常量和微量营养物质。生物炭的组成是由原料和热裂解的操作条件决定的。有关生物炭热裂解的大多数的研究集中在能量和燃料的质量上，仅有极少的文献提到生物炭的营养性质的可利用性。通常，生物炭被看作是用来提高能源产量的燃料或是一种制造活性炭时的副产物。另外，实验结果也很少包含有关于生物炭营养含量和性质的信息，这使得人们在评估生物炭的农业价值时比较困难。用于土壤改良剂的生物炭在自然界中通常呈碱性（pH>7）。然而，pH值在4～12之间的生物炭都可以生产出来，而且在70℃下发酵4个月后pH值可以降至2.5。碳含量的变化范围是172～905g/kg（变量的相关性，CV=106.5%）。这个在总N、总P、总K中的变化范围会更大，分别为1.8～56.4g/kg、2.7～480g/kg、1.0～58g/kg，所有的CV≥100%。这种变化可归因于原料的不同和生物炭生产的条件的不同。在总磷（TP）的例子中，原料的影响尤为显著。类似地，总氮（TN）含量变化也较大，从污泥生物炭的64g/kg到大豆饼的78.2g/kg再到纯植物源的（如绿色废料）1.7g/kg。相比于其他的用在农业中的有机改良剂，生物炭TP和TN的含量覆盖的范围远宽于那些一般的有机肥料的全部范围。需要注意的是，同一种原材料可以生产出截然不同的生物炭，这种大的差异是由于不同的家禽粪便来源或是不同的热裂解条件。还需要强调的是，很多营养物质的总的元素含量尤其是化学键连接的N和S并不能真实地反映这些营养物质被植物利用的情况。矿化的N的含量很低，而且可利用的P的含量变化很大。尽管污泥制成的生物炭TN含量很高，达6.4g/kg，但是其矿化的N（氨氮和硝酸盐氮）含量甚微，可以忽略。相反，生物炭中可利用的钾含量通常很高，而且经常有报道提到使用生物炭后植物吸收的钾增多了。生物炭的C/N比的变化范围非常大（7～400），均值67，这个比值常被用作有机物基质矿化的能力，而且当将其施加到土壤中后可释放无机N。一般地，有机物基质的C/N比20是一个限值，超过这个限值，微生物的固氮作用就开始了，所以，植物的可利用性就下降了。而大多数的生物炭的C/N比都很高，这就可能导致N的矿化，进而降低植物对N的利用率。然而，如果就用这一个标准，当然也存在着某种程度上的不确定性。亚马逊黑土的C/N比就比附近的土壤高，但是可利用的N却也比附近的土壤高。

由于生物炭是由抗生物降解的有机碳构成的，这种有机碳很难被矿化，所以，即使C/N比较高，N也难于矿化。一些文献中显示，生物炭的施用确实导致了较低的N吸收，这看上去似乎是由于一小部分刚生产出的生物炭的存在的缘故，但实际上可能是由于高的C/N比造成N的矿化而导致的。然而，大块的残留有机碳由于其高度抗生物降解性，不会导致矿化固化反应。在16种来自不同植物生物质和家禽粪便的生物炭中，可利用的P含量的变化范围是15～11600g/kg，家禽粪便制成的生物炭可利用的P含量高于那些用植物生物质制成的生物炭。很少有文献报道生物质中的痕量元素，然而，有报道指出有些原料（如污泥和皮革厂废料）生产的生物炭含有高的重金属。有学者研究发现，在污泥生物炭中有高浓度的铜、锌、铬和镍；还有学者研究发现，在皮革厂废料制成的生物炭中含有很高的铬，占2%废料干重。而且铬是以三价复合物的形式结合在生物炭的有机质上的，可通过用稀硫酸滤液进行回收。一些生物炭含有相当高浓度的碳酸盐，这在中和酸性土壤中很重要。研究表明，不同原料和不同热裂解条件下得到的生物炭的碳酸盐含量低于0.5%～33%。生物炭的碱性值和pH值之间未显示有直接的关系。

（2）生物炭直接和间接的营养价值。将农作物的反应同实验室中生物炭的营养含量相联系较困难，因为目前的理论并没有提供生物炭的营养含量或是使用率。目前，有少数学者将作物的积极反应归因于生物炭提供的营养；还有一些学者将积极的植物反应归因于生物炭的其他效应而非直接的营养供应。这些由于生物炭的使用而产生的积极反应被归因于营养贮藏（肥料）或是改善了肥料的利用率（更高的单位施肥产量），因此被看作是生物炭间接的营养价值。一些学者认为植物的这种反应是因为生物炭施加到土壤中后维持或提高了土壤的pH值。其他的解释不是植物营养的关系，而是因为生物炭的施用中和了土壤中的毒物；或是改善了土壤的物理性质（如持水性）；或是降低了土壤的强度。一般地，生物炭营养性质的影响因素主要有原料的性质和生物炭的生产条件，限于本书篇幅，这里不再赘述。

（五）生物炭的生物学性质

美国和日本几十年的研究显示，生物炭可促进农业上重要的土壤微生物的活性并且可以大大影响到土壤的微生物性质。生物炭中孔隙的存在和尺寸的分布为很多微生物提供了一个合适的栖息地，保护它们免于被捕食，避免栖息地过于干燥以及提供了丰富的碳、能量和所需的矿物营养。随着人们对生物炭促进土壤肥力越来越感兴趣，科学家们开始着手深入研究生物炭如何影响土壤的物理化学性质及其作为微生物栖息地的适宜性。由于土壤微生物提供了很多生态服务，弄清楚施加到土壤中的生物炭如何影响土壤生态对于确保土壤质量和维持土壤亚系统的整体性是很关键的。

这些微生物提供的生态服务中包括分解有机质、无机营养物的循环和矿化、过滤和生物修复土壤中的污染物、抑制或导致植物疾病以及提高土壤孔隙度等。由于微生物同植物的反应发生在根际，所以细菌、真菌、原生动物以及线虫会对植物利用营养物质产生较大影响。微生物群落的性质和功能会随着土壤、气候和管理因素，尤其是有机物质的添加而改变。用生物炭改善土壤也不例外。然而，生物炭影响土壤生物的方式可能同其他类型的有机物不同，因为生物炭的稳定性使得它不可能成为能源或细胞碳的来源。相反，生物炭可以改变土壤的物理化学环境，进而影响到土壤生物的特性和行为。

生物炭作为土壤微生物的栖息地，根据孔径的大小，有的微生物将会进到内部，而一些微生物则进不去。一些学者认为生物炭的孔隙扮演了一个避难所或是栖息地的角色。在这里，微生物保护自己免于被自己的天敌所捕获或者一些竞争力较差的微生物可以在这里居住。

生物炭高的孔隙度可能也使其保持了更高的湿度。研究表明，一种人类粪便的生物炭和一种木制生物炭都比活性炭以及浮石的持水能力强，分别为：2.9mL/g（干重）、1.5mL/g（干重）和1.0mL/g（干重）。生物炭持水性的增高可能会导致它所施加的土壤总体持水性的升高。对于具有高矿化灰分的生物炭而言，随着时间的推移，灰分渗漏出去，孔隙度会持续上升。这样，生物炭保持水的能力为微生物提供了表面积，另外，随着时间的推移，吸附的各种元素和化合物也可能增多。无论是生物炭还是土壤，较小的孔将更能吸引和保持土壤水分。

除了水，很多种气体，包括二氧化碳和氧气，都能溶解到孔隙水中，占据充满空气的空隙空间或是被化学吸附到生物炭表面。这些气体在生物炭孔隙水分中和空气中的相对浓度由空隙中气水比、气体的溶解率和表面吸附程度、有氧或厌氧条件决定。当氧气充足时，有氧呼吸将是主要的代谢途径，致使水和二氧化碳成为主要的代谢终产物。随着氧气浓度的降低，只要有合适的终端电子受体，兼性厌氧生物将开始利用厌氧呼吸途径。厌氧呼吸的终产物为一氧化氮、二氧化碳、氮气、硫化氢以及甲烷。这样，扩散到生物炭孔隙中的氧气和终端电子受体将会很大程度上决定剩下的空隙气体将会含有什么以及这种环境可能对于它的居住者而言有多舒适。

湿度、温度和氢离子（pH值）是影响细菌数量、多样性和活性的最主要因素。研究表明，土壤细菌群落的多样性和丰富度随生态系统类型的不同而不同，但是这些不同主要用pH值解释。细菌在中性土壤中多样性达到最大，在酸性土壤中最低。细菌种群的活性也大大受到pH值的影响。在酸性和碱性条件下，蛋白质变性，酶活性也受到限制，破坏了大多数的代谢过程。生物炭根据原料和热裂解条件的不同，其pH值会发生很大的变化。这样，生活在其上或是周围的微生物也会发生改变。在极端pH值环境下，真菌由于它们宽的pH值耐受范围将可能占主导地位。大多数细菌更喜欢中性环境。将生物炭加到土壤中，无论酸性或碱性，都可能通过改变细菌-真菌总比例以及在这些种群中优势属，进而导致土壤群落组成的改变。也可能通过改变酶活性而显著改变土壤功能，进而影响到微生物的活性。生物炭对微生物群落和它们的代谢过程的影响将是未来研究感兴趣的方面。

细菌和真菌依赖它们复杂的胞外酶将其周围的物质降解成更小的可被它们的细胞吸收或用于各种代谢活动的分子。胞外酶的活性将依赖于同生物炭相互作用的蛋白质，并且可以同它的环境自由地作用，这样活性将会增加。然而，如果活性位点被覆盖，其活性就会降低。

第四节　生物炭的表征方法

因为生物炭可以由任何生物质原料产生，为确保能够可持续地生产无毒生物炭，制定一套生物炭质量标准是十分必要的。对生物炭进行表征，可以使生物炭的性能得以优化，进而达到统一化生产的效果；而且，如果可以对特定的生物炭实行类似“指纹识别”的工作的话，不同的生物炭产品都可以由该方法追踪到其原料构成；再者，当前对生物炭的研究主要集中于土壤里的生物炭施用，通过表征来评估生物炭的（碳库）寿命、对土壤系统的反应及影响是生物炭的环境风险评估和管理中很重要的一环，生物炭的表征技术可以有助于理解生物炭产品在土壤的施用过程中所发挥的确切作用；最后，从实践的角度来看，表征方法的主要任务是使生物炭的特征得到快速有效的确认，这样才会令生物炭得以更为广泛地应用。

生物质原料的类型和热解的条件共同影响着生物炭的理化性质。因为生物质种类和热解系统构成的选择范围广，生产出来的生物炭的多样性亦高。在土壤施用中，这种多样性对于生物炭的营养物质含量和生物炭对植物的营养物质有效性来说，是具有重要意义的。对于不同种类和不同用途的生物炭，用以表征的测定项目不太一样。例如，根据有关学者的建议，对农用生物炭进行质量评估，有7项性质是必须进行测定的，即pH值、挥发性物质含量、灰分含量、持水能力、体密度、孔隙体积和比表面积。生物炭原料是影响生物炭物理化学性质的最重要因素。

生物炭的表征结果通常用于反映生物炭的制备工艺及原材料和预氧化、炭化各阶段产物样品的结构性能。经过预氧化、炭化工艺路线，采取生物质原料制备相应的生物炭，通过各种表征手段对初始原料及预氧化、炭化各阶段的产物进行分析并对原料的热裂解过程进行研究，从而结合生物炭的基本特征、理化性能以及应用试验等来探讨该生物炭的优缺点，进而达到表征的目的。

对于不同用途的生物炭，表征手段不大相同。例如，用于土壤施用的生物炭，一般测定其水分含量、灰分含量，用扫描电子显微镜（SEM）进行微观形貌表征，并进行红外光谱测试，而且用X射线衍射（XRD）测定晶体结构，测定燃烧热值，进行元素分析、密度分析、热重分析和得率分析，最后进行GC-MS研究；而作为挂膜使用的生物炭，则需测定灰分含量、吸水率、Zeta点位、机械强度和吸附性能，进行元素分析和红外分析，研究其比表面积和孔径分布。

下面简要讨论若干资料中各种生物炭研究普遍使用的一般表征方法。

一、元素分析

当生产生物炭的目的是作为土壤里的长期碳以封存时，碳含量就几乎成为了表征的唯一考虑因素。但如果所生产的生物炭是用于改善土壤生产力施用的话，生物炭的碳含量就不是表征的主要关注点，要进行多种元素的组成分析。无论如何，碳含量都是表征生物炭的一个必要的评估因子。

不同种类的生物炭，其碳含量是不同的，而且碳含量主要决定于生产生物炭所用的原料和热解条件（表1-3）。一般地，当热解温度升高时，碳浓度亦随之增加，但生物炭产量亦随之下降。有学者发现，通过由生物质转化为生物炭的过程，原始材料中有约50%的碳得以保留，与只剩余3%原始碳的燃烧方式和剩余少量原始碳（5~20年后剩余少于10%~20%）的自然分解方式相比，生物炭的原始碳保留是相当可观的，而具体保留量视所使用的生物质类型而定。

表1-3 固体产品产率、固体产品碳含量和不同过程的碳比率

生产过程	过程温度	停留时间	固体产率	固体碳含量	一般碳比率
烘焙约	290℃	10~60min	61%~84%	51%~55%	0.67~0.85
慢速热解	约400℃	数分钟至数天	约30%	95%	约0.58
快速热解	约500℃	~1s	12%~26%	74%	0.2~0.26

续表

生产过程	过程温度	停留时间	固体产率	固体碳含量	一般碳比率
气化	约800℃	约10～20s	约10%	—	—
水热炭化	约180～250℃	1～12h	<66%	<70%	约0.88
闪蒸炭化	约300～600℃	<30min	37%	约85%	约0.65

原料来源决定着生物炭的元素组成（表1-4），但对于一种特定的原料，热解产品的元素组成仍极大地受到处理温度和热解停留时间的影响。对于不同热解条件下的生物质原料热解产物，其内部形态不尽相同，元素的含量分布亦有区别。

普遍来说，生物炭的营养物质含量体现着其原料的营养物质含量。由肥料或者骨头制备的生物炭在营养物质上含量（特别是磷的含量）相对较高。由植物材料生产而来的生物炭里面，由木头生成的生物炭营养物质含量较低，而由叶子和食物加工废料生成的生物炭则具有相对较高的营养物质含量。热解的条件同样对营养物质含量和该营养物质有效性具有一定的影响。

表1-4　不同种类生物炭的元素组成

产物	元素组成/%				高热值/（MJ/kg）
	C	H	N	O	
山毛榉树干树皮生物炭	87.9	66.6	72.2	95.6	33.2
菜籽粕生物炭	66.6	2.5	0.6	10.6	30.7
棉花秸秆生物炭	72.2	1.2	—	26.6	21.4
榛子壳生物炭	95.6	1.3	—	3.1	32.9

较高的热解温度会增加含氮量和氮的有效性（表1-5）。若干研究证实，热解温度上升，总氮量亦增加，具体来说，氮从400℃开始逐渐从生物炭样品中释放出来，直到750℃为止，剩余含氮量比原来的一半稍微多一点。亦有研究指出，除了损失了部分氮之外，剩余的氮对植物的有效性会有所降低。有一种解释是，假设剩余的氮被合并到了碳骨架当中，由此限制了生成的生物炭的有效性发挥。

表1-5　初始板栗壳及其炭化各阶段产物的C、H、O、N元素分析

温度/℃	C/%	H/%	N/%	O/%	C/H	C/O
20	47.42	6.03	0.30	46.25	7.87	1.03
100	48.54	5.84	0.45	45.18	8.32	1.07
150	48.60	5.87	0.41	45.14	8.31	1.08
200	50.20	5.62	0.39	43.78	8.99	1.15
250	57.80	4.51	0.62	37.07	12.81	1.56
350	68.10	3.70	0.87	27.33	18.43	2.49
450	74.40	3.03	1.13	21.45	24.60	3.47
550	82.68	2.60	0.98	13.73	31.75	6.02
650	88.35	1.91	0.67	9.08	46.28	9.73
750	90.98	1.18	0.85	7.00	77.23	13.01

实验方法一般是，将原材料及各阶段产物粉碎为细粉末，过筛后，取40～60目左右（具体目数根据原料的不同按国家标准测定方法而定）样品为成分分析样品，贮于具有磨砂玻璃塞的广口瓶中备用；样品的有机元素C、H、O、N用元素分析仪进行测定。

二、灰分含量的测定

生物炭的灰分含量是指所有有机元素（碳、氢和氮）均挥发后的无机组分（钙、镁和无机碳酸盐等）。生物炭原料来源和热解条件影响生物炭的无机灰分含量的多少与构成，这会影响生物炭的潜在性能。木质原料生产出来的生物炭，一般来说其灰分比较少（少于1%）；而一些以禾草和稻草为原料的生物炭，因为原料含硅量高，所以生产出来的生物炭中通常有高达24%的灰分。值得注意的是，当原料含有高含量的硅时，经过特定过程，这种原料生产出来的生物炭，其粉尘很可能会引发人类的硅沉着病。因此，在生产生物炭时应当采取适当的预防措施。

研究人员发现，在普遍情况下，当热解温度上升时，不同种类的生物炭的灰分含量均得到不同程度的下降（表1-6）。就这点而论，如果灰分含量对于在土壤中施用来说是一项优良的特质的话，未来的研究则需要关注于确定温度对灰分含量的影响，以确保在生物炭施用中灰分达到最佳水平。但需要注意的是，当热解温度超过一定的阈值时，生物炭的质量会下降，但对碳总量无任何影响，然而因为生物炭发生质量损失，灰分含量会有所增加。

表1-6 不同原料在不同温度下生产的生物炭的灰分含量

原料种类	热解过程	热解温度/℃	灰分含量（质量分数）/%
玉米秸秆	流化床快速热解	500	59.3
玉米秸秆	落下床快速热解	600（器壁温度）	55.7
玉米秸秆	慢速热解	500	61.3
柳枝稷	流化床快速热解	450	49.6
柳枝稷	流化床快速热解	500	54.5
柳枝稷	流化床快速热解	550	49.0

再者，同一种生物质在不同的热解条件下生成不同的物质，生成产物间固、液、气含量有很大的差别，挥发分和灰分的含量也不同，从而生物炭质的产率不同，如图1-9所示。

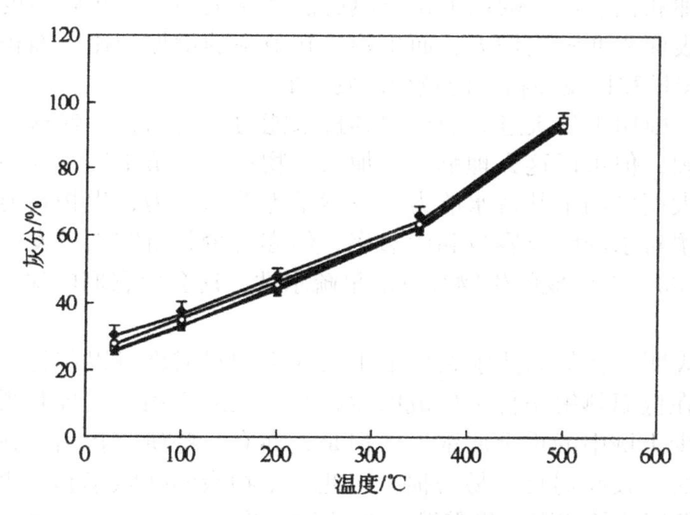

图1-9 从25℃升到500℃，奶牛场粪便制备的生物炭的灰分含量从不足40%升至96%

实验方法一般是，在坩埚中称取定量的生物质原料及各阶段产物样品，在电炉中炭化至无烟，然后在500～800℃（具体温度根据原料的不同按国家标准测定方法而定）马弗炉中灼烧到灰白色（大约4h），之后冷却到200℃，再将处理物放入干燥皿冷却到室温后称量，计算公式为

$$A=\frac{G_2-G_1}{G}\times 100\%$$

式中，A为样品中灰分百分含量；G为灼烧前生物炭的质量，g；G_1为空坩埚质量，g；G_2为灰分和坩埚质量，g。

三、微观形貌表征

生物炭的微观形貌特征会影响生物炭本身的质量。生物炭的孔隙率和比表面积是尤为重要的结构特征，这两项特征很大程度上决定着生物炭的潜在性能发挥。生物炭原料原始的宏观结构与由其生产出来的生物炭是相似的，而且对于含纤维素较高的植物原料来说更是如此。因为热解这个过程去除了主要的挥发性化合物，所以生物质的宏观结构在很大程度上得以保留于生物炭中，然而，构造应力导致了宏观结构产生裂缝，而挥发性气体的逃逸引起了生物炭材料的空隙缩小和开孔增多。

在不同热解温度下，生物炭的比表面积和孔隙率均对生物炭的持水能力、吸附能力和营养保留能力有着显著的影响。研究人员证实，生物炭孔隙率的增加和比表面积的增大是与热解温度相关的。当热解温度上升，生物炭的比表面积亦随之增大；而生物炭孔隙率的增加和比表面积的增大是伴随着总碳量和挥发性物质的减少而发生的。

目前，施用生物炭过后的土壤其持水能力会增加，导致这个结果的机制尚未明确，但可以这么理解，当加入生物炭至土壤中后，因为土壤的比表面积增大而影响了其持水能力。虽然学界普遍认为，生物炭能增加一些种类的土壤对水的吸收容量和渗透率，但亦有少数研究人员发现，某些在低温下（400℃）生成的生物炭可能呈疏水性，这会使它们的保水效力受到限制。

研究表明，在低温热解条件下生成的生物炭或许可以作为氮肥替代品来使用；在低温热解条件下生成的生物炭，最适于用来发挥其吸附能力，如用于减少土壤中的重金属浓度。但是，亦有一些研究指出，在低温下生成的生物炭，较脆弱且容易磨损。因此，生物炭的孔隙率和比表面积对其本身性能发挥的长期影响仍需得到更深入的研究。

扫描电子显微镜（SEM）经常用于描述生物炭的物理结构，并且在此表征方法下，纤维素植物材料的架构得以清晰地保存。研究表明，生物炭的多孔结构可以作为其对土壤持水能力和吸附能力的一种解释。

实验方法一般是，使用SEM进行表面和断面扫描，把生物炭样品放于SEM的试样台上进行仔细观测。在表面样品的制备方面，将生物质原料及各阶段产物样品截取约1cm^{2}左右，用双面胶将其粘贴于样品座上，采用离子溅射将其喷金导电处理后，即可放入电镜观察。在断面样品的制备方面，将生物质原料及各阶段产物样品通过液氮淬断后，用双面胶将所制试样粘贴于样品座上，采用离子溅射将其喷金导电处理后，即可放入电镜观察。

四、傅里叶红外–拉曼光谱（FTIR）研究

生物炭表面的化学基团不仅可以影响其吸附性能，还是影响细胞黏附生长的重要因素之一。芳香聚醚类等刚性结构不利于细胞黏附，而羧基、磺酸基、氨基、亚氨基和酰胺基等基团有利于细胞的黏附和增殖。

从红外光谱分析的角度，主要是利用特征吸收谱带的频率，推断分子存在某一基团或键，进而再由特征吸收谱带频率的位移推断邻接基团或键，确定分子的化学结构，以及由特征吸收谱带强度的改变可对其混合物和化合物进行定性（图1–10）。

实验方法一般是，将原材料及各阶段产物样品粉碎为细粉末，过筛后，取40～60目左右（具体目数根据原料的不同按国家标准测定方法而定）样品为成分分析样品，贮于具有磨砂玻璃塞的广口瓶中备用；采用傅里叶红外–拉曼光谱仪，对生物炭进行红外光谱测试；将1～2mg试样与约200mg纯化试剂（具体试剂种类根据原料的不同按国家标准测定方法而定）研细混合，烘干后把混合物压成薄片；用傅里叶红外–拉曼光谱仪在特定的波数范围内记录图谱。

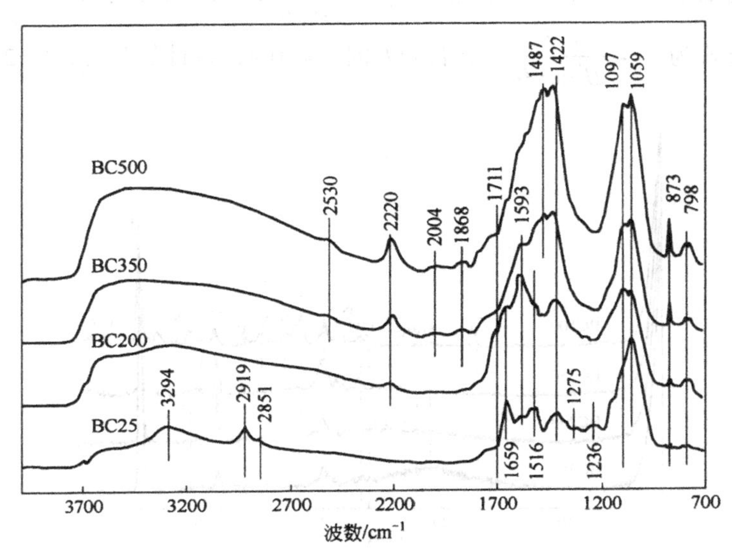

图1–10　奶牛粪便原料（BC25）及在不同热解温度（200℃、350℃、500℃）制备的生物炭的FTIR图谱

五、X射线衍射（XRD）研究

XRD是利用晶体形成的X射线衍射，对物质进行内部原子在空间分布状况的结构分析方法。将具有一定波长的X射线照射到结晶性物质上时，X射线因在结晶内遇到规则排列的原子或离子而发生散射，散射的X射线在某些方向上相位得到加强，从而显示与结晶结构相对应的特有的衍射现象（如图1-11所示）。X射线衍射方法具有不损伤样品、无污染、快捷、测量精度高、能得到有关晶体完整性的大量信息等优点。

将生物质原料及各阶段产物样品粉碎为细粉末，过筛后，取40～60目左右（具体目数根据原料的不同按国家标准测定方法而定）样品为成分分析样品，贮于具有磨砂玻璃塞的广口瓶中备用；采用X射线衍射仪，对样品分别进行测试；晶体结构参数一般由d_{002}、L_a和L_c来表征。其中，d_{002}指（002）晶面与基准晶面之间的距离，L_a和L_c分别指乱层结构中a轴和c轴方向层面堆积厚度的平均值。可从布拉格公式求得d_{002}，由（010）晶面衍射峰的半峰宽求得L_a，由（002）晶面衍射的半峰宽求得L_c。分别使用Bragg公式、Sherer公式、Warren公式来计算d_{002}、L_c和L_a，其中β和β'指入射线与Y'行列的夹角，θ指入射线与晶体空间格子之间的夹角，λ为X射线的波长，k和k'为衍射指数。其中，Bragg公式为$d_{002}=\dfrac{\lambda}{2\sin\theta}$；Sherer公式为$L_c=\dfrac{k\lambda}{\beta\cos\theta}$；Warren公式为$L_a=\dfrac{k'\lambda}{\beta'\cos\theta}$。在计算$L_c$时，$k$=0.9；在计算$L_a$时，$k'$=2.0。

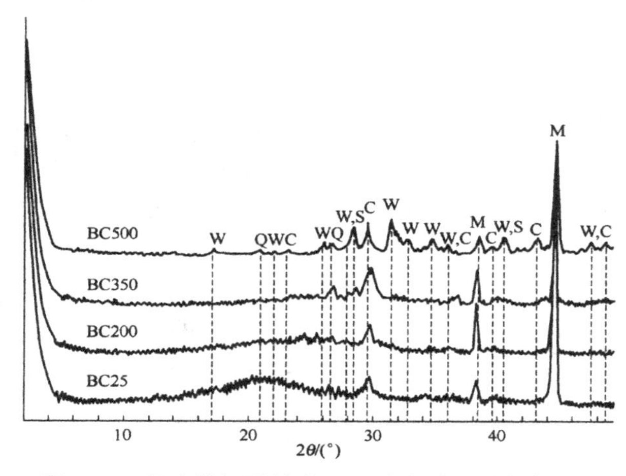

图1-11 奶牛粪便原料（BC25）及在不同热解温度（200℃、350℃、500℃）制备生物炭的XRD图谱

六、比表面积及孔径分布测定

比表面积指单位质量固体颗粒具有的表面积总和，也可以表示为单位堆积体积固体所具有的表面积总和。比表面积和孔径分布是多孔固体物质的两个重要参数。生物炭表面是各种物质尤其是营养物质固着的部位，一般而言，填料比表面积越大，对物质的附着越有利。通常，生物炭颗粒越小，生物炭表面微孔数目越多，微孔孔径越小，生物炭比表面积就越大（表1–7）。

表1–7　带壳花生制备的生物炭和普通陶粒的表面结构特征

样品编号	BET表面积/（m^2/g）	微孔表面积/（m^2/g）	外表面积/（m^2/g）	总孔容/（cm^3/g）	平均孔径/nm
PC300–1	2.41	—	2.94	0.003	4.017
PC500–1	190.97	123.14	67.83	0.112	2.342
PC700–1	405.85	292.41	113.44	0.245	2.410
PC700–3	485.29	343.13	142.16	0.212	2.404
PG	2.39	—	—	0.026	0.021

多孔填料表面微孔的形状极不规则，孔隙的大小也各不相同，通常以孔容按孔径大小的分布作为描述微孔特征的重要参数，简称孔结构分布。总孔容是指测得的所有孔的孔容之和。

实验方法一般是，将生物质原料及各阶段产物样品进行脱气处理，按照《气体吸附BET法测定固态物质比表面积》（GB/T19587—2004）的要求，根据生物质原料及各阶段产物样品，按BET原理，选择容量法、重量法或气相色谱法进行测量；或使用比表面及孔径分析仪进行直接测定。

七、生物炭的Zeta电位分析

Zeta电位是对颗粒之间相互排斥或吸引力的强度的度量。Zeta电位是评价带电微粒表面电荷非常实用的参数，可以用来解释生物吸附的宏观现象。不同热解条件的生物炭的Zeta值有一定的差异（表1–8），这与不同热解条件下得到的生物炭所带基团不同有关。

表1-8　带壳花生制备的生物炭的Zeta电位
（300℃、500℃、700℃下热解1h或3h）

样品编号	PC300-1	PC500-1	PC700-1	PC700-3
Zeta电位/mV	-37.1	-38.41	-28.85	-29.68

实验方法一般是，将生物质原料及各阶段产物样品磨碎、过筛（100目），溶于水。因为生物炭质材料本身不导电，加一定量的草酸钠溶于其中；然后于数控超声波清洗仪中分散悬浮，取悬浮液于Zeta电位分析仪中测定电位。

八、pH值的测定

不同生物炭因其原料和热解条件不同而pH值不一。研究发现，对于较多的生物炭，热解温度升高时，pH值亦随之增大。

用于改良土壤的生物炭通常是碱性的，施加到土壤中会提高土壤的pH值。根据所用的原料和热解的条件不同，生物炭的pH值为4～12不等（表1-9）。研究发现，提高热解温度可以增大某些种类生物炭的pH值。然而，可以生产出高pH值的生物炭并不意味着该生物炭会对所施用的土壤的pH值产生很大的影响；这个影响实际上是跟生物炭酸中和能力强烈相关的。

表1-9　不同热解温度下生物炭的pH值

原料	热解温度/℃	pH（H_2O）	pH（$CaCl_2$）
松木片	300	5.15 ± 0.01	5.74 ± 0.00
	350	7.77 ± 0.05	7.39 ± 0.01
	500	6.64 ± 0.06	6.71 ± 0.01

实验方法一般是，采用pH值复合电极，即用pH值玻璃电极和参比电极组合在一起的电极对生物炭的pH值进行测定。先用pH=4缓冲液浸泡电极8～24h或更长，之后将电极放于去离子水中晃动并甩干，然后将电极插入将生物质原料及各阶段产物与水的一定比例（如1∶1）的混合溶液中，搅拌晃动几下再静止放置进行pH值测定。

第五节　生物炭在农田生态系统中的应用

生物炭在农田生态系统中有着十分重要的应用，目前研究者主要按照四个协同互补的目标对生物炭进行研究并制造——改良土壤以提高农业生产力、管理废物、减缓气候变化以及生产能源。

一、生物炭的土壤培肥改良作用

当前，世界多地土壤退化之势未改，土壤有机质流失严重，肥力逐年下降，急需采用行之有效的技术和手段施以改造。生物炭因具备较强的阳离子交换能力，且含有一定量的营养元素，可用于促进植物生长和土壤养分循环。生物炭表面含有丰富的—COH、—COOH和—OH等含氧官能团，其所含表面负电荷使得生物炭具有较高的CEC，施用后可一定程度提高土壤CEC。此外，因生物炭孔隙结构发达，可用于增加土壤通透性和保水能力，疏松土壤，促进植物根系生长。而生物炭的碱性及其吸附性能则可用于降低土壤酸碱度，以及诸如铝等金属和有毒元素对植物的毒害作用。此外，在污染土壤修复方面，生物炭对有机农药和重金属等也具有很强的吸附能力。

生物炭作为含碳聚合物，多由单环、多环芳香族化合物构成。这样的结构特点赋予其较高的生物和化学稳定性，并具备一定的抵抗微生物分解能力，增强其土壤固碳作用，减少了碳的二次释放。生物炭施入土壤后，在增加土壤碳汇的同时其还具备提高土壤养分持留能力、改善土壤环境和促进粮食增产等功效，使得其在应对全球变暖、土壤条件恶化和粮食产量、质量下降等问题方面具备较大应用潜能。

生物炭能够有效调控土壤中营养元素的循环。生物炭的表面吸附特性使其对土壤溶液中的N、P、K等不同形态存在的营养元素有很强的吸附作用，减少了水溶性养分元素的淋失，如在施用猪粪的温带农业土壤中添加不同数量的生物炭，发现滤出液中的N、P、Mg等随生物炭添加量的增加而显著降低，保肥效果十分明显。施用生物炭能够提高土壤有机质，一方面生物炭能吸附土壤有机分子；另一方面由于生物炭本身极为缓慢的分解有助于腐殖质的形成，通过长期作用促进土壤肥力的提高。

施加生物炭改善了土壤的通透性和供水保水性能，调控土壤微环境，生物炭的多孔性和表面特性还为微生物生存提供了大量附着位点和空间，从而影响和调控土壤微生物的生长和代谢，进而改善土壤物质循环。例如，施用生物炭后能改善土壤通气状况，降低厌氧程度，从而抑制反硝化作用，减少氮素流失。

生物炭能提高土壤pH值，改良酸性土壤。通过室内实验发现，竹炭对红壤pH值有明显的提升效果，当竹炭用量提高时，土壤pH值随竹炭用量的增加而显著升高（如图1-12所示）。施用生物炭能显著增大土壤pH值，由此降低Al、Cu等重金属可交换态的含量，与此同时增加Ca和Mg等植物必需元素的可利用性。一方面减轻了有害元素对作物生长的伤害，另一方面增加了植物对营养元素的摄取，从而促进了植株的生长。生物炭和有机肥料、无机肥料配合施用，作物增产效果更佳。

在青菜地大田栽培条件下，与单施化肥相比，红壤上施用竹荧（2.950kg/hm^2）与化肥配合施用，可以维持和提高土壤养分和有机碳，延缓化肥对土壤的酸化过程，提高青菜的产量和品质，见表1-10。

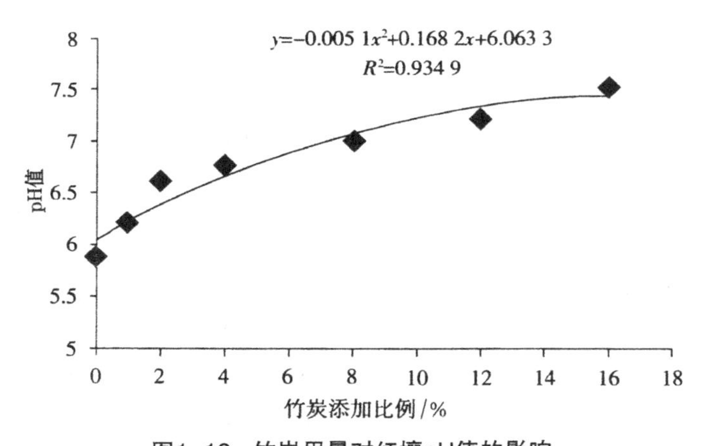

图1-12　竹炭用量对红壤pH值的影响

表1-10　不同施肥对青菜生长和品质的影响

处理	产量/（kg/hm^2）	株高/cm	维生素C/（mg/kg）	每百克含还原糖/g
不施	636.7d	6.9c	28.09c	1.23a
单施化肥	9297.7a	17.63b	30.50c	1.15a
单施竹炭	1281.7c	1.58c	75.08a	1.18a
竹炭和化肥配合施用	8402.0b	18.44a	41.41b	0.95b

在水稻生产上，水稻田施竹炭能显著提高土壤有机碳、碱解氮、有效磷、速效钾的可利用率，但竹炭用量对产量的影响与施肥方式有关系，与化肥（复合肥）配施，低用量为佳，而与沼渣化肥混施，则以高用量为佳。

二、生物炭对温室气体的减排作用

全球气候变暖正在加速，导致气温升高、引起气候变暖的主要原因是温室气体效应。温室气体越多，气温升高越快。大气中的二氧化碳（CO_2）是最主要的温室气体。人类活动排放到大气中的CO_2数量庞大，除一部分被陆地和海洋生态系统（天然碳汇）吸收外，每年有剩余的CO_2在向大气释放。由于陆地和海洋的变暖，天然碳汇的CO_2吸收量正在下降，这就意味着我们需要付出更大的努力去吸收空气中的CO_2或减少向空气排放CO_2，才能降低空气中的CO_2浓度。

环境中的碳在不断循环着。固碳是指将CO_2捕获后转变成一种固定态的形式，避免其回到大气中。如果将易于转化和分解的植物等生物质废弃物材料裂解转变加工成生物炭，其就成为一种具有高度稳定性的富碳物质。生物炭中的碳非常稳定，在自然环境条件下就很难转变成CO_2了，从而起到了将生物质中碳素锁定而避免受微生物分解等途径进入大气的功效，这样环境中的碳循环被分离出来一部分，被称为“碳负”过程。与其他固碳方式（如植树造林）相比，生物炭对碳的固定作用时间更为持久。

土地利用引起的土壤碳汇损失是大气CO_2含量不断升高的重要驱动力，将生物炭施入土壤中，可以减少土壤N_2O、CO_2、CH_4等温室气体的排放，提高土壤有机碳，提升土壤固碳能力，发挥土壤碳汇的积极作用，逐步达到增汇减排和减缓全球变暖的效果。耕地和牧场是温室气体的重要源头，如何减少温室气体的排放是人们关注的焦点之一。研究表明，在稻田中施加生物炭可以使N_2O产生减少40%～50%。以20g/kg的量将生物炭施入牧草地和大豆地中，发现两种土壤中N_2O的溢出量分别减少了80%和50%，同时也明显抑制了CH_4的产生。N_2O和CH_4的温室效应分别是CO_2的290倍和25倍，因此，施加生物炭到耕地和牧场中可以大大缓解温室效应。

三、生物炭对有毒有害物质的吸附固定和对水体的净化作用

伴随着经济和社会的快速发展，人民生活水平不断提升。然而，很多生活环境周边水体和耕地土壤，以及大气却受到了不同程度的污染，严重限制和威胁了居民的生存与发展，污染环境的修复与改善成为了亟待解决

的社会问题。作为廉价且吸附能力强的一类环境友好型吸附剂，生物炭在重金属离子、有机污染物和空气净化等方面的直用效果显著，适用于环境保护和治理。

将生物炭施入受污染土壤中，可有效吸附毒害物质，修复效果优异。有报道称，生物炭对杀虫剂的吸附能力约为土壤的2000倍，在土壤中投加少量生物炭即可发挥作用，减少植物对有害物质的吸收和累积。试验数据显示，由松枝制成的生物炭可有效去除硝基苯、间二硝基苯以及萘等芳香污染物；以稻草为原料的生物炭则可替代活性炭去除废水中的孔雀蓝等染料；而某些生物炭还可同时吸附腐植酸和邻苯二酚等物质；奶牛粪便所制生物炭可用于同时去除污水中的Pb和有机农药，对Pb的去除率最高可达89%，同时还对有机磷农药的去除率达到了77%。

四、生物炭对大气污染的净化作用

随着人类能源消耗的加剧，化石燃料燃烧消耗上升，由此会产生大量的气态污染物，主要包括NO、SO_2、NO_2、碳氢化合物等。此外，石油加工、工业溶剂生产、化工产品生产，以及有机物料的储运等过程都会产生挥发性有机物（VOCs）。这些气态污染物排放到大气中会造成严重的大气污染，引起光化学烟雾和硫酸烟雾、酸雨等，不仅危害人们的身体健康、腐蚀建筑物，而且使土壤酸化、环境污染，已经引起各界的高度重视。

环境废气的处理方法有很多，如吸附法、吸收法、催化燃烧法、生物法及半导体光催化法等。在一定条件下，废气的性质（如气体种类、浓度、气体温度等）差异直接影响各种处理方法的效果。生物炭是优良的吸附剂、催化剂和载体，被广泛应用于环保、化工、医药、军事等领域，被誉为“万能吸附剂”。其在大气污染治理研究中被广泛应用于烟气脱硫、脱硝，去除室内空气污染物，吸附VOCs，如甲醛、苯及其衍生物、丙酮等。生物炭不仅对有机污染物具有超强吸附能力，人们还可以对其进行回收。通过调整活性炭孔隙结构，开发具有特殊性能的活性炭，如纤维活性炭和木质活性炭，以提高其对特定吸附物质的吸附能力。

第二章
生物炭的生产加工

自2009年哥本哈根联合国气候变化大会召开以来，世界各国关于生物质热裂解炭化与农业应用的研究一直热情不减，关于生物炭生产和应用的试验研究不断增多，一些国家的非政府组织也相继将生物炭技术作为农村社区绿色能源和农业低碳的主要技术途径进行推介。在农业方面，生物炭本身具有改良土壤性质的作用，如促进土壤团聚体形成、对土壤微生物生态具有调控作用等；同时还能抑制土壤重金属的活性，还能以碳作原料生产生物炭基肥。除此以外，生物炭也可代替木炭作为能源物质，生物质是独特的，它储存太阳能，更是一种唯一可再生的碳源，因此以生物质为原料制备生物炭具有巨大的环境和经济效益。

第一节　生物炭的生产原料及化学反应过程

一、生物炭生产原料

生物炭研究的初期，利用耕地种植的作物或营造速生林作为生物炭生产原料的思路一度很盛行，但这种思路很快受到许多人的质疑，因为集约化种植作物或营造速生林会加剧土壤肥力耗竭，甚至会加剧地球荒漠化。近年来，以废弃生物质作为生物炭生产原料的思路得到重视，许多企业及研究人员积极研究废弃生物质生产生物炭的技术及设备。

制备生物炭的生物质原料包括各种天然物质及其衍生物，如木屑、农业和工业活动产生的有机废弃物、城市固体垃圾、畜禽粪便、水生植物和藻类等，但大多数原料来源于农业废弃物。据估计，全球废弃生物质资源量可达1400亿t，这是一个可再生和取之不尽的资源。

以废弃生物质生产生物炭不但可获得生物炭，也可获得生物能源或化学品，使废弃生物质附加值提高，还可提高对废弃生物质的利用和管理，有助于解决废弃生物质弃置、焚烧、随意排放的环境污染问题。

我国拥有丰富的农业废弃物生物质资源，仅农作物秸秆年产量已达7亿t，其中水稻秸秆占27%。具体到林业可利用生物质方面，我国目前拥有用材林7862.58万hm^2，薪炭林2139万hm^2，竹林484.26万hm^2。每年约有1.5亿t森林采伐剩余物和木材加工产生的废弃物，每年约有1亿t疏伐树木整枝生物质。大量的生物质资源，如果不合理利用，将会带来严重的环境问题，影响农业生态系统的稳定。据统计，我国农业秸秆露天焚烧处理量约达1.6亿t，其产生的挥发性有机物、一氧化碳和二氧化碳等排放可占全国总排放的60%。农业部推广的直接还田的秸秆综合利用重点技术可以增加土壤有机质，改善土壤结构，便捷快速地提高土壤保水保肥性能，但秸秆直接还田会导致CO_2等温室气体的大量排放，对大气环境非常不利。若能将这些农业秸秆进行炭化并加以利用，不仅能实现资源回收，还将减轻对环境的污染。

二、生物炭的化学反应过程

生物质的炭化过程是生物质中氢、氧元素不断分解的反应过程，最终废弃生物质逐渐转化成富含碳元素的炭化物的过程。生物质热裂解产物除了生物炭外，还有液态生物油及合成气，这些都可进一步升级加工为氢气、生物柴油或其他化学品。

根据固体燃料燃烧理论和生物质热解动力学研究可知，随着温度的提高，生物质热解炭化过程可分为吸热干燥、挥发热解和炭化三个阶段。首先是干燥阶段，生物质物料在炭化反应器内吸收热量，水分首先蒸发逸出，生物质内部化学组成几乎没变；其次是挥发热解阶段，生物质继续吸收热量到200℃左右，材料内部热分解反应开始。内部大分子化学键发生断裂与重排，有机质逐渐挥发，挥发分解产生的气态可燃物在缺氧条件下有少量发生燃烧，且这种燃烧为静态渗透式扩散燃烧，可逐层为物料提供热量支持分解；最后是全面炭化阶段，这个阶段温度在300～550℃，物料在急剧热分解的同时产生木焦油、乙酸等液体产物和甲烷、乙烯等可燃气体，随着大部分挥发分的分离析出，最终剩下的固体产物就是由碳和灰分所组成的焦炭。

生物质热解炭化是复杂的多反应过程，反应所需的能量有4种不同的途径提供：由反应自身放热提供；通过直接燃烧反应副产物或基质提供；燃气燃烧加热反应器间接提供；由其他含热物质间接提供。

第二节　生物炭的制备方法

根据生物炭制备的技术特点，生物炭的制备方法主要有3种，即热裂解炭化法、微波炭化法与水热炭化法。

一、热裂解炭化法

热裂解炭化是指在惰性气氛下，将废弃生物质慢速加热（0.01 ～ 2.0℃/s）到 350 ～ 700℃，并停留几小时到几天的一种典型的最常用的炭化方法。目前普通采用的是热裂解技术，在小于500℃的温度下，将有机物质置于缺氧状态下，对其有控制地进行高温分解。传统的制作方法是将土覆盖在点燃的生物质上使之长时间无焰燃烧，该法是采用土窑、砖窑或钢制窑生产的，是隔绝氧气的闷燃烧，是慢速热解过程，目的是取得最大产量的木炭。工业热裂解是生物炭生产的主流方式，即在缺氧或有限供氧环境中热分解有机生物质材料。

基于不同的裂解加热速率条件，裂解可分成3种基本形式，即慢速裂解、中速裂解和快速裂解。在不同裂解温度及升温速度下热裂解所产生的生物炭的产量、性质及特征有所不同，而慢速热裂解工艺的生物炭产率最大，快速热裂解或闪速热裂解及气化以获得生物油或混合气等生物能源为主，因此以炭为主要产物时通常采用慢速热解（表2-1）。在慢速裂解过程中，蒸汽停留时间较长（>10s），反应温度在450～650℃，大气压下慢速升温（0.01～2.0℃/s），这一裂解环境使得液态产物减少，而固态产物（生物炭）产率增加。慢速裂解速度较慢，促进了大量的生物质颗粒内以及混合蒸汽相中的二级反应，同时，高浓度的蒸汽和较大的固液接触面，也促进了副反应，并进一步提高生物炭的产率。而快速裂解则得到的液态产物较多，因此，为了得到较多的生物炭，慢速和中速裂解过程更为适合。

表2-1　生物炭产率与生产工艺之间的关系

裂解方式	过程参数	液态产物	固态产物	气态产物
慢速裂解	中低温（450～650℃）、低加热速率、蒸汽停留时间（5～30min）	30%（70%水）	35%	35%
中速裂解	中低温（400～550℃）、中等加热速率、蒸汽停留时间（10～20s）	50%（50%水）	25%	25%
快速裂解	中温（约500℃）、快速热速率（1000℃/s）、蒸汽停留时间（小于2s）	75%（25%水）	12%	13%
气化	高温（大于800℃）、蒸汽停留时间（5～30min）	5%（55%水）	10%	85%

二、微波炭化法

热裂解通常都是采用热能直接或间接加热生物质，而微波热裂解是采用微波能对生物质加热。微波加热的原理是通过被加热物体内部偶极分子的高频往复运动，使分子间相互碰撞产生大量摩擦热量，继而使物料内外部同时快速均匀升温，可用于生产大颗粒生物炭。由于微波加热速度较慢，温度较低，蒸汽驻留时间长，因此微波热裂解是典型的慢速热裂解。此外，微波热裂解需要生物质具有一定的含水量，才可获得较佳的加热效率。微波炭化方法通常用于实验室中的生物炭的制备。微波炭化法的影响因素主要是微波功率和加热时间。微波加热的优点是操作简单、反应效率高、升温速率快、受热均匀和可选择性等；微波炭化的不足在于物料的反应温度不能精确控制，且过量的微波辐射将损害健康。

三、水热炭化法

水热炭化是将废弃生物质在150～350℃密闭的水溶液中停留1h以上，是一种脱水脱羧的加速煤化过程，最终形成生物炭材料并析出。这种炭化方法主要用于合成金属空心球材料或金属/炭复合材料、纳米功能材料等。生物质及生物质基前体（碳水化合物）在高温水蒸气（160℃$<T<$220℃）及高压作用处理后的炭化是热水炭化或热水热裂解，也称为湿法热裂解，其生物炭产率很高，但生物炭挥发有机物含量高。

水热炭化具有显著的优势，具体可以归纳如下：

（1）由于水热炭化反应在水溶液环境下进行，省去了原有预干燥过程，节约了大量的预处理费用。

（2）化学反应主要为脱水过程，废弃生物质中碳元素固定效率高。

（3）反应条件温和，在脱水反应过程中，生物质将释放出自身1/3的燃烧能，因此该技术能耗低。

（4）水热炭化的水介质气氛有助于炭化过程中材料表面含氧官能团的形成，因此炭化产物一般含有丰富的氧、氮官能团。

（5）处理设备简单、操作方便、应用规模可调节性强。

生物质原料的种类、组成与结构、反应温度、催化剂、压强以及反应时间等都会影响水热炭化过程和最终炭化产物的结构与性质。

第三节　生物炭的生产工艺及设备

一、生物炭的生产工艺

就目前的生产概况来看，热裂解法是制备生物炭的主流生产工艺，接下来，我们讨论热裂解制备生物炭的详细过程。

当加热生物质时，热能逐渐破坏了其中的分子键，具有挥发性的那部分以各种气体的形式挥发出来，留下的固定碳残体则为木炭。当将这些挥发性有机物（VOCs）进行冷却时，如果凝结过程发生在外部空气中，则这些VOCs变成烟；如果凝结过程发生在反应器的表面，则变成黏度不同的液体，从木醋酸到焦油。残留的类似于蜂窝状的木炭结构反映了原始生物质碳碳结构的骨架。

图2-1显示了当温度从室温上升至600℃的过程中生物质的质量损失曲线。从图中可以看出，热裂解过程发生在几个连续的阶段，详述如下：

（1）阶段1——干燥。植物通常会含有四种主要成分，即纤维素、半纤维素、木质素和水分。风干了的木头含有12%～19%的吸附水，以分子形式被吸附在纤维素或木质素的结构上。未风干的或是刚砍下的木头通常含有大片或液态的水，总的水含量大约为40%～85%（干重）。炭化之前必须驱逐掉所有的水分。蒸发水分需要很多能量，因此利用太阳来干燥原料可大大提高效率。在加热过程中，生物质的温度会高达甚至超过水的沸点，因此继续干燥时，水蒸气就会凝结成白色蒸汽。生物质湿度的汽化会一直持续到200℃，另外也会有小部分的甲烷和其他VOCs散失。这些损失占了生物质质量损失的大部分，因为水通常就占总生物质干重的20%～30%。

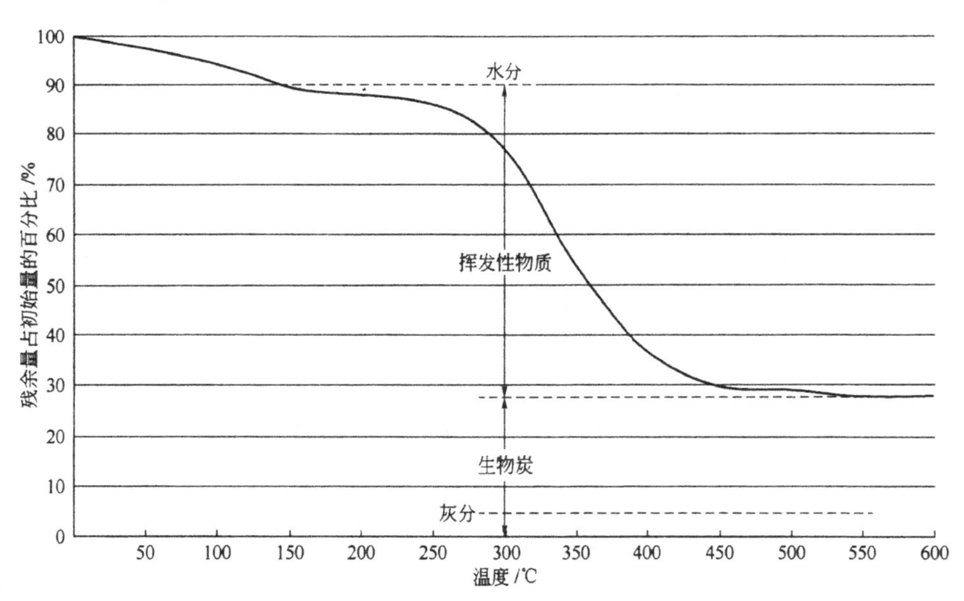

图2-1 热裂解时生物质的质量损失

（2）阶段2——吸热的热裂解。当生物质被进一步加热至200～300℃时，生物质组成物质中化学键开始断裂。这个过程是吸热过程，需要源源不断的热量输入来提高干生物质的温度，破坏分子键。甲烷、乙酸以及其他氧化了的VOCs在这个阶段释放出来，同时还伴随着因纤维素和半纤维素裂解产生的CO_2和CO的释放。低温热裂解形成的液态凝结部分常被称作“木醋酸”或是“烟水”，目前被用于制备类似于“液态烟”的香料产品。根据生产的特定温度和烟水的浓度，烟水也可被用作除真菌剂。从干燥到全部裂解的相态转变过程被称作烘干，该过程使得生物质被完全干燥，挥发性物质发生了部分的降解以及质量和尺寸的减少，得到了烘干了的生物质。烘干目前被用来压缩生物质以便于运输，以及用于燃煤型炉子的直接替代物。

（3）阶段3——放热的热裂解。在大约300℃时，生物质的热裂解进一步加剧，并有H_2、CO、CH_4、CO_2、其他碳氢化合物和焦油的混合物的释放。因为生物质的结构中含有氧元素，当其被释放时会同这些气体和焦油发生释放能量的氧化反应，因此该过程为放热反应。这些释放出的能量产生了可使生物质中的化学键断裂的热量。原则上，该过程是自发的，而且会一直持续到400℃，此时，氧被消耗殆尽，剩下了富含碳的残留物质。然而，在一个非理想密闭条件的炉子中常会有热损失的发生，所以实际操作过程中，还需额外的热量输入，以保证热裂解过程中的温度。

（4）阶段4——深度炭化。在放热裂解的后期产生的木炭仍含有大量可挥发性残留物，且还伴有木头原料的灰分。木炭的灰分含量通常为1.5%～5%，挥发性物质可能占质量的25%～35%，另外，平衡时的固定碳含量为60%～70%。还需继续加热来去除和分解剩余的挥发性物质，以提升固定碳的含量。在反应器中，加热到500℃时，固定碳含量大约占85%，挥发性成分大约占12%。该温度下的碳产量约占原料干重的33%。当温度高达700℃时，固定碳含量上升至90%，但是产量下降至30%。在传统的木炭制备过程中，如土窑，所有的这个过程（干燥、烘干和裂解阶段）可能在原料的不同部分同时发生，致使产物很不均匀，从部分炭化到完全烧成灰烬的都有。这也是除控制气体释放外，寻求更好地制备生物炭方法的原因。

上述每个阶段都有不同的有机或无机气体散失掉。对于实际中的生物炭制备，熟悉这些过程以及这些过程中气体的散失是很重要的。生物质的组成、加热速率以及所采用的热裂解过程都会影响最终的产物和产量。

最后需要特别指出的是，生物质气炭联产技术将是未来生物炭化研究的方向，这个技术是利用锯末、树枝、稻壳、糖醛渣、玉米芯及农作物秸秆等各种农业废弃物，经粉碎后通过烘干系统、上料系统连续加入裂解炉，在炉内依次完成再烘干、裂解炭化，最终产生生物粗燃气、炭粉；粗燃气经净化分离可得到生物燃气、木焦油、木醋液等。这种生物炭化技术的优点是高效地利用了生物质，无污染，实现了循环经济模式。

二、生物炭生产设备

针对前述生物质热解炭化反应的特点，要生产出质量和活性都符合要求的优质炭，生物质热解炭化反应设备应有如下特点：

（1）温度易控制，炉体本身要起到阻滞升温和延缓降温的作用。

（2）反应是在无氧或缺氧条件下进行，反应器顶部及炉体整体具有良好的密封性能。

（3）对原料种类、粒径要求低，无须预处理，原料适应性更强。

（4）反应设备容积相对较小，加工制造方便，故障处理容易、维修费用低。

生物质热解炭化设备主要有两种类型，即窑式热解炭化炉和固定床式热解炭化反应炉。其中窑式热解炭化炉在传统土窑炭化工艺的基础上已出现大量新的炉型。而固定床式炭化设备按照传热方式的不同又可分为外燃料加热式和内燃式，另外固定床热解炭化设备还有一种新型再流通气体加热式热解炭化炉型，也很有代表性。

新型窑式热解炭化系统主要在火力控制和排气管道方面做了较大改变，其主要构造包括密封炉盖、窑式炉膛、底部炉栅、气液冷凝分离及回收装置。在炉体材料方面多用低合金碳钢和耐火材料，机械化程度更高、得炭质量好、适应性更强。在产炭的同时可回收热解过程中的气、液产物，生产木醋液和木煤气，通过化学方法可将其进一步加工制得乙酸、甲醇、乙酸乙酯、酚类、抗聚剂等化工用品。目前，国内外对窑式炭化炉体的研究主要集中在利用现代化工艺和制造手段改进传统炉体上，已出现很多窑式炭化炉专利。日本农林水产省森林综合研究所设计了一种具有优良隔热性能的移动式BA-I型炭化窑；浙江大学将生物质废弃物置于一种创新型外加热回转窑内热解炭化；河南省能源研究所在中国科学院广州能源研究所主办的2004年中国生物质能技术与可持续发展研讨会上展示了他们研制的三段式生物质热解窑，如图2-2所示。

生物质固定床式热解炭化反应设备的优点是运动部件少、制造简单、成本低、操作方便，可通过改变烟道和排烟口位置及处理顶部密封结构来影响气流流动，从而达到热解反应稳定、得炭率高的目的，更适合于小规模制炭。巴西是世界上能源农业成本最低的国家，该国研究生物质热解技术较早。目前，巴西利亚大学正在研究固定床外加热式热解炭化系统；中国石油大学最近提出一种利用单模谐振腔微波设备外加热固定床热解炉型；印度博拉理工学院研制出内燃下吸式生物质热解装置；合肥工业大学

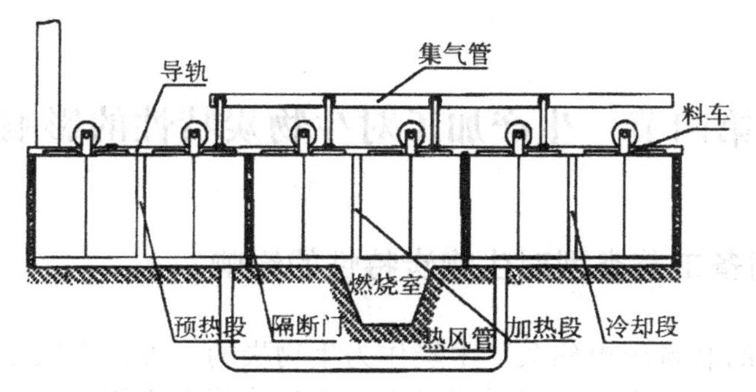

图2-2　三段式生物质热解窑

设计了以热解气体为燃料的内燃加热式生物质气化炉；泰国清迈大学研发了大型烟道气体金属炭化炉；我国还有学者设计了上吸式固定床快速热解炭化炉，如图2-3所示。

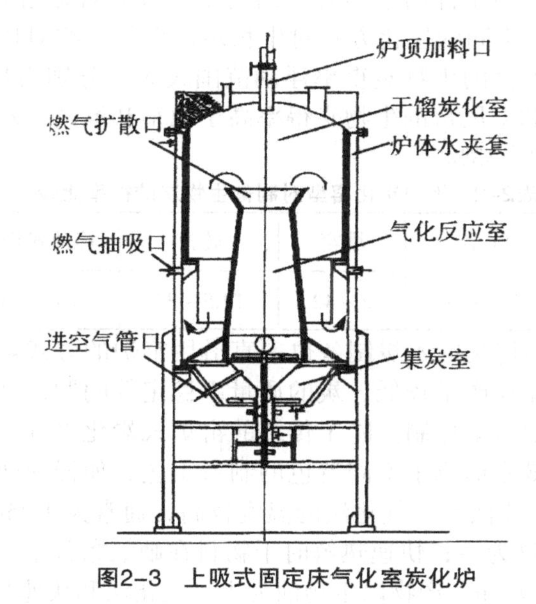

图2-3　上吸式固定床气化室炭化炉

第四节　生产加工对生物炭特性的影响

一、制备工艺类型对生物炭特性的影响

生物炭的制备历史悠久。木炭作为生物炭的一种，在数千年前已经有烧制的记载。最初生物炭只是通过临时窑炉或简单堆积制备获得。随着炭化技术的发展，人们慢慢开始使用固定的池窑来制备生物炭。接下来生物炭的制备经历了堆窑、砖窑、移动式金属窑、水泥窑和连续式炭化窑炉等不同的炭化设备和工艺，渐渐趋于成熟。不同的炭化设备及其配套的制备工艺由于供氧、控温条件的差异对产出的生物炭有着显著影响。表2-2给出了池窑、堆窑等不同的炭化方式对生物炭得率的影响对比。通过该表可以看出，池窑和堆窑的生物炭得率浮动范围较大，分别为12.5%～30%和2%～42%，砖窑和金属窑的生物炭得率高于池窑和堆窑，水泥窑的生物炭得率最为稳定，约为33%。

表2-2　不同炭化窑型对制备生物炭的得率比较

炭化类型	池窑	堆窑	砖窑	移动式钢铁窑	水泥窑
炭化得率/%	12.5～30	2～42	12.5～33	18.9～31.4	33

数千年来我国传统的木炭制备也一直沿用窑炉的方式烧制。虽然工艺传统、成熟，但存在产量较低、炭的质量不稳定等问题，并且这种开放式的炭化工艺不利于污染控制。除了传统的窑炉式炭化之外，随着生物炭制备技术的发展，慢慢形成了不同特色的制备工艺，如慢速热解法、快速热解法、水热法和气化法等。气化法的温度较高，通常大于750℃，产物以富含H、CO_2的气态物为主；快速热解时干物料在缺氧条件下被迅速加热，升温速率可达1000℃/min，产物以生物油为主。气化法和快速热解法的生物炭得率较低，分别在15%～20%和5%～10%。慢速热解法也是在缺氧条件下进行，但加热速率较慢（1～20℃/min），停留时间较长，因此固相产物较多。国际上有学者对制备工艺的划分较为细致，按照停留时间的不同将热解制备工艺分为快速热解法、中速热解法、慢速热解法和气化法，从生物炭得率来说，慢速热解法的生物炭得率最高（约35%），而气化法、中速热解法和快速热解法的得率较低，为10%～20%。水热法是将生物质悬浮在低温（180～350℃）的密闭容器中进行反应获得生物炭的炭化技术。该方

法建立于20世纪初，主要是为了研究煤的形成机制。在水热炭化反应结束后可以得到炭-水-浆混合物。与热解法制备的生物炭相比，水热法获得的生物炭虽然具有较高的碳回收率，但芳香化程度远远低于前者，水热法生物炭的O/C和H/C均较高，同时灰分和pH值较低，除了化学特性的不同，两类工艺制备的生物炭在形貌上也存在显著的区别。

制备工艺对生物炭物理、化学和生物学特性的影响显著。水热法相比热解法来说较为温和，但是这两种工艺制备的生物炭在理化性质方面具有明显的不同。研究人员对比分析了水热法和热解法制备的杨树生物炭的性质及其对Cu吸附的能力，结果表明两种炭化产物均形成了特殊的生物炭孔隙结构，比表面积分别为$21m^2/g$和$29m^2/g$，虽然热解生物炭的比表面积较大，但水热法炭化的杨树生物炭对Cu的吸附能力要远高于热解法炭化的生物炭；进一步分析表明，水热法生物炭比热解法生物炭具有更多的活性位点及内酯、羧基和酚类成分，这些活性位点可以更好地捕获Cu，而内酯、羧基和酚类氧的未成键电子与金属离子的空轨道配合，形成配位键吸附作用。有学者分别比较了慢速热解法、快速热解法和气化法3种工艺制备的柳枝稷生物炭和玉米秸秆生物炭的特性，结果显示慢速热解法制备的生物炭的芳香化程度远高于快速热解法和气化法制备的生物炭，3种类型生物炭的官能团组成在傅里叶变换红外光谱上也呈现出明显的差异，慢速热解法制备的生物炭的芳香化C—H键最鲜明，快速热解法制备的生物炭官能团组成与原材料较为接近，而经过气化法处理后原材料的D—H键和脂肪族C—H键在生物炭中消失。有学者采用快速热解和气化工艺研究了各自制备的生物炭的土壤改良性能，结果表明快速热解生物炭的阳离子交换量是气化生物炭的2倍，但气化法可以显著提高生物炭的比表面积。研究人员发现，快速热解制备的生物炭具有较低的pH值、较小的颗粒尺寸和较大的比表面积，且有利于土壤氮素固定，而慢速热解制备的生物炭炭化更完全，矿化量较低，但会促进土壤氮素的矿化。

二、工艺参数对生物炭特性的影响

制备生物炭的热解工艺参数主要包括热解温度、升温速率、压力、催化剂种类、加热方式等。这些参数都会对生物炭的产率和性质产生影响。目前，大多数的生物质热解研究都是以生产生物原油为主，附带生成生物炭，因此，以生产生物炭为目的的热解工艺的最适条件尚无定论，我们只能从前人的研究结果中寻求生物炭产率和性质的变化趋势作为参考。

（一）热解温度的影响

在生物质热解过程中，温度是一个非常重要的影响因素，它对热解产物的分布和性质等都有很大的影响，通常，热解反应发生的温度越低，生物质原料的炭回收率越高。随着热裂解温度的升高，炭的产率减少但最终趋于一定值，不可冷凝气体产率增加但最终也趋于一定值。

制备温度是区分工艺类型的重要参数，按照制备温度从高到低依次分别为气化法＞热解法＞水热法，其中慢速热解法的制备温度范围相比快速热解法较宽。制备温度在很大程度上影响着生物炭及其副产物（生物燃料等）的得率，是控制生物炭特性形成的极其关键的因子。

制备温度升高会提高生物炭原子结构的有序性。有学者通过系统地分析制备温度为100～700℃的木本植物和草本植物生物炭理化特性的变化总结了生物炭随温度变化的形成过程，如图2-4所示。当温度较低时，主要以脱水和脱氢反应为主，生物质中的高聚物（如纤维素、半纤维素、木质素）基本未受影响；此时提高温度，H/C、O/C会逐渐降低，生物高聚物进行脱氢和解聚反应，生成新的解聚产物如酮、醛、羧基等，但生物炭还保持原有的晶体结构；随着热解温度的继续升高，小单元的芳环结构出现，但排列随机无序，热稳定性高的木质素类高聚物及部分脂肪族碳仍然存在；进一步增加温度，类石墨片层的微晶生长，晶面出现，石墨化程度提高，但仍是乱层微晶结构，在这一过程中，生物炭的得率、挥发分比例、氧含量及H/C和O/C逐渐降低。总体而言，制备温度升高，生物炭的得率降低，C含量增加，H、O含量降低，芳香化和石墨化程度加剧。

制备温度不同将会改变生物炭的工业组成。一般来说，提高制备温度可以增加生物炭的固定碳含量，但这种改变作用受到生物质原料灰分的影响，当生物质灰分大于20%时，升温反而容易降低生物炭固定碳含量。在排除灰分影响的前提下，生物炭固定碳和挥发分便主要由制备温度决定。

不同温度制备的生物炭芳香化程度存在明显的差异。以赤松和红树制备的生物炭进行的氧化实验结果也发现，随着制备温度由300℃增加至600℃，生物炭的芳香化程度增强，结构异质性减弱，化学稳定性增强。随着制备温度升高，生物炭中的脂肪族C—H、O—CH_3都明显减少，芳香化基团比例增加。制备温度还会影响生物炭芳香碳族的大小。研究人员利用核磁共振技术发现，生物炭的芳香化程度随温度升高而加剧，500℃以上制备的生物炭其芳香化程度超过90%，500℃以下制备的生物炭芳环数目少于7个，而500℃以上制备的生物炭芳环数目可多于19个。如图2-5所示，随着制备温度从300℃升高至700℃，生物炭的芳香碳族从8碳增加至76碳。

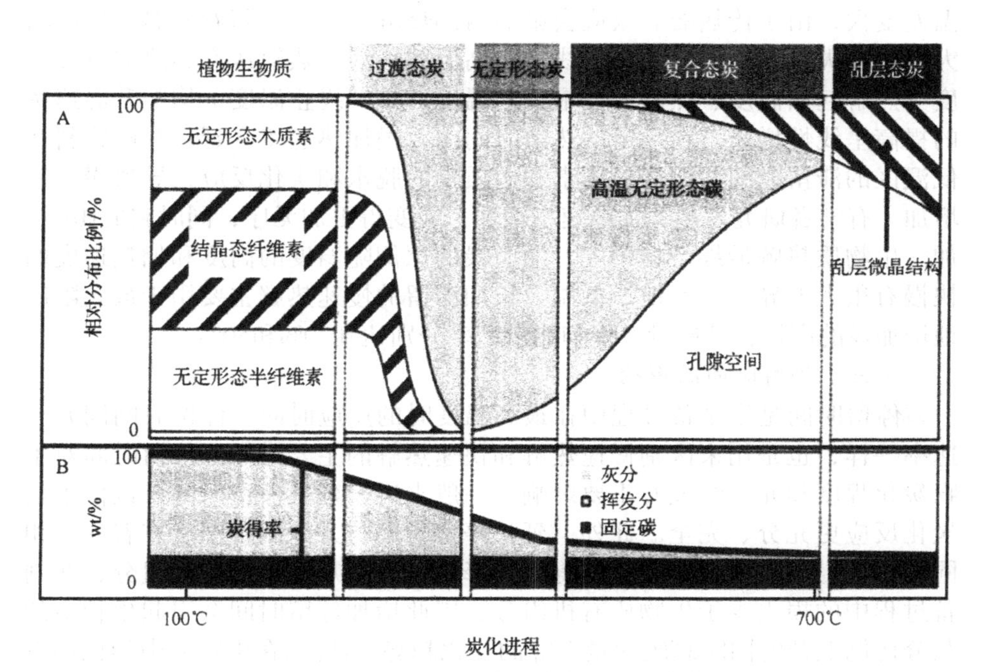

图2-4　热解过程中生物炭的动态分子结构变化图

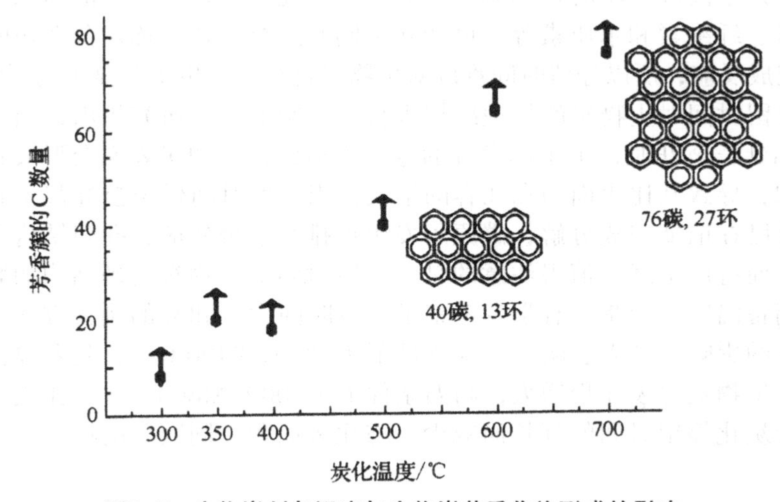

图2-5　生物炭制备温度与生物炭芳香化族形成的影响

（二）升温速率的影响

升温速率一般对热解有正反两方面的影响，升温速率增加，物料颗粒达到热解所需温度的响应时间变短，有利于热解；但同时，颗粒内外的温差变大，由于传热滞后效应会影响内部热解的进行。随着升温速率的增大，物料失重和失重的速率曲线均向高温区移动。热解速率和热解特征温度（热解起始温度、热解速率最快的温度、热解终止温度）均随升温速率的提高呈线性增长。在一定的热解时间内，慢加热速率会延长热解物料在低温区的滞留时间，促进纤维素和木质素的脱水和炭化反应，导致炭产率增加。有学者研究发现，加热速率增加，炭变得更加无序，同时它的H/C增加。生物质热解最终产物中气、油、炭的比例随温度的高度和加热速度的快慢有很大差异。一般地，低温、长期滞留的慢速热解主要用于最大限度地增加炭的产量，其质量产率和能量产率分别达到30%和50%。

（三）停留时间的影响

停留时间是指制备过程中在最高温度时的反应时间。停留时间同升温速率一样，也是用来区别慢速热解和快速热解的主要指标。停留时间对生物炭化程度和元素组成有重要影响。一般来讲，延长停留时间可以使生物炭化反应更充分、完全。此外，延长停留时间与升高制备温度有着一项相同的作用，那就是导致生物炭得率的降低。由于灰分多为无机组分，在制备过程中的损失少于生物质有机组分，因此增加停留时间会引起生物炭的灰分比例上升的同时总碳含量下降的变化趋势，H、N在生物炭中的比例也会随之降低。这样的变化趋势在低温炭化的时候表现得更为明显。而当生物炭化处于高温环境时，因为高温的热反应速率快，生物质的高聚物（半纤维素、纤维素和木质素等）可能几乎同时进行炭化，挥发分在短时间内即可完成反应，所以停留时间难以对生物炭化得率产生十分显著的影响。

停留时间对生物炭的物理结构也会产生影响。有研究指出，当停留时间从1h延长至2h时，由于挥发分的进一步损失，生物炭表面会形成新的孔隙结构，导致其比表面积和孔容的增大；当停留时间延长至3h甚至4h时，挥发分已在前期完成分解，碳原子发生重排和缩聚效应，孔隙结构和比表面积反而有所下降。值得注意的是，停留时间对生物炭物理结构的影响还受到制备温度的牵制。有学者考察了停留时间为1h和3h的制备方式对生物炭特性的影响，结果表明，低温条件下（300℃和400℃），随着停留时间的延长生物炭比表面积增大；高温条件下（500℃和600℃），比表面积反而随着炭化停留时间的延长而减少，与比表面积一同减少的还有酸性官能团数量。

（四）气体压力的影响

早在20世纪初，有科学家就对不同压力对木炭制备的影响进行了研究。研究表明，木炭在真空状态下的得率较低。生物炭化过程的物理环境会因压力差异而截然不同。生物炭的得率随着炭化过程中密闭容器的压力增大而提高，见表2-3。研究发现，压力维持在0.4MPa和0.7MPa时的生物炭得率及其固定碳含量区别不大，然而当压力从1.0MPa升至3.3MPa时，生物炭得率及其固定碳含量均显著提高。

表2-3　不同压力条件下澳大利亚坚果壳生物炭的固定碳得率

压力/MPa	炭质量/kg	生物炭得率/wt.%	固定碳含量/wt.%	固定碳得率/wt.%
0.4	0.92	40.5	78.6	32.0
0.7	0.92	40.2	81.5	32.9
1.0	0.73	44.4	73.9	32.9
1.1	2.76	50.8	70.4	35.9
3.3	2.69	51.0	69.9	35.8

压力的变化还影响着生物炭物理特性的形成。有学者运用扫描电镜（SEM）和热重分析等方法进行研究发现，压力增大后，制备的生物炭粒径变大，孔隙率增加，孔隙壁变薄，此外，生物炭表观竞聚率随着压力增大而减小。另外，有学者的研究则表明高压力（1.1MPa）条件下制备的生物炭稳定性更高。目前有关压力对生物炭特性的影响的研究仍然相对较少，且多数研究尚集中在压力对生物炭得率和物理特性方面的影响，与压力对生物炭其他特性的影响及不同原材料的最佳制炭压力有关的研究有待开展。

三、原材料对生物炭特性的影响

（一）原料种类的影响

研究表明，随着热裂解温度的升高，生物质三组分（木聚糖、木质素和纤维素）的焦炭产量逐步降低，最后的焦炭产量都趋于稳定值。木聚糖和木质素热裂解焦炭产量在621℃，减少缓慢趋于稳定，稳定值约为22%和26%；而纤维素则是在704℃后趋于稳定，稳定值为1.5%。不同研究者采用不同种类的木质素进行热解基本上都得到了较高产量的焦炭。有学者研究了白杨、山杨、枫树、白杨树皮、甘蔗渣、泥煤、小麦秸秆、玉米秸秆、市售纤维素热解的区别，结果显示纤维素含量越高生物原油的得率越高。这可能是因为在热解过程，纤维素主要产生成一次挥发分；而木质素热解主要生成焦炭，因此生物质中纤维素、木质素含量对产生物炭得率影响较大。可以认为，木质素含量较高、纤维素含量较低的原料能到较高的生物炭得率。

另外，原料对生物炭的微观结构也有很大影响。随着木质素含量的增加，焦炭的孔隙率增加。有学者研究了稻壳和桉木热解产生生物炭的区别，研究发现桉木热解产生的炭更加无序。相同的制备条件下，稻壳炭中的H/C和O/C比桉木炭高。稻壳炭的CO_2表面积值比桉木炭低，这可能是由于这些值定义为每克碳的表面积，而稻壳的灰分含量（主要是Si）高，稻壳炭的炭氧化活性也比较高。

（二）原料化学特性的影响

在生物炭化热解的过程中，虽然有部分元素会以气态物质的形式损失，但作为生物炭化的最终产物，生物炭的化学特性与生物质原料密切相关。从工业分析的角度而言，加工原料如鸡粪、牛粪等畜禽养殖废弃物制备的生物炭灰分较多，挥发分一般也较高，加工原料中的纸张类固废制备的生物炭，其挥发分最高甚至超过95%；相比之下未加工原料草本植物和木本植物制备的生物炭的灰分和挥发分明显降低，固定碳含量显著提高，特别是木本植物如橡树、杨树、柳树等制备的生物炭的灰分和挥发分能够低于草本植物生物炭，其固定碳含量水平在各类原料中能够达到最高。研究人员对比研究了杨树、米糠和麦秆3种典型原料制备的生物炭灰分含量状况，结果表明生物炭中的灰分含量与原料灰分含量基本保持一致的趋势。

制备原料的元素相对含量也是影响生物炭化学组成的根本原因。畜禽养殖废弃物的氮素含量普遍较高且大部分以无机氮形式存在，农业废弃物和草本植物中常同时包含无机氮和有机氮2种形式，相比之下木本植物中氮素含量最低。在对应原料类型的生物炭N/C的分析也发现，尽管鸡粪中的无机氮在炭化过程会有部分损失，但仍不妨碍其生物炭的N/C值最高，其次为农业废弃物棉籽壳生物炭、草本植物生物炭、木本植物生物炭，并且这些生物炭的N/C与原料性质相似。有学者研究发现，在600℃进行热解炭化后，生物质氮素、有机碳和总碳的回收率也会因原料不同存在差异，3个指标分别为12%～68%、25%～41%和41%～76%。相同的制备条件下往往木本植物制备的生物炭具有较高的碳含量和较低的O/C。实验结果表明，玉米秸秆生物炭和猫尾草生物炭的碳含量显著低于松木生物炭，其O/C相对较高，而养分（P、K等）及碱金属（Mg、Ca等）则更为丰富。海藻生物炭相比其他植物生物炭较为特殊，其碳含量较低，pH值、灰分、氮含量及其他无机养分量较高，与纤维素类原料相比，藻类生物炭与家禽粪便生物炭的化学组成更为相似。生物炭中磷、钾、钙、镁、钠等养分是通过生物质的热解过程浓缩富集而来，因此受制备原料元素含量的影响极大。

（三）水分的影响

原料中的水分，一方面吸收大量的热量，降低原料的升温速率和热解温度，另一方面也会参与热解反应（如水煤气反应）。有学者研究发现，稻秆中水分含量对热解的4个阶段都有重要的影响。水分含量越高，稻秆干燥阶段所需能量也就越多，稻秆的热裂解反应也会延迟，从而使得固相滞留时间变长。另外，水分促进了稻秆的热解。所以，水分对生物炭的产生具有双相作用，需要根据原料种类、热解工艺等来综合确定最佳的水分含量。

（四）其他因素的影响

生物质中无机成分会影响其热解产物得率及产物特性。矿物质有助于提高纤维素类原料制备的生物炭得率，而K和Zn却会降低木质纤维类原料的生物炭得率。原料木质素含量的不同也会影响热解炭化的结果。由于木质素的热稳定性较纤维素高，因此制备温度由300℃升高至600℃时，木质素含量较高的栎树生物炭的挥发分下降程度较玉米秸秆更明显。生物炭的芳香化程度及不稳定易降解组分的比例同样会由于制备原料的不同存在明显差异。有学者研究发现，生物炭不稳定组分的比例从木材生物炭、树叶生物炭到牛粪生物炭依次增加。研究人员通过变异系数分析发现生物炭特性与制备原料、制备工艺之间存在密切的相关性，生物炭的总碳含量、固定碳含量与矿物元素含量、制备原料等呈显著相关关系。

第三章
生物炭与土壤质量

土壤是岩石圈表面的基质，是自然界中物质和能量交换最活跃的场所之一。它不但为作物根系生长和固持提供了重要的介质，而且提供了作物生长所需的“水肥气热”，是作物生长的物质基础。近年来，我国经济高速发展，农业专业化、机械化和集约化程度不断提高，不仅减轻了劳动强度，提高了劳动生产率，而且降低了农产品的成本。但是，大型农业机械和单一化肥的大量使用，也导致了土壤物理、化学和生物学特性的不断恶化，土壤质量衰退现象十分严重。研究发现，作为碱性、多孔性、高比表面积和含大量的表面负电荷及营养元素的高度生化稳定性材料的生物炭具有改良退化土壤，提高土壤质量，增加作物产量的巨大潜力。

第一节 生物炭对土壤物理性质的影响

一、土壤物理特性与土壤质量

土壤物理特性包括土壤孔隙、通气性、质地、结构、水分、热量、机械和电磁等特性。各种性质之间是相互影响和相互制约的，其中以土壤容重、孔隙度、通透性、水分、电磁物理特性、颜色、温度和团聚体等占主导地位，它们对土壤质量影响最大。土壤物理性质受到自然因素和人为因素的影响。自然因素包括土壤母质、气候、地形等。人为因素包括耕作、施肥和灌溉等。土壤的物理性质影响着土壤的养分物质循环，制约着土壤根系的生长和土壤生物的生命活动，直接或者间接地影响着土壤的质量。因此，通过农业措施、水利建设及添加土壤改良剂等技术手段对土壤不良物理性质进行调节、控制和改良，对提高土壤肥力，增加作物产量至关重要。

二、生物炭对土壤容重的影响

土壤容重是指单位体积的干土质量。土壤容重的大小不仅与土壤矿物组成和质地有关，还与土壤结构、土壤松紧度和通透性密切相关。在农业上土壤容重过大，则会不利于土壤的透水、通气和植物扎根，且易受到各种有毒有害物质的毒害；容重过小，会使土壤中有机质矿化过快，持水和持肥能力下降。

由于生物炭密度较小，其输入可能会显著影响土壤的容重。近年来的一些研究发现，生物炭的添加可以显著降低土壤容重。研究人员通过两年的田间试验研究了秸秆生物炭添加对稻田土壤理化性质的影响，结果表明当秸秆生物炭的添加量达到20t/hm^{2}和30t/hm^{2}时可以显著降低稻田土壤的容重。有学者在研究秸秆和生物炭对苹果园土壤容重和阳离子交换量的影响时发现，添加秸秆和生物炭均可显著降低土壤容重，并且两种材料对0～5cm和5～10cm两个土层的土壤容重影响趋势基本一致。另外，还有学者做了向砂壤土中添加1.5%、2.5%和5%（ω/ω）生物炭的盆栽试验，结果也发现，生物炭具有显著降低沙壤土土壤容重的作用。但是，不同原材料制备的生物炭密度相差较大，机械强度不同。生物炭可能发生机械破碎或其他物理化学作用，使其变成更小的颗粒，进入土壤孔隙中，从而增加土壤容重。尽管目前有关生物炭作为土壤改良剂以增加土壤容重的研究已有报道，但仍值得进一步关注，尤其是对土壤的长期效应。

三、生物炭对土壤孔隙度和通气性的影响

土壤孔隙是指土壤固体颗粒间的空隙，是容纳水分和空气的场所。土壤孔隙状况通常用孔隙度和孔隙直径表征。土壤孔隙的大小、形状及其稳定程度与土壤结构密切相关。土壤孔隙大小不同，其通气和排水能力也不同。大孔径能够有效保证土壤通气性，小孔径具有较强的持水能力。土壤通气性是土壤与大气交换气体的能力。良好的通气性有利于增加土壤养分的有效性；土壤通气性不佳，会使土壤酸度提高，增强重金属的毒害作用，并使作物易感染病虫害。研究人员用微区实验探讨了土壤通透性对甘薯氮、钾、钙和锌等无机营养元素的吸收和产量的影响，结果发现改善土壤通气性可以增加甘薯叶片中钾、钙、锰、硼和锌的含量，并且极显著地提高了块根的产量。另外，还有学者研究了根际土壤通气性对盆栽玉米养分吸收的影响，结果发现，在相同的灌水条件下，通气处理可以促进玉米株高和叶面积的增长，提高叶绿素的含量。显著提升玉米的根系活力，增强玉米对土壤养分的吸收，有利于植株的生长发育和增产。

由于在生物炭制备过程中，有大量气体产生，使其内部形成丰富的多孔结构，其输入可能会改善土壤的孔隙度，增强土壤通气性。国外研究人员在研究非洲加纳地区生产的木炭对土壤物理特性的影响时发现，添加木炭的土壤孔隙度比周围无炭土壤高5%。我国学者在分析比较秸秆炭、木炭和花生壳炭对砂土的水力特征参数的影响时发现，随着生物炭添加量的增加，砂土的总孔隙度增大；在相同的配比条件下，添加花生壳炭的效果更加明显。一般而言，生物炭的添加有助于改善土壤的孔隙度，提高土壤的通透性，增强土壤的氧气供应，促进作物对养分的吸收，从而提升作物产量。但是，生物炭的孔隙性的大小与生物炭的原材料和制备条件密切相关。而且，生物炭在土壤中的实际粒径大小往往还受到土壤作用的影响。特别是草本植物生物炭，由于其本身的机械强度较弱，很容易被粉碎成细粉状，因而可能引发对土壤孔隙的堵塞，反而造成土壤通气性的下降。因此，在生物炭实际施用于农田土壤过程中，还必须关注一些特殊材料制备的生物炭在添加量与时效双重因子作用下的土壤通气性变化。

四、生物炭对土壤水分的影响

土壤水分是农业生态系统中最重要的物质成分之一，是植物和动物生长发育的物质基础，它不仅影响着地球上生物的分布，也直接影响着农作物的产量。土壤持水力是土壤许多物理因素综合作用的结果，有研究表明，生物炭输入可以显著提高土壤田间持水量。自然条件下，土壤质地是影响土壤持水性的重要因素之一，质地较粗的土壤的释水速率明显高于黏土含量较多的土壤。因此，生物炭输入对土壤田间持水量的影响可能与土壤质地密切相关。

需要特别指出的是，生物炭对土壤持水力的作用除了通过影响土壤结构和性质等间接因素以外，还可能与生物炭本身的性质有关。另外，生物炭的疏水性会随着制备温度的提高而上升。一般而言，400～600℃条件下制备的生物炭具有较高的田间持水量和较低的疏水性。生物炭的疏水性往往容易促进土壤地表径流的发生，加快农田施用肥料的流失，从而提高农田面源污染风险。因此，在农田土壤生物炭的具体施用过程中需要特别注意其疏水性对田间土壤持水力的影响。

五、生物炭对土壤电磁物理特性的影响

土壤磁性是指土壤中的磁性矿物颗粒在地磁场作用下表现出来的特性。土壤存在多种磁性物质，可以反映土壤母质、气候、植被、水文和人类活动等综合信息。生物炭含有丰富的顺磁性物质（铁、钴和镍）和抗磁性物质（有机质），其输入可能会改变土壤的电磁特性。此外，生物炭的输入也会引发土壤微生物和环境因子的变化，如酸碱度和氧化还原电位，使得磁性和非磁性物质发生沉淀、溶解、络合、吸附和氧化还原，从而影响土壤的电磁特性。有学者在生物质（橘子皮）制备前加入$FeCl_3$和$FeCl_2$的混合液，制备了具有强磁性的生物炭，同时发现Fe的加入使生物炭固定外源有机物的能力大大加强。还有学者以枯竹子为碳源制备了磁性竹基炭，并将其用于对重金属离子Pb^{2+}、Cd^{2+}和Cu^{2+}的吸附研究，结果发现磁性竹基炭具有强吸附、低成本和易回收的特点。目前，普遍认为土壤和沉积物中的氮循环主要由微生物催化驱动，但是近年来也发现富含铁的土壤的非生物过程也在一定程度上影响着土壤的物质循环。有学者发现，Fe^{3+}的还原能够耦合到NH_4^+的厌氧氨氧化反应生成N_2、NO_3^-或NO_2^-的过程。因此，一些含铁量较高的生物炭的输入是否会改变土壤原有的电磁物理特性，进而影响

土壤中物质的电子传递过程，并由此引发土壤碳氮物质循环过程的变化，是值得研究者关注的科学问题。

六、生物炭对土壤颜色和温度的影响

（一）生物炭输入对土壤颜色的影响

太阳光照射到土壤表面时，可见光一部分被土壤吸收，另一部分则被反射，这些反射光汇合起来就是土壤表面所显示出来的颜色。土壤颜色与土壤中的腐殖质、水分、矿物等的含量密切相关。土壤颜色可以较好地反映土壤理化性质，不但是划分土壤层次，进行土壤分类的重要依据，而且也是研究土壤形成过程和土壤肥力的重要指标。生物炭的颜色会随着制备温度的上升和时间的延长而显著加深。生物炭的添加有助于加深土壤的颜色，尤其对有机质含量低的土壤。研究发现，向矿质土壤中添加细碎的木炭可以显著提高土壤的持水性和土壤的颜色。当生物炭的添加量为0.5%时，土壤CIE（国际照明委员会）色度值从56.4下降到53.3；当生物炭的添加量进一步提高到5%时，土壤CIE色度值可以下降到37.5。

（二）生物炭输入对土壤温度的影响

土壤温度也是土壤的重要环境因子之一。土壤温度的高低不仅直接影响着作物种子的发芽，还影响着植物根系对水分和矿质元素的吸收、转运速率和储存。土壤温度对微生物活性的影响也极其明显。若温度过低，微生物活性就会受到抑制，从而影响土壤中物质的代谢与转化。生物炭对土壤颜色的改变，会不同程度地改变土壤对光线的反照率，进而改变土壤的温度。有学者研究发现，与对照相比，在裸露的土壤中添加生物炭（$30\sim60t/hm^2$）可以使土壤反照率减少80%。还有学者研究发现，历史上烧木炭的土壤比周围不烧木炭的土壤对于光线的反照率会减少1/3。值得注意的是，尽管有些学者在研究中观察到生物炭添加对深层土壤温度没有显著性的影响（7.5cm），但同样发现生物炭的添加可以明显提高表层土壤的温度，相关研究人员认为，这种影响主要是由于生物炭的添加导致了土壤对光线反照率的变化。

然而，土壤对光线热能的吸收与土壤的水分含量和土表植被密切相关。土壤中水的比热大约是干土壤的5.2倍。尽管生物炭的添加有助于提升土壤的颜色，增强土壤表层吸收到的太阳辐射量，但是生物炭的添加同时也会提高土壤含水率，因而在一定程度上将大大缓解表层土壤的升温作用。与此同时，通常情况下生物炭的添加会促进植物的生长，增强植物的蒸腾作用，这也会削减生物炭添加对土壤的增温效应。在实际农田土壤生态系统中施用生物炭是否会促进土壤的增温效应，需要综合考虑生物炭特性、生物炭施用量、土壤类型、土壤含水率、植被种类及其覆盖度和蒸腾作用等因素。

第二节　生物炭对土壤化学性质的影响

一、土壤化学特性与土壤质量

土壤化学性质是决定土壤肥力的诸多因素中最直接、最活跃和最重要的因素之一。土壤化学性质包括酸碱性、阳离子交换量、土壤矿物质和有机质等。它们之间相互影响、相互制约，共同影响着土壤质量。合适的土壤酸碱性不但有利于改善土壤结构，增强土壤矿质元素的有效性，抑制土壤有毒有害物质的生成，而且可以刺激土壤微生物的活性，促进作物增产。土壤阳离子交换量则是土壤保水保肥和缓冲能力的重要指标，并且与其他物理和化学指标关系密切。土壤矿物质和有机质则被称为土壤的“骨骼”和“肌肉”，其含量与土壤肥力水平密切相关，是作物营养的主要来源，具有改善土壤质量和促进作物生长发育的作用。但是，近年来随着气候变化和人为干扰因素的共同影响，我国土壤酸化、盐碱化和沙漠化面积日益扩大，土壤矿物质和有机质流失严重，造成了大面积的土壤退化问题。因此，改善退化土壤的化学性质，对确保我国农田土壤质量，提高作物产量意义重大。

二、生物炭对土壤酸碱性的影响

土壤酸化作为土壤退化的一个重要方面，已成为全球性的重大环境问题。我国酸性土壤主要分布在长江以南的广大热带和亚热带地区和云贵川等地区，面积约为$2.04 \times 10^{8}hm^{2}$，主要集中在湖南、江西、福建、浙江、广东、广西和海南，大部分土壤的pH值小于5.0，甚至是4.5。

土壤酸化的原因很多，主要包含自然因素和人为因素两大类。自然因素主要包括土壤中动植物呼吸作用形成的碳酸和土壤中有机质厌氧发酵形成的有机酸等，但是这一过程极其缓慢。近年来，随着工农业的迅猛发展，环境污染问题日益严重，很大程度上加速了土壤的酸化过程。主要包括两个方面：一是酸性气体的大量排放，造成了酸雨日益严重，正在不断地增加酸化土壤的面积和酸度；二是片面追求产量，长期大量施用化肥及不合理的农田利用方式。有学者通过对美国半干旱平原轮作耕地区（冬小麦、高粱或玉米）土壤酸化的研究发现，在免耕或者传统耕作方式下，施氮肥都是土壤酸化的主要限制因子，其中因硝酸盐淋洗造成的酸化量，分别占总量的59%和66%。一些研究则发现，连续过量使用化肥可以使土壤pH值下降超过1.0个单位，且随着施氮量的增加而增加。免耕的耕作方式由于可以增加土壤耕层炭储量，显著减少土壤侵蚀，已得到了有效推广，但是在施用氮肥的情况下也会导致土壤酸化。还有学者通过10年的定位实验发现，免耕种植高粱，施NH_4NO_3可造成表层土壤pH值的显著降低。

土壤酸碱性是土壤质量的重要指标，良好的土壤酸碱性是作物高产的前提。一方面，土壤酸化抑制了根系的呼吸和生长，影响到根系的吸收功能。有学者在施肥和不施肥条件下，通过盆栽试验研究了模拟酸化土壤对油菜根系生理生态变化的影响，结果发现无论是施肥还是不施肥处理，根系活力随着pH值的下降而降低。另一方面，低pH值会影响到土壤营养物质的转化和释放、营养元素的有效性和土壤保肥能力。有学者通过对洞庭湖区酸化土壤质量的考察发现，土壤酸化会造成K、Na、Ca和Mg等盐基离子的大量流失和有益元素有效态含量的降低。此外，土壤中活性Al、Fe和Mn的含量也会随着pH值的下降而上升，从而造成对植物根系的毒害，不利于植物的生长发育，导致减产。

石灰是传统的土壤酸化改良剂，但是存在价格昂贵、复酸化、土壤板结和共沉淀等问题。近年来，白云石、粉煤灰、碱渣和工业废弃物也逐渐应用于土壤改良。这些物质虽然价廉、施用便捷，但是往往重金属等污染物超标，长期使用会大大增加环境风险。生物炭由于含有矿物元素形成的碳酸盐，其表面含丰富的酸性基团，因此一般呈碱性。大量研究表明，把生物炭添加到土壤中可以有效提高土壤的pH值，降低土壤酸度。有学者研究发现，无论是否施加尿素，大麦秸秆生物炭的添加都可以显著提高稻田土壤的pH值，并且这种效果会随着秸秆生物炭添加量的增加而增强。还有学者通过田间种植试验研究了不同添加水平下秸秆生物炭和竹材料生物炭对菜地土壤理化性质的影响，结果显示高剂量秸秆生物炭和竹材料生物炭（$20t/hm^2$和$40t/hm^2$）的施加可显著提高土壤pH值。

当然，生物炭对土壤pH值的影响也与土壤本身的性质直接相关。研究人员采用小麦、糜子连续盆栽种植试验的方法研究了生物炭添加对盐碱土改良的效果，结果发现随着生物炭施用量的提升，土壤pH值不增反而略有降低。进一步采用田间试验研究生物炭施入量对盐碱土土壤性质及小麦温室气体排放效应的影响时，研究人员发现，生物炭对盐化海滨盐碱土具有改良作用，土壤pH值可以从8.1降为7.78。其原因可能是在高pH值的盐碱土中施加含丰富K^+、Ca^{2+}和Mg^{2+}的生物炭可以有效改善土壤的盐基饱和度，从而起到调节土壤pH值的作用。此外，不同温度制备的生物炭pH值特性存在较大差异。一般认为低温制备的生物炭（300～400℃），其pH值小于7；高温制备的生物炭，其pH值高于7。因此，生物炭对土壤pH值的影响受其自身理化特性、添加量及其土壤pH值等综合因素的影响。

三、生物炭对土壤阳离子交换量的影响

在19世纪50年代，已经有土壤学家提出了土壤阳离子交换量（CEC）的概念。当土壤用一种溶液淋洗时，土壤具有吸附溶液中阳离子的能力，同时释放出等量的其他阳离子，可以用每千克干土所含全部代表阳离子的物质的量表示。土壤阳离子交换量是评价土壤保肥能力和缓冲能力的重要指标。影响土壤CEC的环境因素很多，主要包含以下3个方面：

（1）土壤质地。土壤中的矿物质是土壤CEC的主要提供者，由于土壤中细粒矿物比粗粒矿物具有更大的比表面积和更多的交换位点，因此不同粒径矿物其交换量一般随粒度的增大而减小。有学者通过对黄土高原3个小流域27个采样点土壤样品的分析发现，土壤的CEC与黏土含量呈现出极显著的正相关关系，粉粒对CEC的贡献较小。

（2）土壤pH值。土壤胶体表面的可变电荷受到土壤pH值的影响很大，因此土壤pH值的改变会对土壤CEC产生影响。

（3）土壤有机质。土壤有机质中有机胶体为两性物质，因此土壤CEC随着土壤有机质的升高而上升，特别是其中的腐殖质具有特别高的CEC。

生物炭作为土壤改良剂，其添加可能引起土壤阳离子交换量的变化。研究人员对巴西亚马逊流域的黑土土壤研究发现，添加少量的木炭即可增加土壤的CEC，而且随着添加量的增加土壤CEC随之增加。还有学者进一步分析比较了4种秸秆（油菜、水稻、大豆和豌豆）及其炭化还土（酸性老成土）对土壤理化性质的影响，结果发现秸秆生物炭的添加对土壤CEC的提升效果明显高于其对应的秸秆，非豆科植物制成的秸秆生物炭效果优于豆科植物秸秆生物炭。与对照相比，水稻秸秆炭化还田可以显著提高土壤的CEC，还田后第1年增加10.6%，第2年增加8.7%，并且其效果显著优于竹材料生物炭。但是，需要注意的是生物炭对土壤CEC的影响在很大程度上依赖于生物炭本身的性质。因此，生物炭添加对土壤CEC的影响效果可能与生物炭的炭化时间和温度密切相关。有学者研究了炭化温度和时间对水稻秸秆生物炭CEC的影响，结果显示秸秆生物炭的CEC与炭化温度密切相关，

炭化温度小于400℃，秸秆生物炭的CEC较高，在400～500℃时随着炭化温度的上升其CEC急剧下降；然而，随着炭化温度的继续升高生物炭的CEC则无明显变化。相对而言，炭化时间对秸秆炭CEC的影响相对较小，其对生物炭CEC的显著性影响只发生在400℃，其余温度的影响并不显著（如图3-1所示）。这可能与低温制备秸秆生物炭含有较多的含氧官能团有关。

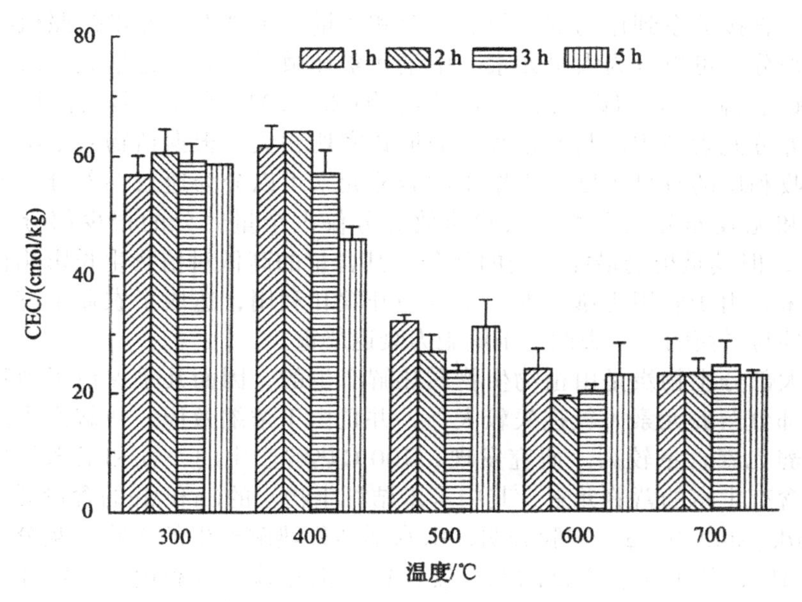

图3-1　炭化时间和温度对秸秆生物炭CEC的影响

生物炭对土壤CEC的改善作用，还与生物炭的入土时间密切相关。随着生物炭在土壤中滞留时间的延长，生物炭表面会在生物氧化作用和非生物氧化作用下形成更多的含氧官能团，从而增加其表面电荷量，导致其CEC值增高。研究人员通过对加拿大和美国不同历史年限土壤中的木质生物炭与新制备生物炭的比较分析发现，年代久远的生物炭具有更高的CEC。虽然生物炭对土壤CEC的影响很大程度上取决于生物炭本身的性质，但是也与施用土壤自身的CEC高低有关。一般来说，生物炭对低CEC的酸性土壤影响较为敏感，而对高CEC土壤影响较小。有学者通过4年的长期实验研究了生物炭输入对巴西亚马逊热带草原氧化土上玉米和大豆轮作系统的影响，结果发现生物炭的添加对土壤CEC没有显著性的影响，这种现象可能与供试土壤具有较高的CEC有关。目前，有关生物炭施用对土壤CEC的影响缺乏长期的田间试验研究。因此，生物炭对土壤CEC的影响尚有待进一步深入研究。

四、生物炭对土壤养分元素的影响

土壤养分是指能够被植物直接或者间接吸收和利用的营养元素。它是土壤肥力的物质基础，也是评价土壤质量的重要指标之一。土壤养分的丰缺程度直接关系到作物的生长、发育和产量。土壤养分元素按照植物的需求量来分，可以分为大量元素、中量元素和微量元素，包括氮、磷、钾、钙、镁、硫、铁、硼、钼、锌、锰、铜和氯13种元素。但是植物对土壤中的养分元素利用性与元素存在的形式密切相关。根据植物对土壤养分元素吸收利用的难易程度，土壤中的养分元素可以分为速效性养分、迟效性养分和无效养分三大类。虽然速效养分仅占全量养分的很少部分（不足1%），但其是植物最能利用的部分，其含量的高低对植物生长影响很大。近年来，由于农田土壤长期的不合理开发和利用，造成了农业生态系统养分循环与平衡的严重失调，土壤肥力衰退严重。

大部分生物炭是由植物生物质热解产生的，因而几乎保留了植物所需的大部分营养元素（氮损失较大），并且由于浓缩效应，热解产生的生物炭营养元素含量较高。研究发现，400℃热解产生的小麦和玉米秸秆生物炭均含有丰富的营养元素，其中玉米秸秆生物炭的Ca和Mg的含量分别高达8.40g/kg和4.93g/kg。实验表明，由水稻秸秆热解产生的生物炭灰分含量高达38.1%，其中含有丰富的钙、镁、钾、铝和磷，可利用态的钾和钙含量分别高达3.8g/kg和3.6g/kg。还有实验研究显示，经过400℃低温热解炭化制备的秸秆生物炭中分别含有29.1%、79.3%、31.8%、57.2%和24.4%可利用态磷、钾、钙、钠和镁。另外，生物炭还可以通过缓解土壤养分流失来影响其含量。由于生物炭具有巨大的比表面积和很高的阳离子交换量，因此具有很强的吸附土壤养分元素的能力，将其施用于土壤可以减少土壤养分淋滤流失，增强土壤养分持留。此外，由于生物炭的输入可以提高土壤pH值，从而降低了土壤Al、Fe和Mn等金属元素的有效性，增强了P、Ca、Mg和K等元素的有效性，由此增强了土壤对有益元素的吸收，有助于作物生长和产量提升（图3-2）。

（一）生物炭输入对土壤氮元素的影响

氮是所有植物生长发育必不可少的营养元素。其对植物的生长发育影响十分明显，它是植物体内氨基酸的重要组成部分，是构成蛋白质的重要成分，也是植物进行光合作用的叶绿素的组成成分。水稻正常生长发育特别需要适量氮供应。在一般的情况下水稻根内含氮量需在1.5%（干重）以上，新根才能不断发生，叶片氮含量高于2.5%（干重）时新叶才能伸长。

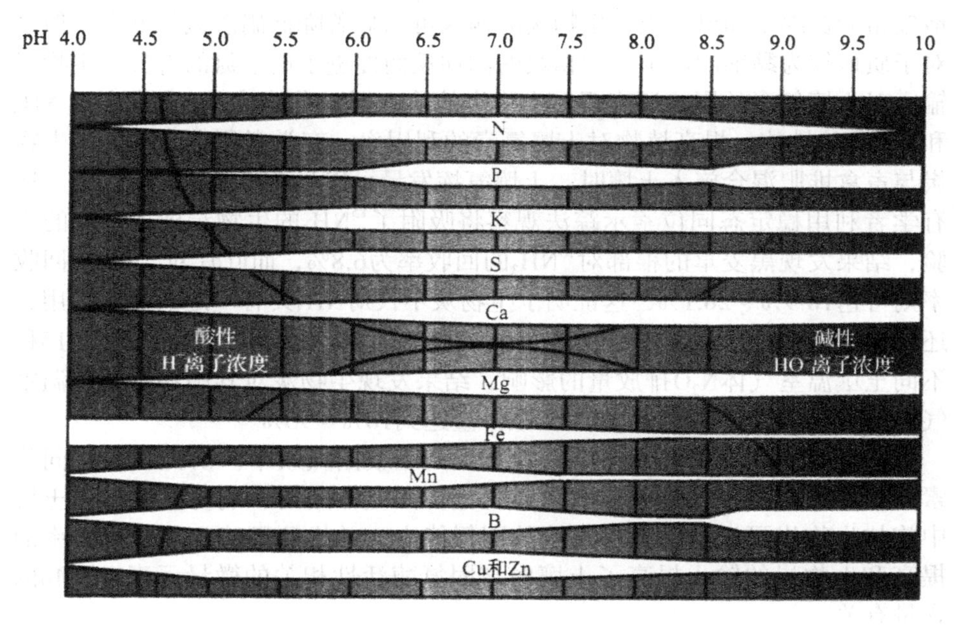

图3-2　土壤pH值对营养元素有效性的影响

并且氮含量对水稻的分蘖也至关重要，当稻苗的含氮量在2.5%以下时，水稻的分蘖作用将会停止。

生物炭输入对土壤氮素的影响体现在其给土壤带入了大量的氮素。研究人员在研究制备温度对污水处理厂污泥制备的生物炭产量及其营养物质含量的影响时发现，即使制备温度升高到700℃，污泥炭的含氮量仍高达1.20%。有学者在实验中观察到，在350～550℃热解温度下制备的大麦秸秆生物炭的含氮量为0.59%。还有研究组织通过实验发现，水稻秸秆生物炭和竹材料生物炭都含有丰富的氮素，分别为1.07%和0.59%；进一步分析表明，生物炭中可提取的氮素更多的是以硝态氮（氨氮未检出）形式存在，其含量分别为0.096g/kg和0.050g/kg。

生物炭的添加对土壤氮素的影响除了体现在生物炭本身带入的氮素物质以外，还体现在生物炭对氮素物质的持留作用。有学者通过淋滤实验研究了生物炭输入对我国两种重要土壤类型黑钙土和紫色土氮素淋失的影响，结果表明生物炭的施用可以大幅度降低土壤氮素的淋失作用。50t/hm^2和100t/hm^2的生物炭施用量可分别使黑钙土氮素淋失量降低29%和74%，分别使紫色土氮素淋失量降低41%和78%。

此外，还有学者用人工模拟实验研究了土壤中添加生物炭对硝态氮迁移的影响，结果表明生物炭对硝态氮迁移的影响与土壤质地密切相关，对于质地较粗的黄绵土和风沙土，生物炭的输入可以显著降低硝态氮的淋失，但是对于质地较为黏细的塿土，生物炭的添加反而促进了硝态氮的淋失。生物炭输入对土壤氮素的影响还表现在生物炭的输入可以有效减少含氮气体（NH_3和N_2O）的排放，提高植物对土壤氮素的利用率。有学者研究发现，当生物炭与畜禽堆肥混合施入土壤时，土壤氨挥发量可以显著降低约50%以上。还有学者利用稳定态同位素示踪法观察将吸附了$^{15}NH_3$的生物炭施于土壤的实验，结果发现黑麦草的根部对$^{15}NH_3$的回收率为6.8%，而叶片对$^{15}NH_3$的回收率则可达10.9%～26.1%，这证明了生物炭不仅对NH_3具有一定的吸附作用，还能提高作物的氮素利用率。有学者通过室内培养研究了生物炭输入对15种不同土壤温室气体N_2O排放量的影响，结果发现生物炭对其中14种土壤温室气体N_2O的排放均具有抑制作用，减排量达到10%～90%。

此外，生物炭的输入还可以有效提高土壤固氮效率。研究人员用同位素标记法研究生物炭输入对豆类作物生物固氮作用的影响时发现，向土壤中施加生物炭可以显著提高土壤的固氮能力，并推测可能土壤固氮效率的提高和生物炭的输入提高了土壤中与固氮酶活性相关的微量元素B和Mo的含量有关。

综上所述，生物炭输入提高土壤氮素水平不仅是由于其本身携带的少量氮素，而且可能是由于生物炭输入可以通过改变土壤物理、化学和生物特性，减少土壤氮素淋滤流失、抑制土壤含氮气体物质的排放，从而增强土壤固氮能力。

（二）生物炭输入对土壤磷元素的影响

磷是植物体内很多重要有机化合物如核酸、核蛋白和磷脂的组成元素。这些物质都是细胞核和细胞膜的组成成分，影响着作物的生长发育、繁殖、遗传变异和物质流动。作物缺磷时将造成植物生长缓慢、叶小、易脱落、根系发育不良、成熟延迟、产量和品质降低。磷素对水稻生长也极其重要，在水稻的分蘖期，当茎叶的含磷量（P_2O_5）在0.25%以下时，则分蘖受阻。与氮素一样，生物炭也含有丰富的磷素，其总磷含量达2.7～480g/kg，它的输入会显著影响土壤的磷素含量。有学者以单施化肥和普通玉米秸秆配施化肥为对照，研究了炭化玉米秸秆对土壤磷素组分含量及有效性的影响，结果发现炭化玉米秸秆处理土壤的总磷含量显著高于单施化肥处理。

然而，生物炭对磷素的影响更多是体现在影响土壤磷的有效性上。有学者通过室内土壤培养实验研究了不同比例玉米秸秆生物炭[2%、4%和8%（ω/ω）]施加对4种不同土壤（红壤、水稻土、潮褐土和潮土）中磷素有效性的影响，结果发现施用生物炭后土壤中的Olsen-P含量显著增加，其含量随着生物炭施用比例的增加而增加。还有学者通过研究发现，生物炭的添加可以显著提高壤土和新积土的有效磷含量，其增加幅度达到3.8%～38.5%。还有学者通过实验同样发现，水稻秸秆生物炭含有丰富的可利用态磷，其含量会随着炭化温度的升高呈现先增加后降低的趋势，在400℃时达到最大值，为830.6mg/kg（如图3-3所示）。在此研究的基础上，通过两年的田间试验证明施用水稻秸秆生物炭可以显著提高稻田土壤有效磷的含量，两年土壤有效磷提高量分别达到122.8%和103.8%。由此可见，农田土壤施用生物炭不但可以提高土壤有效态磷素的含量，而且可以提升作物对磷的吸收与利用效率，提高磷肥利用率，减少土壤磷素的淋滤流失。

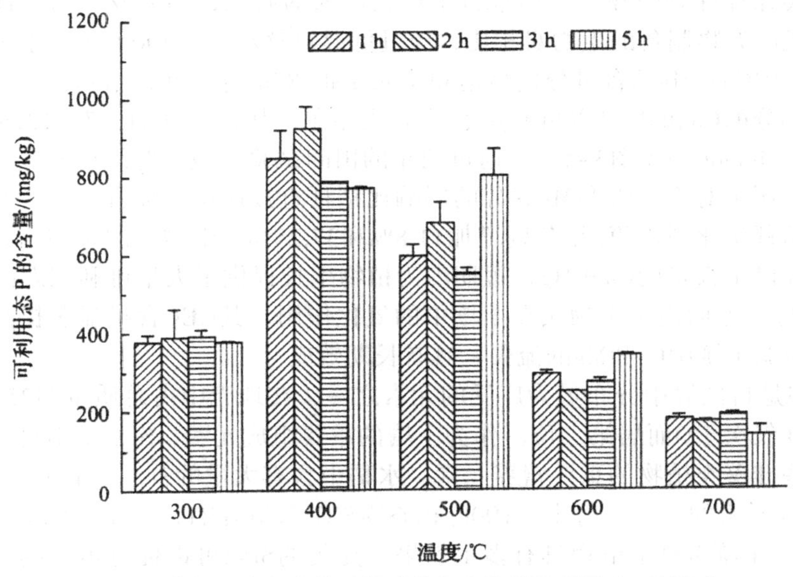

图3-3　炭化温度和炭化时间对秸秆生物炭可利用态P的影响

（三）生物炭输入对土壤钙、镁和硅等中量元素的影响

Ca是构成植物细胞壁的重要成分，在植物的生命活动，比如维持细胞膜的结构和功能、细胞的伸长和分裂、酶活性的调节和代谢等过程中都起着十分重要的作用。植物缺Ca则细胞的功能减弱，细胞膜的流动性和透性改变、中胶层中钙与果胶的联结被破坏，使组织衰老和坏死。一般植物镁含量占植物干重的0.05%～0.7%，其含量依植物的种类和器官的不同而异。虽然，植物体内的镁含量大大低于钙含量，但是对植物生长发育的影响却不容忽视。Mg是植物叶绿素分子的中心元素，对维持叶绿素结构起着重要的作用。此外，Mg是植物酶的重要组成部分，是植物体内多种酶（磷酸化酶和磷酸激酶）的活化剂和细胞内能量转换的必需因子。

生物炭含有丰富的钙和镁，其含量分别高达0.18~350g/kg和0.36~27g/kg。

把其添加于土壤中可以有效补充土壤的钙和镁含量。研究表明，添加生物炭可以提高退化蔬菜地土壤的有效钙和有效镁的含量。有学者通过两年的稻麦轮作试验，研究不同的秸秆生物炭添加量（4.5t/hm^2和9.0t/hm^2）对土壤肥力和作物产量的影响，结果发现添加9.0t/hm^2生物炭可以显著提高土壤有效Ca和有效Mg的含量。进一步分析植株的元素含量发现，生物炭的添加还可以显著提高水稻和小麦总的Ca和Mg的吸收量。还有学者通过4年的玉米和大豆的田间轮作试验发现，添加木炭可以显著提高玉米产量，并且把这种影响归功于土壤可利用态Ca和Mg的增加（增加量77%～320%）。浙江大学吴伟祥课题组在这方面进行了比较深入的研究，结果发现与其他木质或有机废弃物制备的生物炭相比，经过低温热解炭化（500℃）的水稻秸秆生物炭中Ca和Mg的含量分别高达5.91mg/g和1.87mg/g。并且水稻秸秆生物炭中大部分的Ca和Mg是以可利用态的形式存在，其含量分别达7～13cmol/kg和1.2～4cmol/kg（图3-4）。通过两年的田间试验，该课题组还发现水稻秸秆炭化还田对土壤Ca和Mg养分的影响比秸秆直接还田更加直接，与对照相比，秸秆炭化还田第2年分别增加11.8%和37.25%。生物炭的添加一方面为土壤提供了大量的Ca和Mg，短期内为植物生长提供了大量可利用态的Ca和Mg，另一方面由于生物炭在土壤中的氧化作用，其CEC含量显著提高，有助于减弱土壤中Ca和Mg的流失，具有长期效应。

Si是自然界中分布最为广泛的元素之一，在地壳中占总质量的25.7%，其丰度仅次于O而居第二位。作为土壤的重要组成元素，Si是禾本科、甜菜及某些硅藻类植物的重要营养元素。水稻中含有大量的Si，甚至超过了N、P和K等元素的总和。每生产100kg稻谷需SiO_2 22kg左右，是N、P和K总和的4.4倍。土壤Si对于植物具有多重效果，充足的Si肥可以促进植物的光合作用和细胞分裂，增强花粉的活力。Si肥还能促进植物生殖器官的生长，调节植物对N和P的吸收，减轻重金属的毒害作用。此外，足量的Si肥还能增强植物对抗病虫害的能力和不利环境的能力。但是，自然界中绝大多数Si存在于硅酸盐结晶和沉淀中，难以被植物所利用。能被植物吸收利用的只是其中的活性部分或者可溶的部分，也就是土壤中的有效硅。近年来，由于水稻亩产的不断提高，秸秆还田的减少，土壤缺Si日益严重。

生物炭特别是秸秆类生物炭含有丰富的Si。研究表明，秸秆生物炭中的全Si含量会随着制备温度的上升而增高，700℃制备的秸秆生物炭中全Si含量高达18.29%±0.02%。尽管相关研究较少，但已有的研究报道表明，生物炭的输入可以显著增加土壤有效Si的含量。还有学者通过跨站点田间试验发现，小麦秸秆生物炭输入可以提高广汉、长沙、岳阳、桂林、进贤和龙岩等地水稻对Si的吸收，水稻中有效Si含量大幅度提升。有学者指出，产生这种影响的主要原因是小麦秸秆生物炭中大量Si的输入和土壤pH值的升高。尽管如此，生物炭输入对农田土壤Si含量及其有效性等方面的影响尚处于起步阶段，相关机制及其对土壤养分循环作用和植物品质等的影响值得进一步关注。

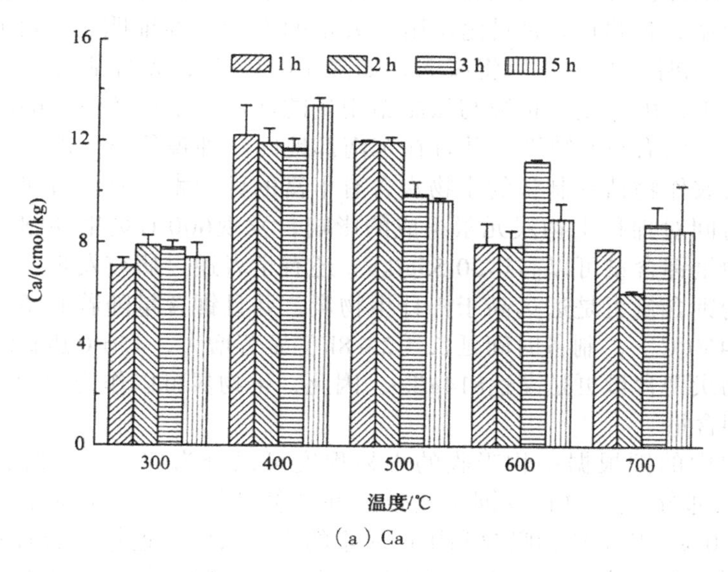

（a）Ca

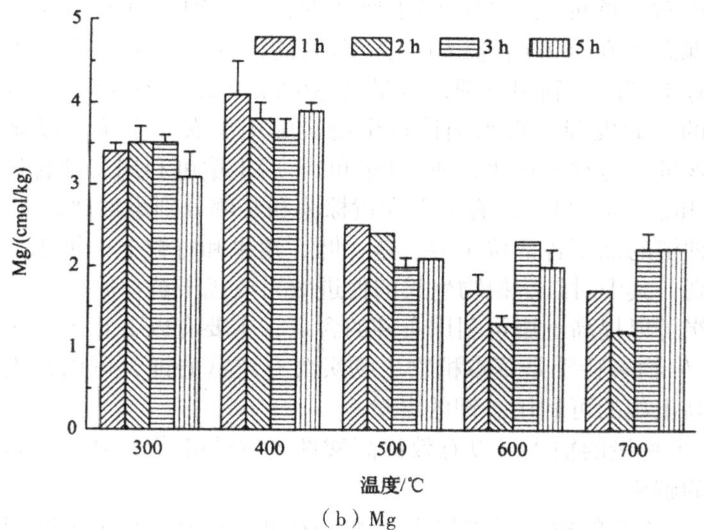

（b）Mg

图3-4　炭化温度和炭化时间对秸秆生物炭可利用态Ca和Mg的影响

（四）生物炭输入对土壤钾元素的影响

钾是植物的主要营养元素，同时也是影响植物生长和农产品品质的要素之一。生产实践早已指出，钾非但是水稻生长发育不可缺少的营养元素，而且在很多高产作物中，含钾量甚至超过了含氮量。施用钾肥能够促进水稻叶片进行碳的同化作用和光合作用。有学者通过田间试验发现，缺钾条件下施钾肥可以有效提高小麦叶片叶绿素含量、气孔导度、根系活力和光合速率，促进CO_2的同化作用。大量的实验已经证明，当叶片K_2O含量低于1.5%时，光合作用将减弱，如降至0.4%时，光合活力几乎观察不到。近年来，由于复种指数与氮肥施用量的增加，秸秆还田量的减少，我国耕地土壤约有58%缺钾，并且在东南部地区缺钾现象更为严重。生物炭特别是由农作物秸秆制备的生物炭含有丰富的钾元素。有学者研究了炭化温度和时间对棉秆生物炭元素组成的影响，发现600℃炭化6h制备的棉秆生物炭中全钾含量可以高达30.55g/kg。还有学者通过研究发现，水稻秸秆生物炭的钾含量更是远远高于棉秆生物炭，并且钾含量随着制备温度升高（250～450℃），制备时间延长（2～8h）显著增大，450℃热解8h制备的秸秆生物炭钾含量更是高达814g/kg。因此，生物炭可以作为钾肥显著提高土壤全钾含量。

土壤中的钾根据植物吸收的难易程度可以分为速效钾、缓释性钾和无效钾三部分。其中有效钾（速效钾和缓释性钾）仅占土壤全钾含量的0.3%～5.0%，却是植物吸收利用钾元素的主要来源。近年来的研究表明，生物炭添加对土壤钾元素的影响主要体现在土壤钾的可利用性上。浙江大学吴伟祥课题组在这方面进行了比较深入的研究，结果表明，水稻秸秆生物炭中含有丰富的可利用态钾，含量高达60cmol/kg（图3-5）。该课题组通过进一步的实验发现，将水稻秸秆生物炭施用于农田土壤可以显著提高稻田土壤钾含量，与对照相比，还田1年和2年后土壤可利用态钾含量分别可以增加608%和273%。另外，有学者在黄棕壤和红壤分别添加1%生物炭后，两种土壤上种植的油菜各部位（根、茎、叶、角果和籽粒）的钾积累量均有显著性的提高，其中对红壤植物生长的促进效果要优于黄棕壤。

生物炭可以提高土壤可利用态钾的含量，主要有以下几个方面的原因：

（1）生物炭特别是草本植物生物炭含有丰富的钾，可以在土壤中缓慢释放，提高土壤的可利用态钾的含量。

（2）生物炭的输入可以有效提高酸性土壤的pH值，减少钾素固定，增加土壤钾的解析。

（3）生物炭的输入可以提高土壤CEC和持水力，减少土壤钾素的淋溶损失。

（4）生物炭可能会进入土壤矿物质层与固定的钾离子发生反应与竞争，使一部分无效钾转化为可利用态的钾。

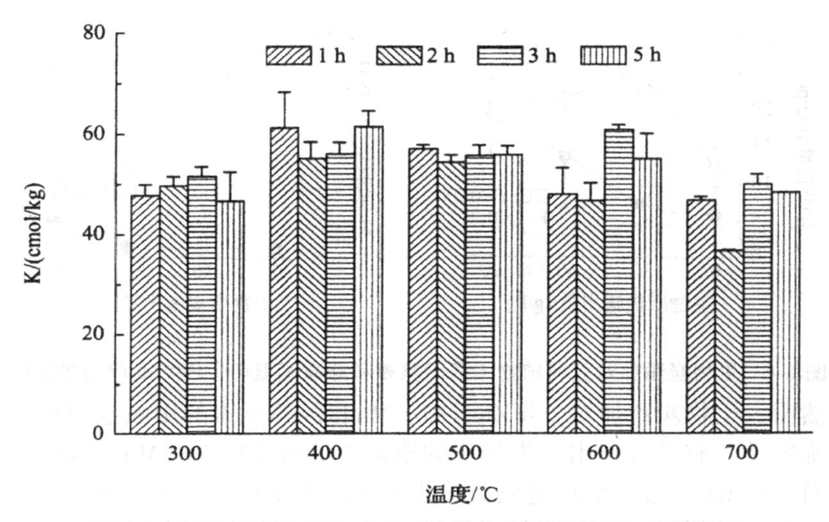

图3-5　炭化温度和炭化时间对秸秆生物炭可利用态钾的影响

（五）生物炭输入对土壤微量元素的影响

植物在正常的生长发育过程中，除了需要N、P和K等大量元素以外，同样需要B、Mo、Zn，Fe和Mn等微量元素。这些微量元素虽然在土壤中的含量极少，只有百万分之几或十万分之几，但对植物的生命活动却不可或缺。微量元素多是组成酶、维生素和生长激素的成分，直接参与有机体的代谢活动。例如，B对植物细胞壁和细胞膜的结构和稳定、碳水化合物的运输、蛋白质和核酸的代谢、花粉的萌发等都有广泛的影响；Mo作为硝酸盐还原酶和固氮酶的重要组分，对于氮的同化和固定有着重要的影响；Zn则是植物体内酶结构和功能的辅助因子，是植物体内蛋白质、核酸、激素代谢、光合作用和呼吸作用所必需的；Fe则参与了叶绿素的合成和光合作用；Mn不但参与了光合作用，而且作为酶的活化剂参与了植物体内许多酶系统的活动。

科学家对生物炭输入对土壤B和Mo含量的影响已经做过大量的研究。有学者发现生物炭添加可以有效提升土壤B和Mo含量，促进两种常见豆科植物（高固氮和非高固氮）对土壤B和Mo的吸收（图3-6）和固氮能力，并且认为土壤B和Mo含量提升可能是促进豆类植物固氮能力的重要原因。还有学者研究发现，无论是否添加肥料，生物炭添加都可以显著提高退化蔬菜地有效钼的含量，分别增加43.8%和41.2%。还有学者通过盆栽试验研究了混合木炭添加对3种不同温带土壤（黏磐土、雏形土和黑钙土）和芥菜中微量元素含量的影响，结果发现生物炭的添加可以显著提高所有试验土壤中B和Mo的含量，并且促进植物对其的吸收（图3-7）。

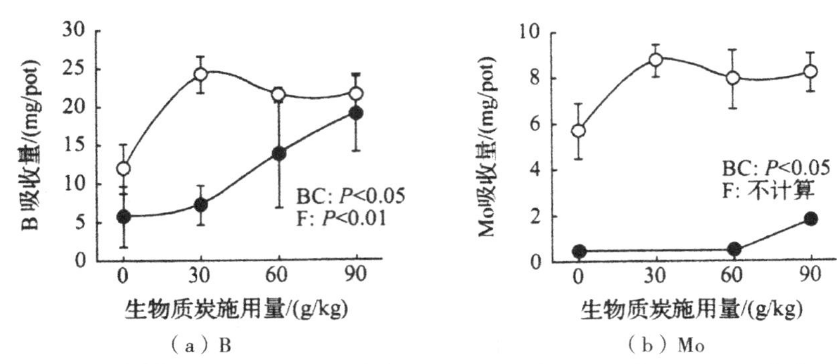

（a）B　　（b）Mo

图3-6　生物炭添加对豆科植物（高固氮●和非高固氮○）B和Mo吸收的影响

然而，生物炭添加对土壤Zn、Al、Mn和Fe等元素的影响也存在着一定的不确定性。有学者指出，生物炭的添加会导致土壤有效Mn含量的降低，可能对一些Mn敏感性植物造成负面影响（图3-7）。另外，有学者研究发现，生物炭的添加会显著降低豆类植株中（高固氮和非高固氮）Fe和Al的含量，但是对Zn和Mn的含量没有显著性影响（图3-8）。另有学者的研究也表明，生物炭的添加对土壤有效Mn和Zn含量影响不显著。需要特别指出的是，尽管生物炭的输入可以带给土壤大量的Zn、Al、Mn和Fe，但是由于生物炭输入将明显提升土壤pH值，土壤pH值的升高可能反过来降低这些金属微量元素的有效性，这可能是诸多研究结果难以一致的重要原因。

此外，需要关注的是由于污泥和垃圾含有较高的Al、Zn和Mn，用其制备的生物炭重金属含量可能会严重超标。因此，在生物炭实际应用过程中一定要关注其对土壤重金属含量的影响，以避免土壤污染和由于摄入过量的重金属造成作物的减产和安全问题。

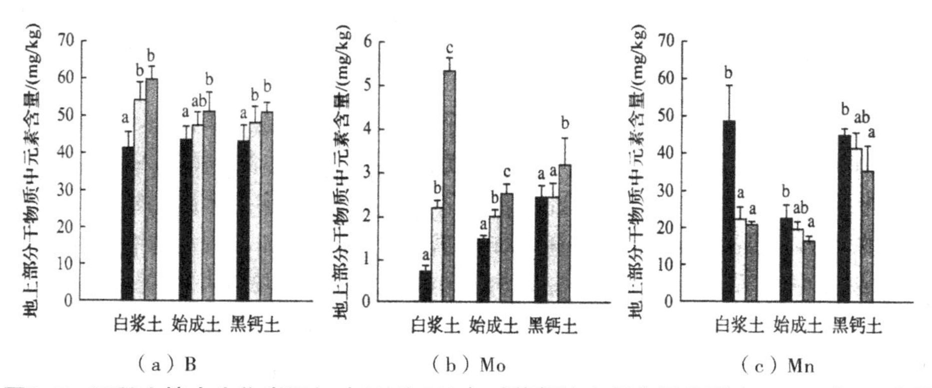

（a）B　　（b）Mo　　（c）Mn

图3-7　不同土壤中生物炭添加（1%和3%）对芥菜地上部分干物质中B、Mo和Mn含量的影响[不同字母表示不同处理间的差异显著水平（$P<0.05$）]

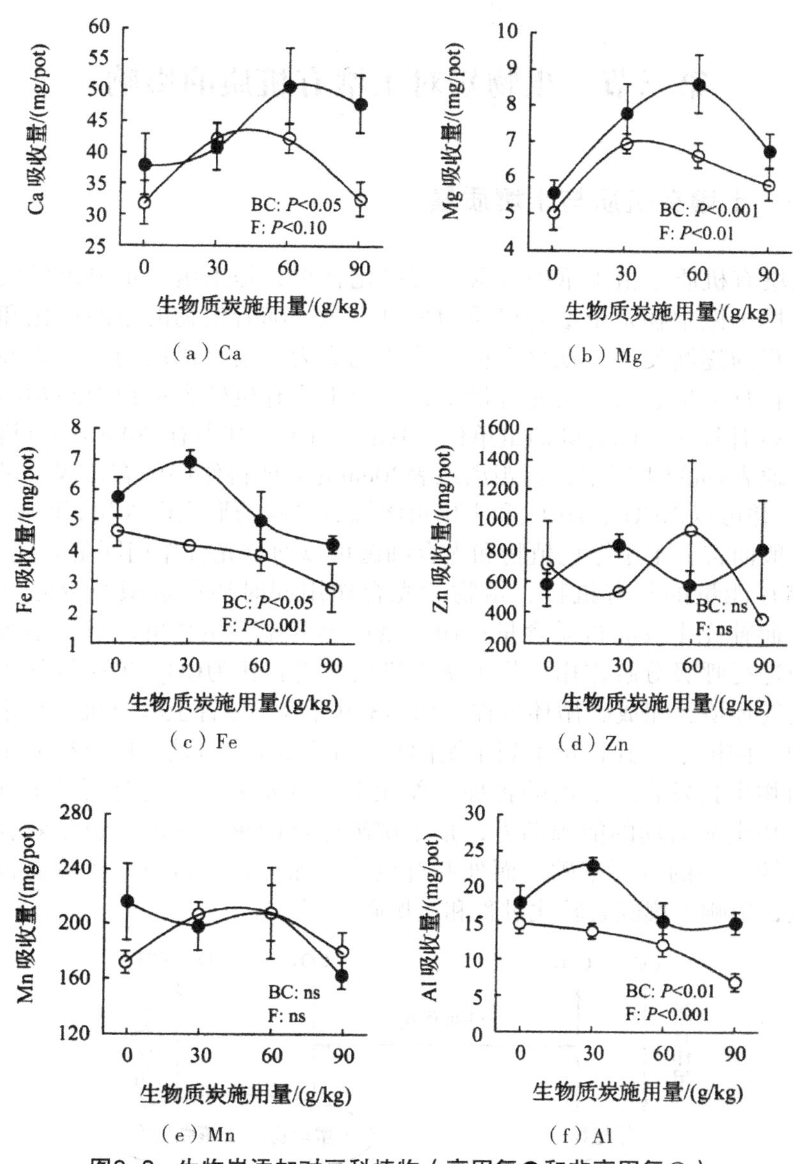

图3-8　生物炭添加对豆科植物（高固氮●和非高固氮○）Ca、Mg、Fe、Zn、Mn、Al吸收的影响

第三节　生物炭对土壤有机质的影响

一、土壤有机质与土壤质量

土壤有机质是指土壤中含碳的有机化合物，是土壤的重要组成成分。原始土壤中微生物是土壤有机质的最早来源，随着生物的不断进化和成土演变过程的逐渐发展，动物和植物残体也成为土壤有机质的基本来源。据估计，在整个生态系统碳库容量中，全球土壤有机碳容量约为2344Gt（以深度为3m计算）（Gt为碳储量单位，1Gt=10^9t），其中有1500Gt的有机碳储存于距地表1m的土层中，而距离地表20cm的陆地耕作层中有机碳含量达到615Gt，并可以以CO_2、HCO_3^-和土壤可溶性有机碳的形式进入相邻圈层。

一般而言，土壤绿色植物和光合细菌可以通过光合作用固定大气CO_2，合成储存能量的新有机物，植物的光合作用同时还促进根系分泌物的产生，从而补充土壤有机质含量；而土壤中异养型微生物可以以土壤有机质为碳源进行呼吸分解作用，将土壤有机质最终转化为CO_2和CH_4等气体释放进入大气环境，完成碳循环过程，如图3-9所示。尽管土壤有机质在土壤中所占的比例极小，其含量不到土壤固相质量的5%，但是土壤有机质不仅是土壤植物生长发育所必需的各种营养元素的重要来源，同时更是土壤动物和微生物生命活动的能源动力，是土壤碳循环的重要一环，也是农林畜牧业可持续发展的重要基础。而外源有机质的输入将直接改变土壤有机碳库的组成，影响土壤碳素转化过程和土壤碳循环。

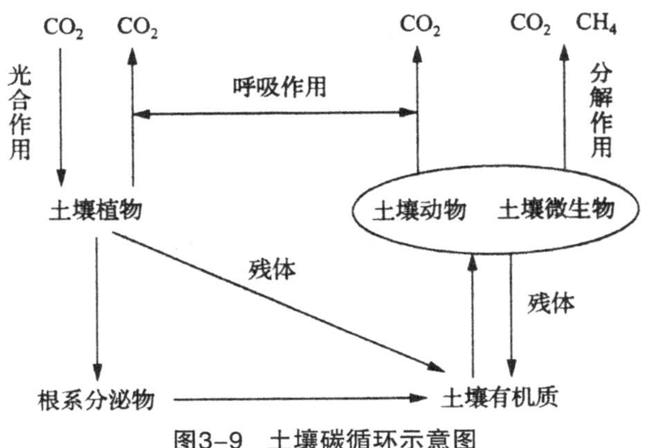

图3-9　土壤碳循环示意图

土壤有机质一般分为新鲜有机质、半分解有机质和腐殖质三种。新鲜有机质和半分解有机质约占土壤有机质总量的10%，是土壤有机质的基本组成部分和养分来源，也是形成土壤腐殖质的原料。土壤腐殖质约占土壤有机质含量的90%，常形成有机—无机复合体，难以用机械方法分开，是改良土壤、供给养分的重要物质，也是土壤肥力的重要评价指标之一。土壤有机质组成的主要元素包括C、H、O、N，平均分别占52%～58%、34%～39%、3.3%～4.8%和3.7%～4.1%，其次是P、S等元素。

影响土壤有机质浓度和移动性的因素包括自然因素和人为因素。自然因素主要包括季节变化、温度、湿度等，对土壤有机质的影响较小。而人为因素对土壤有机质的影响较大，主要包括土地利用方式、植被的种植和外源有机质的输入等。已有的研究发现，在不同土地利用方式下，由于管理措施不同、植物凋落物量和质量的差异，致使土壤有机质总量、土壤可溶性有机质含量存在明显差异，因此土地利用方式的转变可以成为一种改变土壤有机碳库的途径。然而，在实际生产过程中，人们往往过于追求粮食的高产而不断变换土壤利用方式，致使土壤质量日趋下降。绿色植物可以固定大气CO_2，将其转化为自身和土壤动植物所必需的简单有机化合物，随着植物的生长，根系分泌物的增多会刺激土壤酶的活性变化，对土壤有机质的形成和转化产生影响。传统耕作中外源有机质的输入如有机肥料等，可以在一定程度上补充土壤有机碳库，提高土壤肥力，促进植物生长。然而，过量施肥容易导致土壤酸化，且降雨引起的地表大量碳、氮、磷等物质的流失还会带来农业面源污染和水体富营养化等环境污染。

土壤有机质的一个重要特点是不断变化着和消耗着，需要不断补给，以维持土壤的基本生产力和肥力。而在快速消费的时代人们为了追求粮食的高产，一方面加速消耗着土壤原有的有机质，造成土壤不断贫瘠化，有机碳库损失严重；另一方面，过量施肥也导致日益严重的环境污染问题。近年来，生物炭这一新兴环保材料的出现为农业可持续发展提供了良好的思路。至今，有关生物炭在土壤质量改良、农经作物增收、土壤温室气体减排、土壤污染修复、重金属和农业面源污染控制等各个领域的研究已有开展。然而，作为一类含碳量高的混合物，生物炭输入对土壤生态系统的碳循环，特别是土壤有机质的影响是其各方面效应中最根本、最直接的部分。

我国耕地土壤有机质受地域影响很大，东北地区大多在20～30g/kg，华北和西北地区大部分低于10g/kg，华中和华南一带的水田耕层土壤有机质含量为15～35g/kg。尽管土壤有机质的含量只占土壤总量的很小一部分，但是它对土壤形成和土壤肥力的保持有着极其重要的作用。土壤有机质含有植物生产所需的各种营养物质，如N、P、K、S、Ca、Mg和Fe等。并且随着土壤有机质的矿化，这些物质不断地释放出来为植物生长提供营养。在有机物的分解和转化过程中，还会产生有机酸和腐殖酸，会促进矿物的溶解，有利于矿质养分的有效性。一些有机酸还能和金属离子发生络合反应，生成络合物溶解在土壤溶液中，增加养分的有效性。土壤腐殖质除了可以为植物提供大量的营养物质以外，还具有保水和保肥性能。土壤腐殖质具有巨大的比表面积和亲水基团，是亲水胶体，能吸收大量的水分。研究人员在山东禹城试验区通过多年培肥节水试验证明，土壤有机质具有改善土壤物理性质，增加土壤水分库容，抑制土壤水分蒸发，提高土壤保水供水性能的作用。他们还发现，通过增加土壤有机质可将土壤含水率的灌溉下限指标下降8.30%～31.25%。土壤有机物除了表面具有大量的亲水基团以外，一般还具有丰富的表面负电荷，可以有效吸附土壤阳离子，起到保肥作用。有学者对青海主要土壤类型坡面的有机质、机械组成和阳离子交换量之间的关系进行分析时发现，土壤有机质含量与土壤阳离子交换量呈显著正相关，并且这种相关性会随着深度的增加而增强。此外，土壤有机质还具有促进土壤团聚结构的形成和改善土壤物理性质的功能。土壤有机质是土壤团聚体的主要黏合剂，在土壤中以胶膜的形式包裹在土壤颗粒表面，可以增强砂土的黏性，有利于团粒结构的形成。但是，土壤有机质并不是一成不变的。土壤中的有机质在水分、空气、土壤动物和土壤微生物的作用下，发生极其复杂的生物化学过程，这些过程综合归纳起来为两个对立的过程，即土壤有机质的矿化过程和腐殖化过程。

二、生物炭对土壤有机质分解与转化作用的影响

生物炭由于其高pH值、高孔性、高比表面积、大量的表面负电荷及电荷密度，其输入会改变土壤的物理化学特性，影响其中的微生物的群落结构和丰度，进而影响土壤有机质的矿化过程。

生物炭输入对土壤有机质分解与转化的抑制作用已有大量报道。有学者通过67d的短期培养实验发现，核桃壳制备的生物炭对土壤原有有机质矿化具有显著抑制作用，随着添加量的增加其抑制作用更加明显。还有学者通过大量研究发现，450℃和500℃条件下制备的木质生物炭添加可以有效抑制外源有机质（甘蔗渣）的矿化。另外，还有学者通过实验发现，在淹水条件下，生物炭的输入对稻田土壤CH_4排放具有显著性的抑制作用，土壤CH_4累积排放量随着生物炭的添加量的增加而降低；在无外加碳源的情况下，培养49d后，添加2.5%（ω/ω）秸秆生物炭处理的土壤CH_4累积排放量比对照降低91.2%；在显著抑制稻田CH_4排放的同时，2.5%（ω/ω）的水稻

秸秆生物炭添加还可以显著抑制稻田土壤CO_2的排放（如图3-10所示）。生物炭由于具有巨大的比表面积和孔隙结构，能将有机质保存在其孔隙内，从而有效的隔离微生物及其产生的胞外酶与有机质本身的接触，降低有机质被微生物利用的可能。另外，生物炭对土壤有机质具有很强的吸附能力，两者均被证实具有抑制土壤有机质矿化的作用。

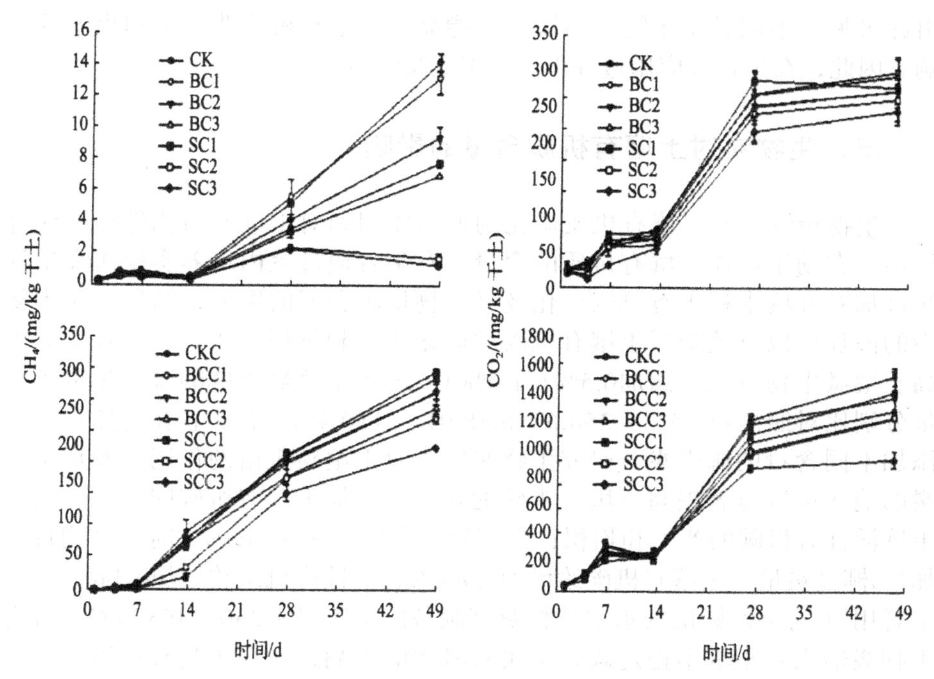

图3-10　生物炭输入对稻田土壤CH_4和CO_2排放的影响

CK- 空白对照；BC1-0.5% 竹炭；BC2-1.5% 竹炭；
BC3-2.5% 竹炭；SC1-0.5% 秸秆炭；SC2-1.5% 秸秆炭；
SC3-2.5% 秸秆炭；CKC- 添加秸秆对照；BCC1-0.5% 竹炭 + 秸秆；
BCC2-1.5% 竹炭 + 秸秆；BCC3-2.5% 竹炭 + 秸秆；SCC1-0.5% 秸秆炭 + 秸秆；
SCC2-1.5% 秸秆炭 + 秸秆；SCC3-2.5% 秸秆炭 + 秸秆

然而，也有研究发现，生物炭的添加对土壤本底有机质的矿化具有促进作用。生物炭的加入对原有的有机碳可能具有明显的正“激发效应”。有学者通过10年的还田实验发现，灌木枝制备的生物炭对森林土壤有机质矿化具有显著的促进作用，这一发现引起了广泛关注。随后，又有学者研究也发现，无论在酸性还是在偏碱性土壤中，生物炭的输入对土壤有机质的矿化都会起到促进作用，且在培养的初期最为明显。总体而言，生物炭对土壤内源和外源有机质的矿化作用受土壤类型、生物炭的种类特性及实验条件的影响。有学者选用5种不同类型的旱地土壤和5种原料制备的20余种生物炭开展了为期1年的培养实验，发现生物炭对土壤有机质的矿化作用可随着土壤和生物炭类型的不同而发生变化；在有机质较低的土壤中输入草本生物炭，对土壤的矿化一般体现为促进作用，尤其在培养的初期；而相对较高温度制备的生物炭对土壤有机质的矿化通常表现为抑制作用。由此可见，不同类型生物炭的输入可能会对土壤有机质造成不同程度的影响。因此，在生物炭应用过程中需要引起足够重视。

三、生物炭对土壤有机质含量的影响

生物炭输入对土壤有机质矿化的抑制作用和对土壤腐殖化进程的促进作用将有助于增加土壤有机质的含量。有学者通过室内培养实验研究生物炭添加对红壤水稻土有机碳矿化及微生物量碳和氮的影响，结果表明生物炭的添加可以有效降低土壤有机碳的矿化速率和累积矿化量，并且显著提高土壤微生物量碳；添加0.5%和1.0%（ω/ω）生物炭土壤的微生物量碳含量分别比对照高111.5%～250.6%和58.9%～110.4%。有学者在自然土壤中添加不同含量的椰壳炭，研究生物炭输入对土壤碳截留的作用，发现生物炭的输入可以显著提高土壤有机碳的含量，增加土壤有机碳固存，有利于土壤活性有机碳的产生和累积；当施炭量为1%～8%（ω/ω）时，平均每增加1%椰壳炭量，土壤有机碳约增加5.9mg/g，活性有机碳约增加0.3mg/g。有学者用^{13}C同位素标记的水稻秸秆及其制备的生物炭（250℃和350℃）研究生物炭输入对土壤不稳定碳和土壤有机碳的影响，发现生物炭可以通过抑制土壤固有有机碳的矿化作用提高土壤有机碳的含量。另外，还有学者研究发现，水稻秸秆生物炭的添加可以提高稻田土壤可溶性有机碳和土壤有机质的含量，并且土壤可溶性有机碳和土壤有机质的含量会随着添加量的增加而提升，如图3-11所示。

四、生物炭迁移转化对土壤有机质的影响

生物炭除了以固体颗粒的形式存在于土壤中外，还能以可溶解态的形式在土壤中迁移运动。尽管这部分生物炭所占的比例很小，但是其对土壤有机碳库周转也有着一定的影响。对面积为全球陆地面积8%的热带雨林森林土壤有机质的分析表明，森林火灾消失多年以后，仍有大量的可溶性生物炭可以在土壤中有效迁移，表现为极强的物理迁移作用和化学迁移作用。此外，有学者通过估算发现，全球草地土壤中可溶性生物炭流量为

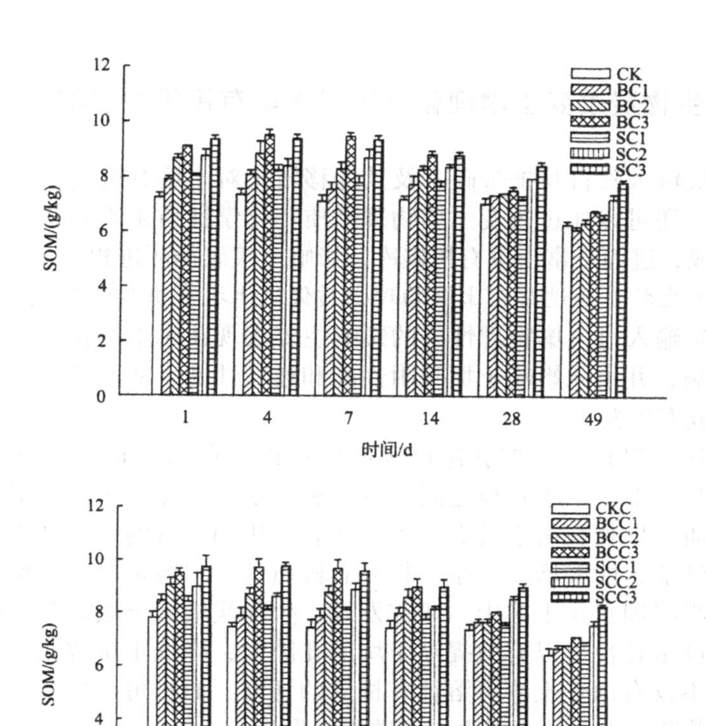

图3-11　生物炭输入对稻田土壤有机质的影响

CK- 空白对照；BC1-0.5% 竹炭；BC2-1.5% 竹炭；
BC3-2.5% 竹炭；SC1-0.5% 秸秆炭；SC2-1.5% 秸秆炭；
SC3.2.5% 秸秆炭；CKC. 添加秸秆对照；BCC1.0.5% 竹炭 + 秸秆；
BCC2-1.5% 竹炭 + 秸秆；BCC3-2.5% 竹炭十秸秆；
SCC1-0.5% 秸秆炭 + 秸秆；SCC2-1.5% 秸秆炭 + 秸秆；
SCC3-2.5% 秸秆炭 + 秸秆

1.4×10^5t/a，其中有部分生物炭会以迁移转化的方式在土壤中保持，对固持草地土壤有机碳库发挥了重要作用。根据以上研究可以推测，生物炭输入土壤后不仅可以以固态形式存储于土壤中，还可以溶解态的形式在土壤溶液中进行迁移，对丰富其他地带土壤有机质含量可能具有重要作用。然而，关于生物炭输入土壤后的迁移运动还需要更多的实验研究来探索和证明。以期为生物质炭输入对不同地带土壤有机质的贡献差异提供相应的理论和数据支撑。

五、生物炭改变土壤理化性质对土壤有机质的影响

生物炭输入除自身携带碳素及其迁移转化对土壤有机质产生直接的贡献作用外，还可以通过改变土壤物理性质和化学性质来影响土壤有机质的形成和组成，进而丰富土壤有机碳库，影响土壤碳循环进程。

（一）生物炭通过改变土壤物理性质促进土壤有机质的形成

生物炭输入对土壤物理性质的影响主要表现在对土壤孔隙度和土壤团聚体的影响，并由此影响土壤吸附性能和通气性能，从而导致土壤有机质含量和组成发生变化。

生物炭可以提高土壤孔隙度和吸附性能，截留并提升土壤有机质含量。自然状态下，土壤颗粒之间本身含有一定的孔隙，可以吸附一部分土壤有机物质。生物炭由于具有巨大的比表面积和丰富的孔隙结构，拥有较强的吸附性能，能够增加土壤颗粒对有机质的吸附容量，使土壤有机质能够更好地吸附固定在土壤中。研究发现，生物炭输入土壤后其宽松的外围结构和高度多孔性可以有效提高土壤的孔隙度，降低土壤容重，增加土壤透气性，不仅有助于土壤可溶性有机质的迁移，而且可以提升土壤对有机质的吸附截留能力，从而减少土壤碳素流失。

有学者在研究生物炭与小麦秸秆的微生物矿化实验时发现，在土壤培养的第3天、第7天、第14天和第21天，添加生物炭与小麦秸秆都可以显著提升土壤总可溶性有机碳含量。进一步研究发现，对于生物炭尤其是新鲜生物炭而言，由于它们具有高度多孔性和较大的比表面积，其孔隙体积和比表面积甚至可以达到0.2 ~ 0.5cm^3/g和750 ~ 13600cm^2/g，在增加土壤孔隙度的同时能够显著提高土壤吸附能力，因而生物炭输入可以显著提升土壤对可溶性有机质吸持量，减少灌溉和降水引起的流失。

土壤颗粒除具有一定的吸附能力外，还可以经过一系列的物理化学反应形成较稳定的土壤团粒结构，也称土壤团聚体。土壤环境中团聚体具有三大作用：保证和协调土壤中的水肥气热、影响土壤酶的种类和活性、维持和稳定土壤疏松熟化层。土壤团聚体是土壤肥力的基础，包含多种营养元素和含碳有机质，是作物高产所必需的土壤条件之一，对土壤碳循环起到重要作用。因此，在实际生产耕作过程中，注重补充土壤有机质对于土壤团粒结构和有机–无机复合体的形成和稳定起重要作用。

诸多研究表明，生物炭输入可以促进土壤团聚体和有机–无机复合体的形成，提高土壤有机质的稳定性。还有学者通过研究发现，生物炭进入土壤后可进入土壤微团聚体内部，协助形成更稳定的团聚体和土壤有机–无机

复合体。其原因可能是生物炭进入土壤后会发生表面氧化，为有机质和矿物质的复合体提供表面负电荷，促进土壤团聚体的形成。另外，还有学者在考察生物炭输入对4种不同的粉砂壤土团聚体的影响时观察到，添加生物炭可以显著提高其中两种土壤（暗棕壤和塿土）团聚体的量，有利于土壤有机质的固定，减少碳素流失。目前，关于生物炭通过土壤团聚作用固持和提高土壤有机质含量的机制大致可以归纳为两个方面。一方面，生物炭输入促进了土壤团聚体和有机–无机复合体的形成，从而提高了土壤团聚体的稳定性，减少了土壤有机质径流流失和土壤腐蚀作用；另一方面，生物炭输入土壤后自身携带的丰富有机质有利于促进植物根系生长和土壤微生物的生命活动，间接影响土壤菌根真菌生长繁殖，这些性质的变化都有可能促进土壤团聚体的形成，改变土壤结构，稳定土壤有机碳库。

（二）生物炭通过改变土壤化学性质促进土壤有机质的形成

酸碱度是土壤的重要化学特性。土壤酸碱度直接影响植物生长和微生物活性及土壤的其他性质与肥力，从而影响土壤有机质的周转。土壤养分是指存在于土壤环境中的植物生长发育所必需的营养元素，包括N、P、K、S、Ca、Mg和微量元素等，是土壤肥力的物质基础，也是衡量土壤肥力水平的重要指标之一。土壤中的氧化还原反应十分活跃，一种物质的氧化必然伴随着另一种物质的还原。氧化还原反应的强弱会影响土壤中变价元素的状态、土壤养分的有效性及土壤有机质的周转。因此，土壤化学性质的改变将会在一定程度上影响土壤有机质的组成和周转。

生物炭输入对土壤化学性质的影响主要表现在其对土壤pH值和氧化还原电位的影响，以及促进植物对土壤养分元素的吸收。诸多研究发现，生物炭输入土壤后其自身携带的大量碱性基团可以显著提高土壤pH值，且对酸性土壤的影响更为显著。与此同时，生物炭也可以通过提高土壤通气性和有效态K的含量来提高土壤氧化还原电位，刺激植物对N、P、K等无机养分元素的吸收利用。由以上分析推断，生物炭对土壤化学性质的改变可能促进植物的生长，促使植物分泌更多的根系分泌物及合成新的有机质，从而提高土壤有机质含量，提升土壤肥力。

我国研究人员在太湖平原水稻田开展的小麦秸秆生物炭输入对土壤温室气体排放影响的实验研究中发现，在未施加氮肥和施加氮肥的条件下，当小麦秸秆生物炭添加量为40t/hm^{2}时，土壤有机碳含量可以分别提高57.0%和55.2%。这是由于，一方面，生物炭自身携带的丰富有机碳进入土壤环境后会显著提升土壤有机质的含量；另一方面，生物炭进入土壤后可以改善土壤化学性质（如提高pH值和氧化还原电位等），提高土壤营养元素（N、P、K等）的生物可利用性，促进土壤微生物的生长繁殖和植物根系的分泌能力，从而提升土壤有机质的含量、植物生物量及微生物量。因此，推测生物炭可以通过改变土壤化学性质改变土壤结构和性质，促进土壤有机质的形成和稳定化。然而，目前有关这种化学性质的改变对土壤有机质形成和稳定性影响的促进作用机制的解释尚缺乏足够的科学依据，尤其是单因素影响因子的改变对土壤有机质形成的影响等方面的研究还有待于进一步的实验探究。

第四章
生物炭与土壤生物

土壤生物包括土壤动物、土壤微生物和植物根系等，本章将农作物也归为土壤生物的一类，深入探讨生物炭与土壤微生物、土壤动物以及农作物的关系。

第一节　土壤生物

土壤生物是土壤中具有生命力的主要成分，是指栖息在土壤中（包括枯枝落叶层）的生物的总称，包括土壤动物、土壤微生物和植物根系。在土壤形成与发展过程中起到了主导作用，土壤生物也是土壤污染物降解的主力军，土壤生物的生活状态可以直接反映土壤质量和健康状况的好坏。

一、土壤动物

土壤动物是指在土壤中度过全部或部分生活史的，并且能够对土壤造成一定影响的动物，几乎包括所有动物门，种类繁多，数目庞大，主要涉及原生动物、扁形动物、线形动物、轮形动物、环节动物、脊椎动物、缓步动物、软体动物和节肢动物9种动物门类。其中，土壤脊椎动物是土壤中的大型动物，如土壤中的哺乳动物、两栖类、爬行类等，多为食草和食肉动物，具有掘土习性，对土壤上下土层的疏松和混合起到重要的作用。土壤节肢动物主要以植物的残枝败叶为食源，是土壤中的分解者，主要包括某些昆虫或其幼虫、螨虫、弹尾类、蚁类等。这类动物具有体型小、数量巨大等特点。土壤中常见的蚯蚓为土壤环节动物的一种，是进化的高等蠕虫。土壤中的蚯蚓可以混合土层，改善土壤结构，提高土壤的通气性，改善土壤排水和保水能力，而且蚯蚓还可以促进土壤中植物残体的分解以及有机物和无机化合物的矿化作用，一般肥沃的土壤中蚯蚓数量可高达几十万到上百万条。土壤线虫体型要比蚯蚓小得多，多数线虫寄生在高等植物和动物体上，可引起多种植物疾病。土壤原生生物为单细胞真核生物，细胞结构简单，一般表土层中最多，原生动物一般可调节土壤中细菌的数量，增进某些土壤生物的活性，参与动植物残体的分解，如鞭毛虫多以细菌为食源，酸性土壤中的变形虫以动植物碎屑为食源，纤毛虫以细菌和小型鞭毛虫为食源。

土壤动物是土壤生态系统的重要组成成分，是土壤中非常重要的分解者和消费者，在土壤中具有无可替代的作用。土壤动物参与了土壤的形成和发展，土壤动物不但能够直接反映土壤的机制状况，还能够对退化土壤起到修复和改善的作用，一般在物质循环较快的森林土壤生态系统中，土壤有机质、含水量和pH值等条件有利于土壤动物的生存；同样，土壤动物的活动也会可改善土壤结构，加快枯枝落叶的分解，促进物质的循环和能量的流动。相比于微生物，土壤动物一般体型较大，尤其是土壤大型动物，具有机械破碎作用，有利于土壤动物和微生物的取食，对枯枝落叶的分解和元素的释放起到了促进作用，可直接或间接地促进物质循环。另外，有研究表明，同土壤微生物一样，土壤动物体内具有多种酶类，如蚯蚓可分泌蛋白酶、纤维素酶等，与微生物共同作用促进土壤有机质的转化作用。除此之外，土壤动物也在土壤信息传递过程中具有非常重要的作用，如土壤动物对环境的指示作用和营养信息方面。

二、土壤微生物

（一）土壤微生物的分类

土壤微生物在土壤生物中分布最广、数目最大、种类也是最多的，是土壤中最活跃的部分。土壤微生物既能反映土壤物理化学因素对生物分布、群落组成及其相互关系的影响和作用，也能反映微生物对植物生长、土壤环境物质循环和能量流动的影响和作用。土壤微生物主要包括原核微生物、真核微生物和病毒三大类。

原核微生物又包括古细菌、细菌、放线菌和蓝细菌等。其中古细菌是一类形态各异并具有特殊生理功能的微生物，大多数生活在极端的环境中，如超高温、强酸碱、高盐度以及厌氧等条件中。古细菌常见的类群有产甲烷菌、极端嗜热菌、极端嗜盐菌和一种无细胞壁的古细菌，这几类菌在物质循环中，尤其是在生命活动出现初期承担了非常重要的角色。

原生微生物中的细菌是土壤中分布最广泛、数量最多的一类，约占土壤微生物总量的70%～90%，具有体型小、比表面积大、新陈代谢速度快等特点。细菌按照营养类型可分为纤维分解菌、固氮细菌、硝化细菌、亚硝化细菌和硫化菌等，这几种细菌在土壤物质循环过程中具有无可替代的作用，尤其是对氮元素和硫元素的循环。土壤放线菌一般以孢子或菌丝片段存在于土壤环境中，多数为好氧腐生菌，只有极少数为寄生菌，能够参与分解土壤中的纤维素、淀粉、脂肪、蛋白质和木质素等，还可以产生对其他植物或生物有害的抗生素，一般最适生活环境为中性或偏酸性环境。

真核微生物最常见的是真菌，数量仅次于放线菌和细菌。土壤真菌按照其营养方式又可分为腐生真菌、寄生真菌和菌根真菌，其中菌根真菌在环境领域备受关注，常用在污染土壤的修复过程中。真核生物主要的生活环境是空气充足和偏酸性的土壤中，而且对土壤水分要求也比较高。藻类是真核微生物中另一类重要的微生物，主要由硅藻、绿藻和黄藻组成，主要生活在土壤表层，多数含有叶绿素，并能进行光合作用，在光合作用过程中释放出的氧气可被植物根部利用。而不含叶绿素的藻类主要生活在土壤深处，可分解有机质，与古细菌一样既是土壤生物的先行者，也是土壤有机质的最早制造者。

（二）土壤微生物的作用

土壤微生物是土壤生物的重要组成成分，是土壤有机质和土壤养分转化和循环的动力。土壤微生物生物量既是土壤有机质和土壤养分转化和循环的动力，也可作为土壤中植物养分的储备库，因此土壤微生物对陆地生物起着至关重要的作用。土壤中微生物的作用主要表现在以下几个方面：

（1）促进植物生长。土壤微生物在作物生长过程中可以分解有机质，参与有机物质的合成，改善土壤结构，促进养分循环和有效性，增加植物的抗性，促进植物对养分的吸收。

（2）促进腐殖酸的形成。土壤中的有机质一般包括土壤中的动植物的残留物，土壤微生物能促进根系周围的有机质形成腐殖酸，促进植物生长发育。

（3）为植物提供物理屏障，减少病原菌的侵害。在植物根系的周围环境中，土壤微生物数量多、密度大，并且能够分泌大量物质，在根冠周围形成一个黏土层，可为植物根系提供一个物理屏障，既能提供营养物质，又能保护植物根系，减少病原菌和虫害的入侵。

（4）固定氮素。大气中氮气含量几乎占80%，但是不能被植物直接利用，氮气只有通过固氮细菌和硝化细菌将氮气转化为氨和硝酸盐之后才可被植物吸收利用。

（三）常用的微生物分析方法

土壤微生物在土壤生态系统中具有不可替代的作用，同时又有巨大的潜力有待挖掘，但是由于微生物一般个体体积很小，很难用肉眼辨别，同时人类很难模拟自然环境中微生物生长繁殖所需要的营养条件和环境，这就为人类研究、开发和利用微生物资源带来了很大的不便。纵观当代环境微生物的发展趋势，由于分子生物学技术的不断成熟，微生物学尺度从细胞水平、酶水平向基因水平、分子水平和后基因水平发展。微生物分析方法就是借助一些仪器将微生物的微观变化表现为宏观现象，定量或定性地研究微生物个体、种群或群落的变化，详述如下：

（1）土壤微生物生物量的分析方法。土壤微生物生物量能代表参与调控土壤能量和养分循环以及有机物质转化相对应的微生物的数量，一般指土壤中体积小于$5\times10^3\mu m^3$的生物总量，它与土壤有机质含量密切相关。常用的分析方法主要有氯仿熏蒸法、三磷酸腺苷（ATP）法和最大可能数法。

氯仿熏蒸法主要原理为土壤经过熏蒸后，土壤中微生物被杀死，再接种原始少量新鲜土壤，会有二氧化碳释放出来，二氧化碳的释放量与微生物的生物量相关，根据二氧化碳的释放量和微生物矿化率常数K，即可计算出待测土壤中微生物生物量。计算公式为

$$B=\frac{F}{K}$$

式中：B为土壤（干土）微生物中碳的量，单位μg/g；F为氯仿处理土壤释放的二氧化碳量与未经氯仿处理土壤（干土）释放二氧化碳量的差，单位μg/g；K为微生物矿化率常数，一般取0.411。

三磷酸腺苷（ATP）法的原理为活体微生物细胞中含有ATP，其含量相对稳定，用适当的提取剂从土壤中提取ATP，以分光光度计测定其引发荧光素-荧光素酶反应的强度，再转换为微生物生物量。最大可能数法适用于具有特殊生理功能的细菌，如硝化、反硝化、固氮、硫化、反硫化和纤维素分解菌等。将土壤微生物依次按10倍法稀释到一定的稀释度，根据培养微生物的生理特点，培养一定的时间后，检测微生物不同稀释度内的微生物生长状况，得出数量指标，并根据重复数量的不同在相应的稀释法测数统计表中查出细菌近似值。

（2）土壤酶活性分析方法。土壤酶是有由土壤生物体产生的，具有较高的催化作用的一类蛋白质，是土壤的组成成分之一，到目前为止已经测定的土壤酶活性高达60多种，它们参与并催化了土壤中发生的一系列复杂的生物化学反应，如参与土壤有机质合成和养分循环的水解酶和转化酶。在这些土壤酶中常测的主要有脱氢酶、过氧化氢酶、脲酶、转化酶、蛋白酶和蔗糖酶等，常用的分析方法原理主要为一些基本的化学反应如氧化还原、水解等，如利用高锰酸钾测定土壤中过氧化氢酶的活性，利用苯酚次氯酸比色法测定脲酶，采用硫代硫酸钠滴定法测定转化酶，通过将蛋白酶水解为甘氨酸的方法测定蛋白酶活性。

（3）土壤微生物多样性的分析方法。一般地，分析土壤微生物多样性的常用方法有如下两种：

1）传统的微生物培养法。传统的微生物培养法是依据微生物选择不同的培养基，然后通过各种微生物的生理生化特征以及外部形态等方面进行分析鉴定。该方法对于小群体的多样性分析是比较快速的，但是由于该方法人为地限定了一些培养条件，不能全面反映微生物生长的自然条件，造成某些微生物的富集生长，而另一些微生物缺失。

2）现代的微生物分析方法。现代的微生物分析方法是指建立在分子生物学、计算机科学、数学、物理学和化学等学科基础上的微生物分析方

法，主要包括基于PCR扩增的微生物分析方法、基于生物标记的微生物分析方法、基于荧光标记的微生物分析方法以及基于生物碳源利用差异的微生物分析方法。PCR扩增方法的原理类似于体内DNA的复制过程，在特异性引物的作用下，利用PCR技术对混合样品中目标16SrRNA基因进行选择性和特异性扩增，然后经过电泳分离不同的16SrRNA基因扩增产物，并进行序列比对和系统发育树分析，并根据结果分析微生物的多样性的变化。生物标记法是利用部分生物组分作为某种微生物的指示标记，以该组分的浓度和种类的变化指示微生物的变化。一般而言，脂肪类物质约占细胞干重的5%左右，而且在细胞结构和功能中发挥重要的作用，因此可以定量分析带有生物标记的脂类物质来衡量微生物生物量或群落结构的变化。目前应用最为广泛的脂类生物标记是磷脂脂肪酸（PLFA）。基于生物碳源利用差异的微生物分析方法主要是根据微生物代谢类型和碳源的代谢能力的差异来指示微生物种类的多样性，最为典型的为BIOLOG方法。

第二节　生物炭对土壤微生物的影响

微生物是地球土壤中数量巨大的生命形式。其个体微小，一般以微米或纳米来计，其种类和数量随成土环境及其土层深度的不同而变化。土壤微生物按形态学来分，主要包括原核微生物（古菌、细菌和放线菌等）、真核微生物（真菌、藻类和原生生物）及无细胞结构的分子生物。土壤微生物是土壤生态系统中最为活跃的部分，它们与土壤肥力的变动、营养元素的转化、病虫害的发生和消除均有着密切的关系。

土壤微生物对土壤肥力和植物生长的作用主要包含以下3个方面：

（1）改善土壤结构，促进土壤团聚体的形成。土壤微生物通过分解有机残体，合成和分泌有机物质，参与土壤有机质的形成。并且其分泌的大量多糖可以作为土壤团聚体形成的胶结物质。此外，真菌还可以通过菌丝的穿插和缠绕，使很多丝状体机械地附着和穿入土壤团聚体内，成为土壤团聚体稳定的重要因素。

（2）参与土壤生态系统养分循环。土壤微生物是土壤有机质的分解者，它能够在取食和分解植物残体的过程中不断同化环境中的有机碳，同时向外界释放C、N、P和S等营养元素。

（3）抑制土壤病虫害，刺激植物生长。土壤微生物可以通过产生抗生素，抑制致病菌的生长，并在一定的条件下成为植物病原菌的拮抗体。此外，土壤微生物还可以通过分泌氨基酸、维生素和生长激素等物质，促进植物生长。

影响土壤微生物群落的丰度、结构和活性的因素很多，大体可以分为自然因素和人为因素两大类。自然因素主要包括土壤环境条件（土壤pH值、温度、水分、通气性和氧化还原电位等）、气候、植被和土壤类型等；人为因素则主要包括农药、施肥和土地耕作方式等人类对土地的利用和管理方式等因素。近年来，由于人类改造自然的能力逐步加强，通过添加一些土壤改良剂，定向改变土壤微生物群落结构和丰度，从而改善土壤肥力，增加作物产量已有报道。有学者用3因素3水平完全随机区组的实验方法，考察了3种土壤改良剂（熟石灰、EM菌剂和沼液）对土壤理化性质、酶活性、根际微生物区系及其西洋参产量的影响，结果表明施加熟石灰不仅灭菌效果明显，同时还可提高土壤pH值；而施加沼液和EM菌剂后，有效微生物菌群显著增加，并伴随土壤有机质和营养物质的提高；此外，他们还发现低浓度熟石灰、中浓度EM菌剂及高浓度沼液处理最有利于提高西洋参的产量。

生物炭一般显碱性，具有高CEC值和比表面积，并含有丰富的营养物质，其输入不但可以显著改变土壤的物理化学性质，而且可能为土壤微生物的生长代谢提供基质。同时，由于生物炭孔隙结构发达、比表面积巨大，通常能够吸附大量的营养物质，因而可以为细菌、放线菌和真菌等土壤微生物提供一个适合生长和繁殖的场所，避免遭受其他微型动物的捕食。因此，生物炭在土壤中的人为输入可能引发土壤微生物种群结构多样性、丰度和活性的变化，从而影响土壤的生物学特性。

一、生物炭对土壤微生物种群丰度的影响

土壤微生物是自然界中进行能量转化和物质循环的主要贡献者。一般一类相似的土壤生物化学反应通常由一类土壤微生物完成，因此研究其种群丰度大小，对于了解土壤质量意义重大。作为新型土壤改良剂的生物炭，其输入将对土壤细菌、古菌和真菌等微生物的丰度产生影响。

（一）生物炭对土壤细菌和古菌丰度的影响

土壤中存在着许多对植物生长有益或与物质代谢相关的细菌和古菌群落，包括生防细菌、固氮菌、产甲烷菌、甲烷氧化菌、氨氧化细菌和古菌等。这些微生物具有促进土壤养分物质循环、抑制土壤病虫害、刺激植物生长的作用。研究这些细菌和古菌丰度将有助于减少化肥和农药投入、减轻环境污染，促进植物生长，最终实现农业可持续发展。

近年来，已有研究表明生物炭输入可以改变土壤细菌和古菌丰度。有学者通过盆栽试验发现10%（ω/ω）园林废弃物生物炭的添加可以显著增加土壤固氮菌的固氮基因和氧化亚氮还原基因的丰度，但是对氨氧化细菌和古菌的单加氧酶基因的丰度没有显著性影响。此外，还有学者发现，与对照相比，400℃和500℃制备的秸秆生物炭还土可以显著提高土壤甲烷氧化菌基因的丰度，但是对土壤产甲烷菌没有显著性的影响。

生物炭刺激土壤微生物生长可能主要是通过改变土壤理化性质而实现。一般情况下，生物炭的施加会引起土壤氧化还原电位势的上升。有研究表明，高氧化还原电位有助于甲烷氧化菌和固氮菌的生长。生物炭的输入还能提高土壤的C/N，降低土壤有效氮含量也可能是刺激固氮菌生长的原因。同时，由于生物炭富含P、K、Ca、Mg、B、Mo和Zn等营养元素和可溶性有机碳，在土壤中输入也可为微生物的生长提供物质保证。此外，生物炭孔隙发达，比表面积巨大，可为土壤微生物生长提供合适的栖息场所，也是其促进土壤微生物生长的原因。

（二）生物炭对土壤真菌丰度的影响

菌根是指真菌与植物根系形成的互惠共生体。菌根的存在不但可以改良土壤结构，增强植物从土壤中获取水分的能力，改善植物根系对磷等矿质元素的吸收，而且可以产生生长调节剂，改变植物本身的生理机能，增强植物抵抗逆境的能力，促进植物生长。菌根对宿主植物的影响大多用根部定植表示，即真菌组织在寄主植物中的丰度。

近年来，已有大量研究表明生物炭的添加可以改变土壤菌根的丰度，特别是对根菌真菌（AMF）和外生菌根真菌（ECM）。有学者通过研究发现，稻壳生物炭的添加可以显著增强AMF真菌对宫内伊予柑的根系侵染率。还有学者研究了椰子壳炭添加对AMF真菌和尖孢镰刀菌对芦笋根部定植的影响，结果发现生物炭的添加不但增强了植物的根系侵染率，而且增强了植物的抗病性。同样，还有学者发现，活性炭（很多情况下与生物炭有相似的属性）的添加不仅显著增强ECM真菌对夏栎苗的侵染。还增强了其对干旱的抵抗力。现有的资料表明，生物炭颗粒与菌根之间的相互作用对AMF影响很大。例如，生物炭的内部孔隙可以为根外菌丝提供“避难所”，使其免于食草动物的伤害。另外，生物炭对土壤其他微生物（菌根辅助细菌和解磷菌）的影响，也会间接影响真菌的生长。此外，生物炭对植物-真菌之间信号传递过程的干扰，化感物质的解毒作用及土壤物理化学性质的作用也会对真菌的生长产生影响。

当然，也有一些研究报道发现生物炭输入对土壤真菌的丰度没有影响。有学者采用生长箱和田间试验相结合的方法考察了5种非草本生物炭在

10种不同添加量情况下，生物炭对土壤和植物中AMF丰度的影响，结果表明，添加生物炭在各种情况下均没有导致土壤和植物AMF丰度的显著性变化。还有学者甚至发现，活性炭泥浆的添加削弱了真菌的生长。尽管目前对于产生这种影响的具体机制尚不完全清楚，但是以下方面的分析能够帮助解析其潜在的原因：

（1）生物炭含有丰富的营养元素，其输入为植物生长提供了充足的养分，因而减少了植物对菌根共生体系的需求。

（2）生物炭的添加改变了土壤的理化状况，特别是提高了土壤的pH值，使土壤环境不适合于菌根生长。

（3）生物炭携带的丰富的矿质元素对菌根生长产生的不利，如高的含盐量和重金属会抑制土壤中菌根的生长繁殖。

二、生物炭对土壤微生物群落结构的影响

土壤微生物群落结构是指一定生境下，土壤微生物的组成、数量及其相互关系。它不仅推动着土壤生态系统的物质循环和能量流动，而且是衡量土壤质量、支撑土壤肥力和作物生产力的重要指标。土壤微生物群落结构对环境变化极其敏感，土壤物理（土壤水分、温度、通气性、质地等）和化学（酸碱性、有机质、营养元素）性质的细微变化都会对微生物群落结构产生影响。因此，通过生态位理论，定向改变土壤物理和化学性质，对土壤微生物群落结构进行调控，让有益菌占据主导地位，抑制有害微生物的生长，已成为土壤学和生态学研究的热点。

作为土壤改良剂的生物炭，其输入不但会引起土壤微生物丰度的变化，还会引起土壤微生物群落结构的改变。许多研究表明，富含生物炭的土壤与相同矿物组成的自然土壤相比其细菌群落组成明显不同。有学者应用16SrRNA基因克隆文库技术分析比较了富含生物炭的巴西亚马逊黑土和一种同样取自亚马逊西部的原始森林土壤中微生物群落结构的差异，结果发现，与原始森林土壤相比，亚马逊黑土具有更多独特的分类操作单元（OUT），其多样性指数比原始森林土壤高25%。还有学者采用DGGE和TRFLP方法研究了巴西亚马逊流域4种不同土地利用方式和土壤类型的富含生物炭土壤，结果发现，其中3种形成于氧化土的黑土具有最为相似的微生物群落结构，而这些土壤与其各自临近不含生物炭土壤之间的种群结构差异性竟达80%以上。这些研究表明，人为输入生物炭的巴西亚马逊黑土即使经历了成百上千年仍然保持着对土壤细菌和古菌群落结构多样性的强大影响力，而且这种影响力并不会因为土壤类型或者现有的土地利用方式的

不同而发生显著性改变。

近年来，一系列实验室模拟和田间试验研究进一步表明，生物炭输入在短期内即可对土壤微生物群落结构多样性产生影响。然而，也有一些研究发现生物炭输入对土壤微生物群落结构没有显著性影响或甚至降低了土壤微生物的多样性。例如，有人采用T-RFLP和高通量测序相结合的方法分析了生物炭输入对土壤细菌群落结构的影响，结果发现生物炭对土壤细菌群落的多样性产生了负面效益，其中链霉菌科放线菌减少了11%，小单孢菌科放线菌减少了7%。还有学者发现，在淹水稻田土壤中添加竹材料生物炭或水稻秸秆生物炭[0.5%、1.5%和2.5%（ω/ω）]，对土壤产甲烷菌群落结构多样性几乎没有影响，如图4-1所示。

生物炭输入对土壤微生物群落结构多样性影响的复杂程度可能与生物炭的入土时间、种类和添加量密切相关。有学者发现，无论是玉米根际土还是非根际土，其细菌群落的差异性都会随着生物炭的添加量的增加而加大；添加大量生物炭（12t/hm^{2}和30t/hm^2）的根际土壤与添加少量或没有添加生物炭（0t/hm^{2}和1t/hm^2）的非根际土壤之间的差异性最大。还有学者发现，不同种类的生物炭（猪粪、果皮、芦苇和芜菁）添加对土壤微生物群落结构的影响是不同的，并且这种影响与生物炭添加所引起的土壤性质的改变密切相关。

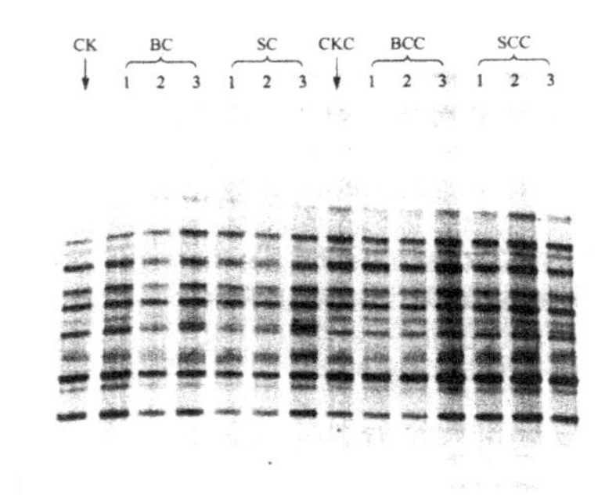

图4-1　培养第49天稻田土壤产甲烷菌DCGE图谱

CK-空白对照；BC1-0.5%竹炭；BC2-1.52竹炭；
BC3-2.5%竹炭；SC1-0.5%秸秆炭；SC2-1.5%秸秆炭；
SC3-2.5%秸秆炭；CKC-添加秸秆对照；BCC1-0.5%竹炭+秸秆；
BCC2-1.5%竹炭+秸秆；BCC3-2.5%竹炭+秸秆；
SCC1-0.5%秸秆炭+秸秆；SCC2-1.5%秸秆炭+秸秆；
SCC3-2.5%秸秆炭+秸秆

三、生物炭对土壤酶学特性的影响

土壤酶是由生物体产生的一类蛋白质，具有高效性和专一性的特点，是土壤生态系统代谢的一类重要动力。土壤酶活性与土壤的许多理化指标相关。土壤所进行的生物化学过程都需要在酶的催化下完成，包括腐殖质的合成与分解，有机化合物和无机化合物的氧化还原反应，以及土壤动植物残体的分解和转化。这些过程与土壤的物质循环和迁移，营养物质的释放和储存，以及土壤物理和化学性质都密切相关。

由于酶是一种活性蛋白，因此一切对蛋白质活性产生影响的因素都会影响酶活性。生物炭的输入会影响土壤的物理化学环境，因而对土壤酶活性也会产生影响。近年来已有大量研究表明，生物炭的输入对土壤酶活性具有显著性影响。有学者通过微区实验研究了黑麦草生物炭添加对土壤β–葡糖苷酶、β–N–乙酰葡萄糖苷酶、脂肪酶和亮氨酸氨基肽酶的活性影响，结果发现，生物炭可以使土壤β–N–乙酰葡萄糖苷酶的活性提升50%～75%。还有学者考察了4种不同类型的生物炭（污泥生物炭、脱墨污泥生物炭、芒草生物炭和松木生物炭）添加对热带土壤（强淋溶土和铁铝土）转化酶、β–葡糖苷酶、β–葡萄糖苷酶、脲酶、磷酸单酯酶和芳基硫酸酯酶的影响，结果显示生物炭的添加可以在不同程度上提高土壤酶活性，其对土壤酶活性的促进作用与生物炭本身的性质和土壤类型密切相关。另外，还有学者通过1年的田间试验，研究了两种不同原料制备的生物炭（竹材料生物炭和水稻秸秆生物炭）对水稻根际土壤产甲烷活性和甲烷氧化活性的影响，结果发现土壤产甲烷活性和甲烷氧化活性对生物炭输入的响应与生物炭种类密切相关，水稻秸秆生物炭的添加可以显著提高苗期水稻根际土壤的产甲烷活性，而竹材料生物炭的添加在整个水稻生长期对土壤的产甲烷活性都没有显著性影响。但是，在整个水稻生长期，水稻秸秆生物炭和竹材料生物炭对稻田土壤甲烷氧化活性均具有一定的促进作用，其中水稻秸秆生物炭的添加可以导致苗期和成熟期根际土壤甲烷氧化活性显著性提升。

综合分析生物炭输入对土壤酶活性的促进作用机制，可以概括为以下几个方面：

（1）微生物可能会通过疏水性吸引或者静电作用被吸附到生物炭表面，这个过程使微生物在土壤中不易被淋溶流失，从而有利于微生物酶活性作用的发挥。

（2）生物炭对土壤酶的保护作用。生物炭具有丰富的孔隙结构、巨大的比表面积和大量的表面电荷，可以有效吸附土壤酶蛋白，从而避免土壤酶蛋白被土壤微生物降解。

（3）生物炭所携带的有机质成分可能对土壤酶活性的稳定性起到至关重要的作用。土壤酶可能通过氢键、离子键和共价键与生物炭上的有机物质结合，从而增强了其稳定性。

（4）有些生物炭含有相当数量的不稳定有机物、苯并[a]芘和多环芳烃等污染物，不但可以给微生物提供充足的底物，而且这些有毒污染物可能对微生物通过一段时间的“胁迫”作用后，微生物活性得到提升。

（5）生物炭的添加可以增加土壤Zn、Mn和Cu等微量元素的含量，而这些微量元素往往与土壤酶结构和活性表达具有密切的相关性。

（6）生物炭的添加可以产生积极的“石灰效应”，尤其是添加到酸性土壤中，不但可以提高土壤的pH值，还可以使某些土壤酶在适宜的pH值环境条件发挥其活性作用。

然而，生物炭输入对土壤酶活性也有可能会产生负面的影响。生物炭对土壤的保护作用，一方面增强了土壤酶的稳定性，另一方面也阻碍了其与底物的结合。此外，输入土壤中的生物炭具有增强土壤对重金属和农药的吸附能力，并且生物炭制备过程中所产生的酚类和醛类等物质，都可能对其吸附的酶产生毒害作用，因此往往可在短期内呈现出对酶活性的显著性抑制作用。

第三节　生物炭对土壤动物的影响

土壤动物是地球生态系统的重要组成部分，对土壤物质能量循环和土壤形成环境起着重要的作用。一方面这些较高等级的生物是土壤食物链不可或缺的组成部分，它们的活动控制着土壤微生物的群落结构和活性，从而影响着有机物的降解速率与营养物质的循环。另一方面，土壤中大型动物（蚯蚓和节肢动物）取食和挖掘影响着土壤的结构，并最终影响植物的生长。由于土壤动物对环境变化极其敏感，生物炭的输入具有改变土壤理化性质的作用，因而可能会对土壤动物产生影响。

有关生物炭输入土壤对蚯蚓生长的影响已有不少的报道。有学者研究发现，Pontoscolex corethrurus可以把轻的生物炭推到一边，选择性地摄入土壤，并且可以通过减少对添加生物炭土壤的取食量来避免或减少生物炭的摄入量。也有学者通过28d的蚯蚓急性回避实验发现，高剂量生物炭（100g/kg和200g/kg）的输入可以显著降低土壤中蚯蚓的质量，但是对蚯蚓的繁殖没有影响。还有学者认为，干燥生物炭的强吸水性是造成这一现象的主要原因，因此建议生物炭在施入土壤之前最好对其进行湿润处理，以减弱其对蚯蚓的影响。另有一些研究发现，蚯蚓对生物炭在土壤中的输入的响应可能因生物炭种类而呈现显著性的差别。研究发现，蚯蚓特别偏好于摄入添加了450℃制备的家禽粪便生物炭的土壤。进一步研究发现，生物炭和蚯蚓的联合添加不但可以有效增加土壤无机氮的含量，而且可以显著促进作物生长，提高作物产量。但是，有关生物炭对蚯蚓生长的正面效应机制目前也尚不清楚。一些研究认为生物炭可能有助于蚯蚓的消化，也有一些研究认为可能是生物炭输入有利于蚯蚓体内酶活性的表达，或者仅仅促进了蚯蚓对生物炭表面微生物的捕食作用。因而，相关的机制还有待进一步研究予以阐明。

有关土壤线虫对生物炭输入的响应及其研究报道更加有限。有学者使用实验室微型生态系统研究了5t/hm^{2}草木灰添加对酸性针叶林土壤食细菌线虫和食真菌线虫的影响，对实验第26周的土壤分析表明，草木灰添加可以显著降低食真菌线虫的生物量，随着实验时间的延长这种现象会逐渐减弱；但是实验过程中并未检测到对食细菌线虫的显著性影响。然而，有学者的研究却发现，在入土初期，尽管生物炭对土壤总线虫丰度没有显著性影响，但是却会显著提升食真菌线虫的丰度，降低植物寄生线虫的数量。与线虫研究相似，有关生物炭输入对土壤节肢动物的影响报道也非常少，仅见Bunting、Lundberg和Phillips等通过微形态途径的方法对富含木炭土层节肢动物的研究。他们发现，森林富含木炭的土层通常可见节肢动物产生的粪球，表明节肢动物存在摄取或者利用土层中生物炭的可能性。鉴于土壤动物对土壤物质能量循环及其土壤环境的重要作用，未来有必要加强生物炭输入对土壤线虫和节肢动物的影响研究。

尽管如此，有关生物炭输入对土壤动物的影响机制也有一些推测，概括起来主要有以下几个方面：

（1）生物炭可能通过改变土壤孔隙度和含水率影响土壤动物。土壤结构与无脊椎动物的群落结构和丰度密切相关。土壤孔隙为微型动物（原生动物、轮虫和线虫）和中型土壤动物（螨虫、跳虫和蚯蚓）提供了重要的生态位。虽然蚯蚓和白蚁可以在土壤中产生自己的通道，但是大多数的土壤动物的活动受到了土壤孔隙大小的制约。如前所述，以低密度、高孔隙度为特点的生物炭的输入会降低土壤的压实度，因而有利于土壤动物的生长。此外，土壤动物的数量，如蚯蚓和线虫等，与土壤含水率密切相关，而生物炭的输入往往会对土壤含水率产生影响。

（2）生物炭通过改变土壤pH值影响土壤动物。土壤酸碱性对土壤动物种群结构和丰度影响很大。一般认为中性土壤有利于微生物和土壤动物的多样性，过碱性或过酸性将对土壤生物有害。例如，很难在pH值大于8的土壤中发现蚯蚓的活动，而多数土壤节肢动物适宜在微酸性和近中性的土壤中生存。虽然目前有关生物炭添加对土壤动物的影响研究还相对较少，但是已有研究表明，酸性土壤施加石灰将更加有利于细菌的生长，而不利于真菌的生长，这将导致跳虫类物种多样性的下降。生物炭在土壤环境中的人为输入可能会显著改变土壤原有的pH值。土壤pH值的变化将势必影响到土壤动物的种群结构和丰度。

（3）生物炭输入可能通过改变土壤污染物的生物有效性影响土壤动物。有毒有害污染物对土壤动物影响很大。研究表明，有毒有害污染物在土壤中的输入将显著提高蚯蚓的死亡率，降低植物寄生线虫的丰度，改变线虫和小型节肢动物的群落结构。由于生物炭具有较高的CEC，具有固持土壤重金属和有机污染物的能力，因此可以降低土壤污染物的生物有效性。土壤污染物生物有效性降低就有可能改变土壤动物的群落结构和丰度。但是需要特别关注的是，生物炭本身可能携带有毒有害物质（如重金属和多环芳烃），因而其自身就可能对土壤动物的群落结构和丰度产生影响。

（4）生物炭输入可能通过改变土壤养分状况影响土壤动物。土壤养分状况与土壤动物的数量和分布密切相关。有学者对小兴安岭森林生态系统中蚯蚓、线蚓等土壤动物体内营养元素进行了方差分析，结果表明，K、Ca、Mg和Fe对土壤动物的生长发育影响很大。生物炭含有丰富的营养元素，其输入将显著影响土壤的营养水平，因而可能对土壤动物的生长发育产生影响。

目前，生物炭输入对土壤动物多样性及其丰度的影响研究还处于起步阶段，仅有的研究主要集中在生物炭输入对土壤蚯蚓、线虫和节肢动物等小型动物上。相关机制研究更是很少涉及，因此亟待加强该领域的研究。

第四节　生物炭对农作物生长发育及产量的影响

一、生物炭对作物生长发育的影响

（一）生物炭对作物根系的影响

植物的根是植物重要的地下营养器官，不但使植物固定在土壤中，而且具有吸收和运输土壤养分与水分的作用。植物的根还是合成许多重要营养物质的重要场所，如氨基酸、激素和植物碱。因此，其形态和生理特性与植物的生长发育有着密切的联系。大量研究表明，外部环境条件，如光照、温度、土壤养分和土壤通气性等的变化都会对植物根系生长发育产生直接或间接的影响。

生物炭的输入有助于促进植物根系的生长发育。有学者研究发现，生物炭的添加可刺激植株根系的生长发育，促进植物产生更多的新根；生物炭和木醋液的配施可以显著提高葡萄植株的粗根根数、细根根数和根容积。还有学者通过研究施用炭化的苹果枝条粉末对甜菜的根系活力和根系构型的影响发现，生物炭的添加不仅可以增加甜菜根系总长度、表面积和根尖数，而且还可以增强根系活力和根系分形维数。根系的量和活性与根系吸收水分和营养物质密切相关，根系数量和活性的全面提升，必定会增强植物对养分和营养物质的吸收，进而促进植物的生长和发育。

进一步分析表明，生物炭输入对甜菜根系的影响与生物炭的添加量和制备温度密切相关。研究发现，在相同温度条件下（400℃、600℃或700℃）制备的生物炭，添加2%（ω/ω）处理对根系的促进作用强于添加1%（ω/ω）的处理；在相同添加量（1%或2%）的条件下，生物炭对根系的促进作用随着生物炭制备温度的升高而增强。有学者通过无土培养皿实验也发现了类似的研究结果，发现低剂量的生物炭（10～50t/hm^2）可以显著促进植物种子的萌发和根系的生长，但是高剂量生物炭（100t/hm^2）的添加对植物根系生长的影响与生物炭的种类有关（如图4-2所示）。浙江大学吴伟祥课题组在这方面的研究比较深入，他们通过盆栽试验发现，2.5%（ω/ω）的秸秆生物炭的添加可以显著提高水稻根系干重，增加量可以达到26.6%（如图4-3所示）。

生物炭促进植物根系生长发育的原因主要可以从两个方面进行概述。一方面，生物炭是一种多孔性、低容重的物质，其输入土壤会降低土壤的容重，增强土壤的通透性，从而减弱植物根系生长的阻力，特别有利于细根的生长发育，并增加根系的分形维数。另一方面，生物炭具有巨大的比表面积、高阳离子交换量和丰富的营养元素，可以缓慢释放和吸附根系生长所需的各种营养物质，从而有利于植物根系的生长发育。近年来还有研究发现，生物炭与其他营养物质（肥料和木醋液）配施的情况下对植物根系生长发育的促进作用更加明显。然而，迄今为止有关生物炭与肥料的耦合作用对植物根系生长发育的影响机制研究尚未受到足够的重视。

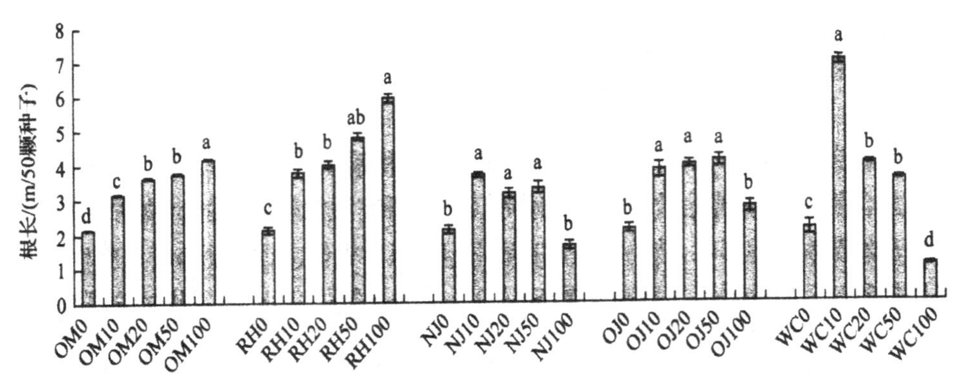

图4-2　不同添加量生物炭输入对小麦根系长度的影响研究

OM- 桉木；RH- 稻壳；NJ- 新贾拉木；OJ- 老贾拉木；WC- 小麦谷壳；

10-10t/hm²；20-20t/hm²；50-50t/hm²；

100-100t/hm²；不同字母表示显著性差异（$P < 0.05$）

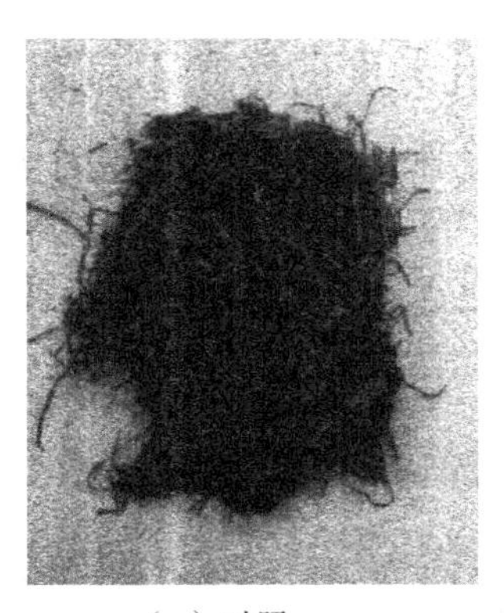

（a）对照　　（b）添加 2.5%（ω/ω）生物炭

图4-3　秸秆生物炭添加对水稻根系生物量的影响

（二）生物炭对植物光合作用的影响

光合作用是绿色植物利用叶片中的叶绿素在可见光的照射下，将二氧化碳和水转化为有机物，并释放出氧气的生化过程。光合作用对于整个生物界都具有重要意义。它不但维持着大气中CO_2和O_2含量的相对稳定，而且是地球碳氮循环的重要媒介。光合作用是作物产量的来源，提高作物产量的根本途径是改善植物的光合性能，最大限度地提高光合能力。叶片作为绿色植物进行光合作用的主要器官，其性状特征直接影响着植物的生长和发育，进而影响作物的产量。

许多研究表明，生物炭的添加可以促进植物叶片的生长。有学者通过田间小区试验研究了生物炭添加量对豫西烤烟生长的影响，结果表明生物炭的添加可以显著促进烟叶的产量。还有学者的研究也表明，在玉米生育后期施用生物炭（20t/hm^2和40t/hm^2）处理的叶面积指数显著高于对照处理，与对照相比，生物炭处理组的叶面积指数分别增加了13.4%和11.6%。

生物炭的添加不但会增加植物叶片干物质的积累，增加叶面积指数，而且会提高叶片叶绿素含量，增强其光合效率。有学者研究了添加硫酸铵的生物炭型育苗基质对番茄幼苗生长的影响，结果发现该基质不但可以有效促进番茄幼苗叶片的生长，而且还可以提升叶片中叶绿素的相对含量（SPAD）。还有学者用盆栽试验研究了生物炭添加对平邑甜菜光合效率的影响，结果表明，生物炭的添加（20g/kg和80g/kg）不但可以显著增提高甜菜叶片的叶绿素含量，而且可以显著降低胞间CO_2浓度，增强气孔导度和光合效率。浙江大学吴伟祥课题组的研究也表明，在未添加尿素的情况下，与对照相比，水稻秸秆生物炭的添加（22.5t/hm^2）可以显著增加拔节期和抽穗期水稻的叶绿素含量，提高幅度分别为3.4%和4.6%；相比之下，竹材料生物炭的添加却没有产生显著性的影响（如图4-4所示）。进一步研究还发现，水稻秸秆生物炭的添加可以显著增强抽穗期水稻的光合效率，但是对胞间CO_2浓度和气孔导度的影响不显著。以上研究结果表明，水稻秸秆生物炭的添加可以促进水稻植株光合作用，有利于水稻生长。

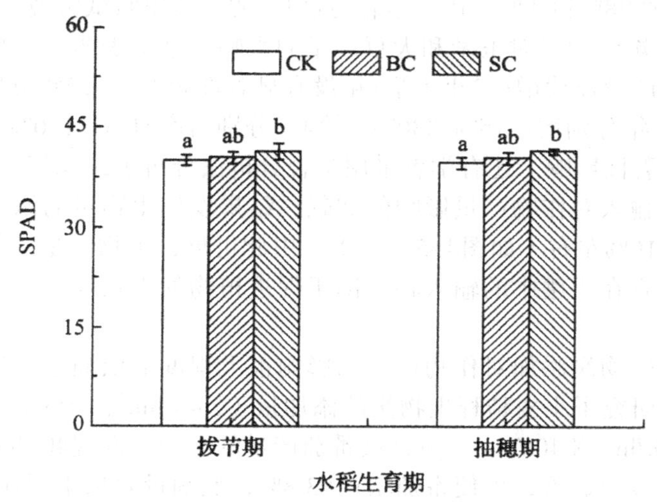

图4-4　生物炭输入对拔节期和抽穗期水稻叶绿素（SPAD）含量的影响

CK-对照；BC-竹材料生物炭；SC-水稻秸秆生物炭；
不同字母表示不同处理间的差异显著水平

二、生物炭对作物产量的影响

生活在巴西亚马逊流域的人们长期使用一种特殊肥料，这种肥料来源于当地Terra Preta黑土，具有极强的恢复贫瘠土壤肥力的能力，若把它们覆盖在土地上，其效力可以持续很长时间。目前的研究发现，巴西亚马逊流域的Terr Preta黑土之所以具有这样的能力主要是由于其含有丰富的生物炭。分析表明，Terra Preta黑土生物炭的含量是周围氧化土的10倍（表土层中每千克有机碳含高达100 ~ 350g的生物炭），在该土壤中种植的作物其产量可达相邻土壤的2倍左右。此外，对生物炭进行元素分析可以看出，生物炭通常含有丰富的营养元素，如K、Ca、Mg和Na等，施入土壤后其所含的可溶性养分可以直接被植物吸收利用。因此，从某种程度上讲，生物炭本身就是一种特殊的肥料，可以用于提高土壤肥力，促进植物生长，提高作物的产量。

生物炭输入可以提高作物产量已有大量报道。有学者在石灰质的冲击土中添加30 ~ 90t/hm^{2}的稻壳和椰子壳混合炭进行试验，结果发现混合生物炭的添加可以提升小麦和玉米产量4.0% ~ 7.2%。也有学者通过为期两年的田间试验发现，在粉质壤土中添加30t/hm^{2}和60t/hm^{2}的木炭可以分别使硬质小麦平均增产28%和39%。还有学者通过4年的连续田间试验观察了8t/hm^{2}和20t/hm^{2}的木炭添加量对玉米和大豆产量的影响，结果表明，生物炭的添加可以使玉米产量连续增产3年（第1年没有显著性影响，第2年分别增产19%和28%，第3年分别增产15%和30%，第4年分别增产71%和140%），但是对大豆没有显著性影响。还有学者采用整合分析法分析了2010年3月以前23篇有关生物炭输入对作物产量影响的文献，结果发现生物炭的添加可以使作物平均增产10%左右（如图4-5所示）。由此可见，生物炭是一种良好的土壤改良剂，它在土壤中的输入将有助于促进植物的生长发育，显著提高作物产量。

然而，生物炭添加对作物产量的影响很大程度上依赖于生物炭的添加量。有学者研究了小麦秸秆生物炭的添加量（2 ~ t/hm^2、5t/hm^2、10t/hm^2、20t/hm^2、30t/hm^{2}和40t/hm^2）对红壤番茄产量的影响，发现40t/hm^{2}生物炭添加增产效应最为显著，可使番茄增产53.8%；低剂量效果不明显，2.5t/hm^{2}生物炭的添加反而降低了番茄的产量（减产2.8%）。

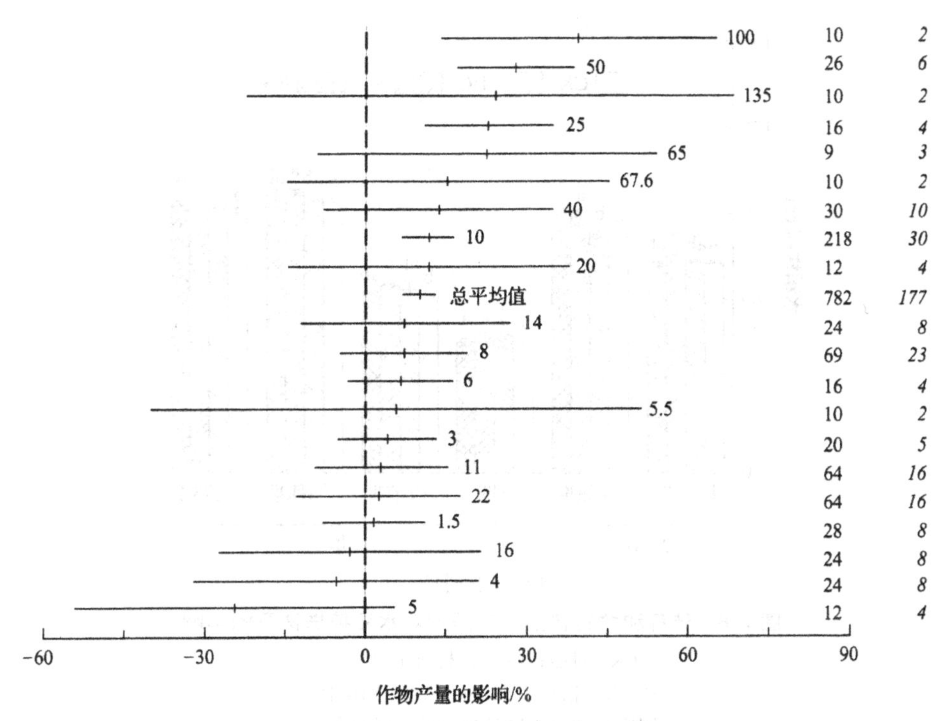

图4-5　生物炭添加对作物产量的影响整合分析结果

生物炭对作物产量的影响不但受生物炭添加量的制约，而且与生物炭制备原材料类型有关。有学者开展了连续两年的田间试验，结果表明，与没有添加生物炭的对照处理相比，水稻秸秆生物炭的添加（$22.5t/hm^2$）不但可以显著促进水稻生长而且可使水稻产量实现连续两年的增产，其中第1年增产13.5%，第2年增产6.1%；然而相同剂量竹材料生物炭的添加却对水稻产量没有产生显著性影响（如图4-6和图4-7所示）。还有学者使用整合分析法分析了6类不同原料的生物质（作物秸秆、木材、堆肥、污泥、市政垃圾和木材污泥混合物）添加对作物产量的影响也得出了类似的结论。其研究结果表明，生物炭的种类对作物产量影响巨大。其中木材污泥混合物制备的生物炭增产效果最明显，其次分别是堆肥炭、污泥炭、木炭和作物秸秆炭，而市政垃圾制备的生物炭添加对作物产量具有显著性的抑制作用（减产12.8%）。一般认为生物炭的理化性质和养分含量很大程度上取决于原材料的性质。堆肥、污泥、木材和秸秆含有丰富的营养元素，其制备的生物炭可以为植物提供大量的养分元素，从而提高作物产量。市政垃圾制备的生物炭由于含有较高的Na（含量是木炭和秸秆炭的10倍），高剂量输入极易导致土壤盐度的提升，从而抑制作物的生长。

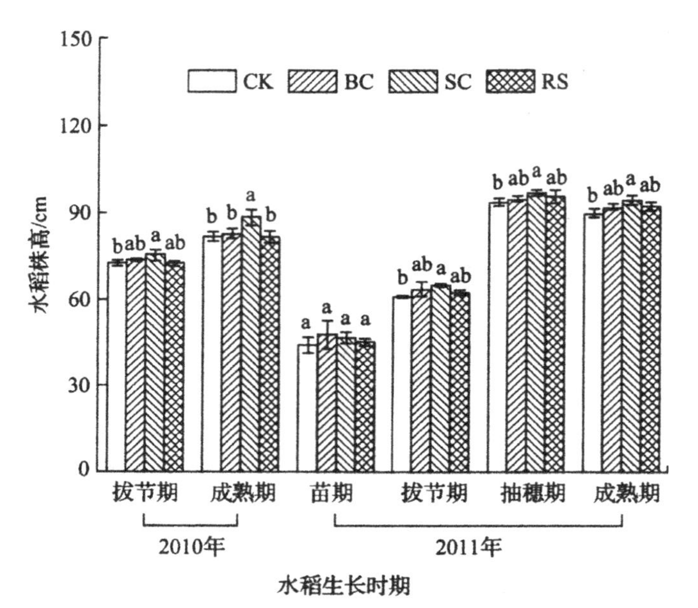

图4-6　秸秆和竹材料生物炭添加对水稻植株株高的影响

CK- 对照；BC- 竹材料生物炭；
SC- 水稻秸秆生物炭；RS- 水稻秸秆；
不同字母表示不同处理间的差异显著水平

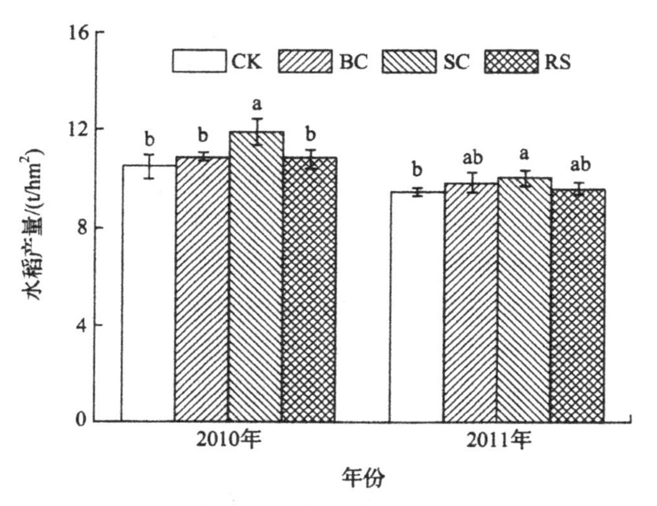

图4-7　秸秆和竹材料生物炭添加对水稻产量的影响

CK- 对照；BC- 竹材料生物炭；
SC- 水稻秸秆生物炭；RS- 水稻秸秆；
不同字母表示不同处理间的差异显著水平

此外，生物炭还会由于自身特殊的物理化学性质，进入土壤后可能会与土壤中的养分物质发生相互作用。近年来已有一些研究显示，生物炭与肥料混合施用对作物的增产效果更佳，生物炭与土壤养分之间可能存在协同增效作用。有学者通过田间试验研究了小麦秸秆生物炭输入对玉米产量的影响，结果发现尿素和生物炭一起添加更有助于提升玉米产量，其增产量可达8.1%～10.2%。浙江大学吴伟祥课题组在这方面进行了比较深入的研究，他们通过5年的田间试验发现，水稻秸秆生物炭和尿素混施对中低产稻田水稻产量的增产效果最为明显；值得注意的是，随着水稻秸秆生物炭还田时间的增长这种协同作用更强（如图4–8所示）。他们推测生物炭与尿素混施对水稻增产的协同效应可能是由于生物炭具有巨大的比表面积、丰富的孔隙和高CEC，其输入可以减少氮素的流失，增加作物的氮素利用率，从而增加作物产量。然而，其内在的机制值得进一步研究，以期为开发相应的中低产地改良和增产技术提供理论依据。

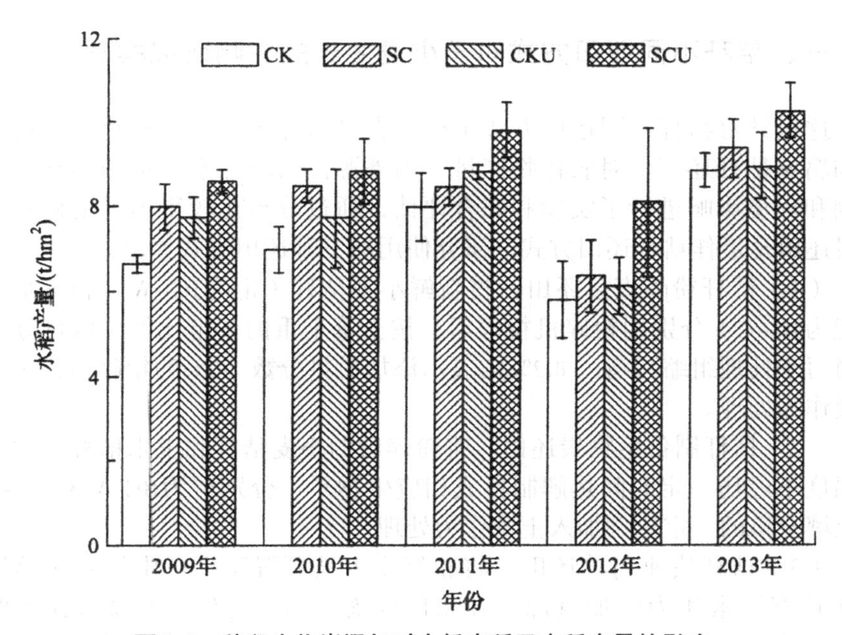

图4–8　秸秆生物炭添加对中低产稻田水稻产量的影响

CK–对照；SC–水稻秸秆生物炭；

CKU–对照＋尿素；SCU–水稻秸秆生物炭＋尿素

综上所述，生物炭输入土壤有效提高作物产量的主要原因可以概括为以下3个方面：

（1）生物炭自身携带大量营养物质。生物炭通常含丰富的N、P、K、

Ca和Mg等，其输入可以有效提高土壤肥力水平，是生物炭促进作物增产的重要物质基础。

（2）生物炭特殊的理化性质。生物炭具有巨大的比表面积，丰富的孔隙和高CEC，其在土壤中的输入不仅有助于增强土壤对营养物质的截留能力，而且可以为土壤微生物的生长繁殖提供适宜的栖息环境，从而提高微生物代谢活性，促进土壤养分元素循环，提升作物产量。

（3）生物炭的“石灰效应”。碱性生物炭输入土壤可以有效提升土壤的pH值，提高K、Ca和Mg等的可利用性，降低Al和Mn等有毒有害重金属元素的生物可利用性，有利于作物的生长，提高作物产量。

第五节　农田生物炭应用案例——小麦秸秆还田

一、秸秆不同还田方式对于小麦生长的影响研究案例

这里针对秸秆不同还田方式（秸秆直接粉碎还田、秸秆制备生物炭还田和腐熟秸秆还田）对农作物产量、内外源性营养元素总量和形态等农业影响和环境影响进行了实验和综合评估，通过分析比较得出了秸秆制备生物炭还田是最佳秸秆还田方式。研究使用的三种还田方式如下：

（1）秸秆粉碎直接还田。将新鲜小麦秸秆（记为JG-W）和玉米秸秆（记为JG-C）分别用粉碎机粉碎后，按土壤全重的一定比例（以百分数形式简写于处理组缩写前，如2%JG表示添加质量分数为2%的粉碎秸秆）加入土壤作为处理。

（2）秸秆制备生物炭还田。将粉碎后的小麦秸秆和玉米秸秆分别在一定温度下经历一定时间热解制备成相应生物炭，分别记为BC-W和BC-C，按土壤全重的一定比例加入土壤作为处理。

（3）秸秆快速腐熟还田。将新鲜小麦秸秆置于土坑中加入腐熟用菌剂并补充尿素作为增加氮源，在密闭状态下30d左右就可以达到腐熟阶段，腐熟后的小麦秸秆（记为FJ-W）按土壤全重的一定比例加入土壤作为处理。

表4-1给出了制备的生物炭和原料秸秆的主要化学组成和理化性质。

表4-1　生物炭和原料秸秆的主要化学组成和理化性质

项目	比表面积/（m^2/kg）	孔容/（cm^2/g）	平均孔径/nm	元素组成/%				
				C	H	O	N	S
小麦秸秆	—	—	—	41.11	5.65	52.55	0.58	0.11
玉米秸秆	—	—	—	44.00	5.76	49.70	0.45	0.09
小麦秸秆生物炭	1.906	133.4	0.192	45.37	1.74	51.42	0.98	0.49
玉米秸秆生物炭	5.034	284.4	0.113	60.23	2.39	36.35	0.70	0.33

采用小麦（品种为鲁麦13）作为供试作物进行盆栽研究。土壤基本农化性质为：pH值为7.80，有机质含量为1.13%，全氮含量为0.09%，速效氮为54mg/kg，速效磷为18mg/kg，速效钾为208mg/kg。由于不同还田处理的施肥水平一致，最终保证三个处理组中每盆的初始总氮量相等，按每盆施氮0.32g计算。施肥处理为施用尿素、过磷酸钙和氯化钾，按N：P_2O_5：K_2O = 2：1：1配比，将配比肥料一次性作底肥施入。

盆栽实验在人工气候箱内进行，温度保持25℃，光照周期采取自动控制，白天：黑夜=16：8。小麦种子统一播种，每盆20颗，出苗后每盆定苗6株。小麦生长期间土壤含水量控制在18%～22%之间，生长期为60d。盆栽实验结束后，取土样进行pH值、有机质含量、全氮、速效氮、速效磷、速效钾的测定。收获植株后测定植株株高、根长、生物量（鲜重）、叶片叶绿素和氮磷钾含量。

（一）对植株株高、根长和生物量的影响

60d收获小麦的株高和根长的数据如图4-9所示。从株高数据来看，生物炭对于小麦植株生长具有一定的促进作用，且1%BC作用最大，相对于对照增加了11.5%，0.5%BC和2%BC的促进作用也高于另外两种处理。粉碎秸秆1%JG和2%JG也具有一定的促进作用，而0.5%JG和腐熟秸秆处理组则作用不明显。这是由于生物炭和粉碎秸秆能够极大地补充有机质来培肥土壤，此外生物炭的保肥保水和提高化肥利用效率的能力以及粉碎秸秆分解的直接养分提供能力都要明显好于腐熟秸秆，对于植株生长的促进作用也最大。

对于根长来说，秸秆生物炭和粉碎秸秆处理组1%BC和1%JG具有较大的促进作用，相对于对照组分别增加了40%和42.1%。这种作用的原因与株高促进作用类似，也说明了1%添加量为植物生长的最佳添加剂量。

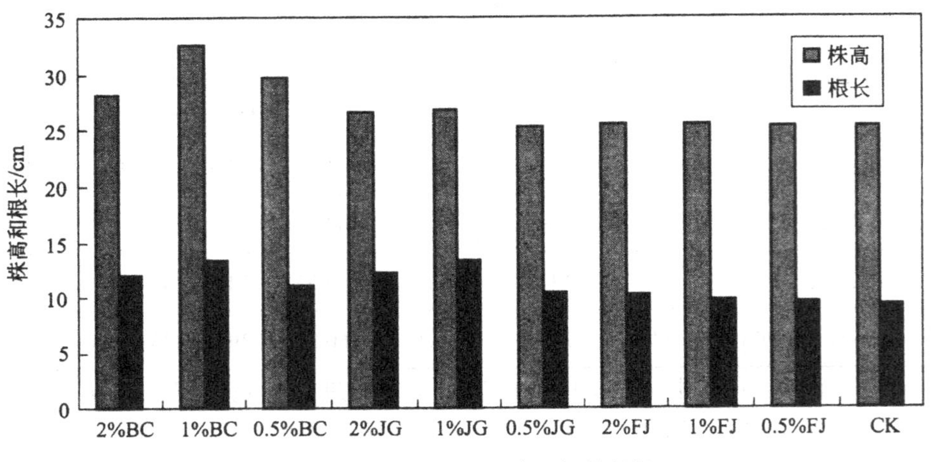

图4-9 不同处理的株高和根长数据

60d植株收获后测定植株的生物量数据，如图4-10所示。从中发现生物炭处理组对于植株产量具有较大提高，2%BC、1%BC和0.5%BC对于地上生物量来说分别比对照组增加了44.4%、60.2%和29.6%，总生物量分别增加了40.6%、55.9%和27.0%，且1%BC增产作用最佳。添加粉碎秸秆处理的小麦根系发达，对于根系生长具有巨大的促进作用，地下生物量明显高于其他处理组和对照组，2%JG、1%JG和0.5%JG分别比对照组增加了118.7%、188.3%和87.5%，且1%JG促进作用最佳。这可能是由于粉碎秸秆具有一定的尺寸，一定的阻碍作用，使得小麦根系更加发达，支根更多，使其在土壤中的延伸程度更大。而腐熟秸秆处理组无论地上、地下还是总生物量都无明显增加，增产作用不明显。

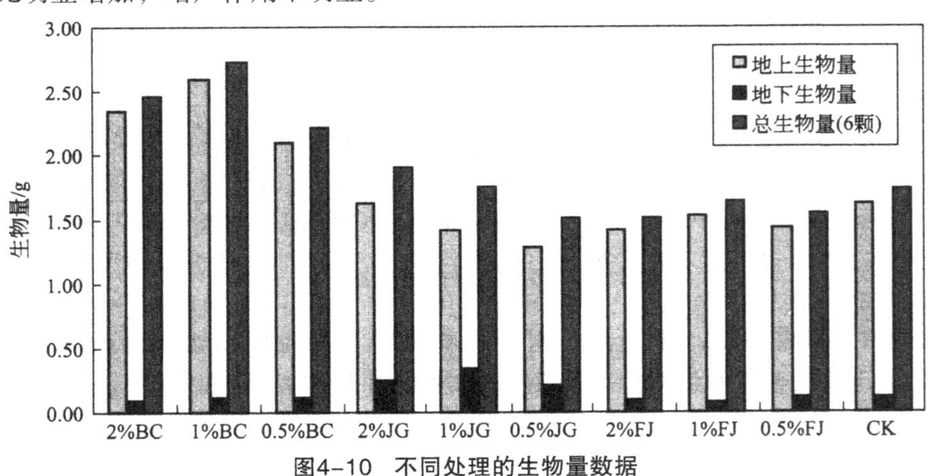

图4-10 不同处理的生物量数据

（二）对植株叶绿素含量的影响

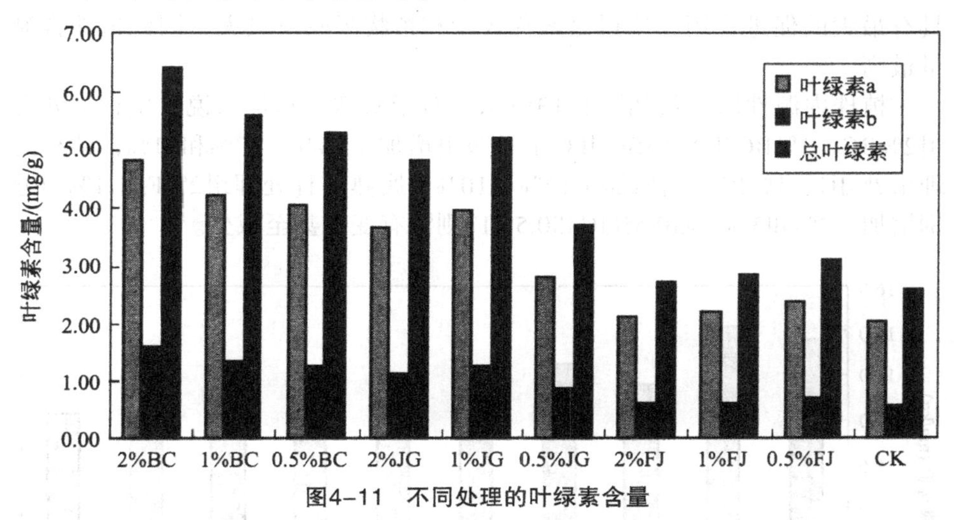

图4-11　不同处理的叶绿素含量

60d收获后测定小麦叶片叶绿素含量，如图4-11所示。数据表明，生物炭和秸秆处理组能显著提高植株叶片叶绿素含量，而腐熟秸秆作用则不明显。生物炭处理组添加量与叶绿素含量呈正比，而秸秆处理组1%JG叶绿素含量最高。

（三）对植株内源性氮磷钾总含量的影响

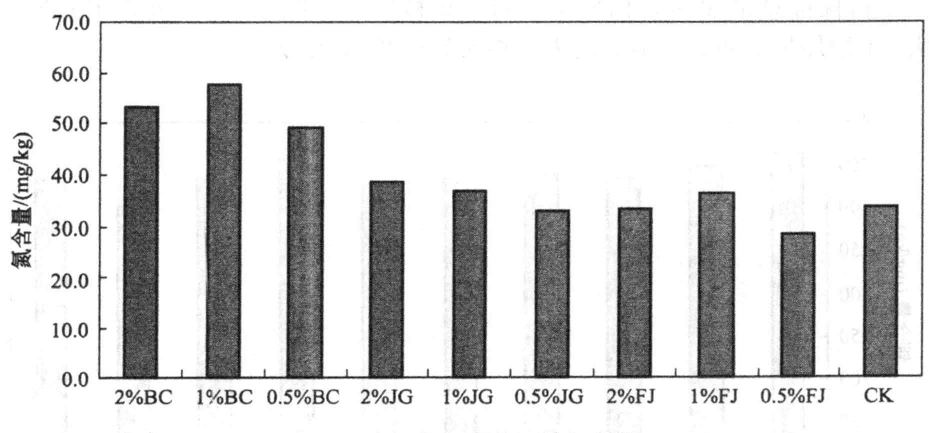

图4-12　不同处理的植株氮含量

植株体内矿质氮（内源性氮）总量变化情况如图4-12所示。对于植株氮含量来说，生物炭处理组2%BC、1%BC和0.5%BC相对于对照组分别增加了36%、41%和30%，秸秆处理组2%JG、1%JG分别增加了12%和7%，而腐熟秸秆处理组只有1%FJ增加了7%。这是由于生物炭孔状结构能够储藏养分并提高化肥的利用效率，使氮素利用率更高，同时生物炭也对脲酶具有最大的促进作用，使得氮素释放量和植物吸收量最大，因此植株含氮量最高。

植株内源性磷总量如图4-13所示。对于植株磷总量来说，生物炭处理组2%BC、1%BC和0.5%BC相对于对照组增加了24%、27%和11%，秸秆处理组2%JG、1%JG分别增加了17%和10%，腐熟秸秆处理组2%FJ、1%FJ分别增加了2%和3%，而0.5%JG和0.5%FJ则没有变化甚至减少。

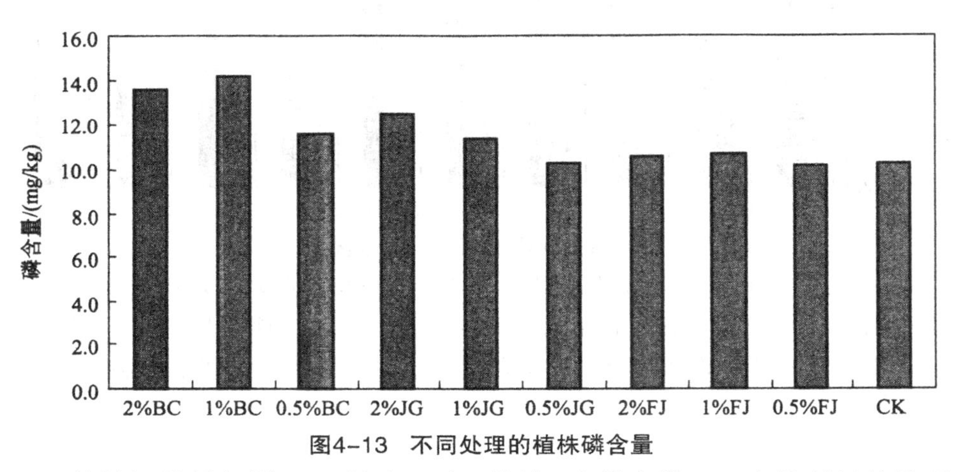

图4-13　不同处理的植株磷含量

植株钾总量如图4-14所示，对于植株K含量来说，三个处理组差异不大，K增加量不明显，最高的为生物炭处理2%BC增加了8%。

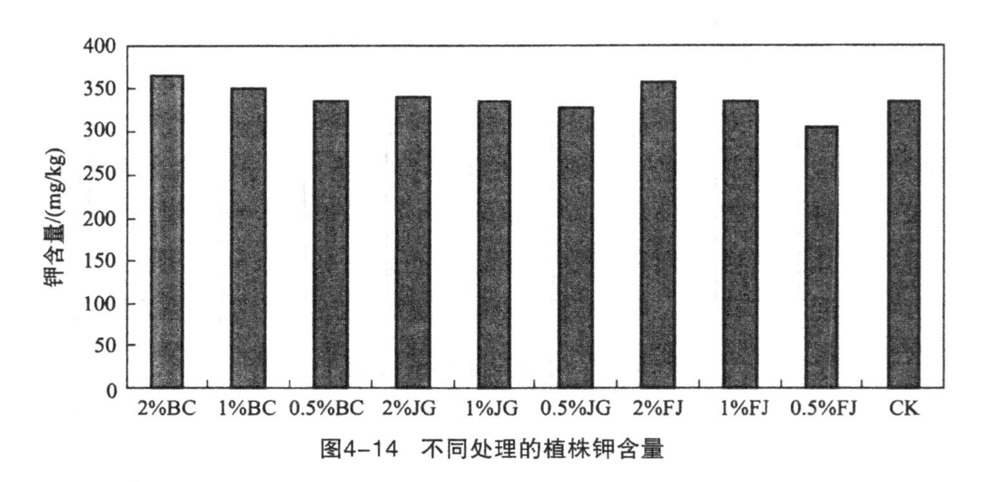

图4-14　不同处理的植株钾含量

二、秸秆不同还田方式氮形态及植株生物量的影响研究案例

将秸秆转化为生物炭进行农业施加这一还田方式，一直以来被学界普遍认为是同时处置生物质废弃物和增加土壤肥力的双赢举措。但近年来也有学者对此持审慎态度，认为在缺乏明确且系统的有关生物炭和秸秆对比实验数据支持下，贸然对秸秆-生物炭转化所能获得的经济和生态双重效益作肯定结论略显仓促。有的学者在一些长期施用秸秆的土壤中也观察到了诸如水土保持、土壤有机质含量升高、土壤生物活性增加和氮素留存等对农业增产增收有显著促进作用的现象，因此他们认为这些经济和生态效益并非生物炭所独享的优势。目前，尚没有文献就土壤肥力提升和植株生物量提高等方面系统地比较生物炭与前体秸秆之间的效果。

与此同时，迄今为止很多文献就生物炭对土壤肥力（主要是营养元素）的促进作用的报道均停留在生物炭施用前后土壤中矿质氮（外源性氮）总量的变化情况。这些原则性的讨论存在两个明显的不足：一是只有极少数公开报道的研究同时涉及了生物炭处理对植株体内矿质氮（内源性氮）含量的变化，通常认为，外源性氮的改变最终是通过内源性氮的变化对植株的长势起作用的，而目前生物炭影响下内源性氮水平和外源性氮水平之间的关系和传递机制尚未建立，缺乏植株体内氮素水平的变化情况就丧失了解释生物炭作用机制的重要一环；二是很多研究均报道了氮素总量的增加情况和幅度，但几乎没有文献报道生物炭对氮素具体形态（如硝态氮、亚硝态氮、铵态氮等）的影响。值得注意的是，营养元素的生物有效性往往是由其具体形态的水平（而不是总量）决定的，因为营养元素的总量中只有很少的一部分能够被植株利用，亦即以生物有效态赋存的氮素只占总氮水平的极少部分，仅仅观察到总量的变化并不能意味着已经掌握生物有效态赋存的氮素的变化情况。因此，很有必要探究施用生物炭后土壤以及植株体内氮素的形态变化，以期能解释生物炭增加植株生物量的机理。

这里通过5种不同的处理方式，对比不同原料制备的生物炭及生物炭和粉碎秸秆对土壤氮素水平及植株生长状况的影响：未经处理的对照组（CK），添加质量分数为2%玉米秸秆制备的生物炭（2%BC-C，简记为BC-C），添加2%小麦秸秆制备的生物炭（BC-W），添加2%粉碎的玉米秸秆（JE-C），添加2%粉碎的小麦秸秆（JG-W）。同时为考察生物炭与无机氮肥配合施用的联合效应，对于BC-C和BC-W，另设两处理组分别增施无机氮肥（NH_4NO_3，100mg/kg），分别记为BC-CF和BC-WF。研究比较了生物炭及其原料粉碎秸秆的施用对苋菜和油麦菜植株生物量（分别以干重

和鲜重表示）的影响。建立植株地上部分生物量、植株体内矿质氮（硝态氮和铵态氮）含量和土壤中矿质氮含量之间的定量统计关系。同时采用吸附–解吸实验研究生物炭/秸秆在物理化学作用方面对矿质氮化学行为的影响，采用Bremner淹水培育实验和通气培育实验从生物化学方面研究生物炭/秸秆对于氮的固持–矿化周转作用（IMT）和硝化–反硝化作用的影响。

（一）粉碎秸秆处理对植株生长及含氮量的影响

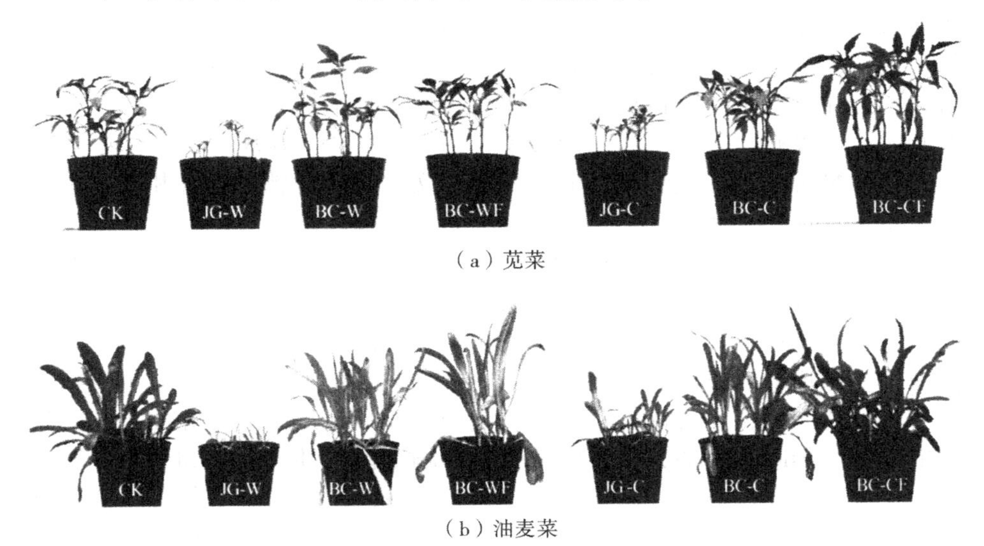

（a）苋菜

（b）油麦菜

图4–15　秸秆不同还田方式下苋菜和油麦菜的生长状况

图4–15反映了盆栽实验中各组植物的原始生长状况。其具体的植株生物量测定结果以植株地上部分生物量（鲜重和干重）的形式反映在图4–16中。图中各处理组数据均为三个平行样品的均值。不同小写字母和大写字母分别表示处理的植物鲜重和干重具有显著性差异（$p<0.05$）。从图4–16中可以基本得到下述结论：

（1）与对照组CK相比，生物炭处理显著提高了植物生物量，而秸秆处理则大大降低了植物生物量（$p<0.05$），这表明生物炭处理对于植株的生长起到了正向促进作用，而秸秆处理对于植株的生长起到了逆向抑制作用，生物炭的农业增产效益得以显现。

（2）与2%BC–W和2%BC–C相比，2%BC–WF和2%BC–CF处理中苋菜的干重分别提高了75%和25%，鲜重分别提高了66%和30%；而2%BC–WF和2%BC–CF处理中油麦菜的干重分别提高了65%和55%，鲜重分别提高了102%和76%，这表明生物炭与无机肥料配合使用，增产效果更为明显。

（3）对于两种供试作物而言，除油麦菜经2%BC–WF处理的比经

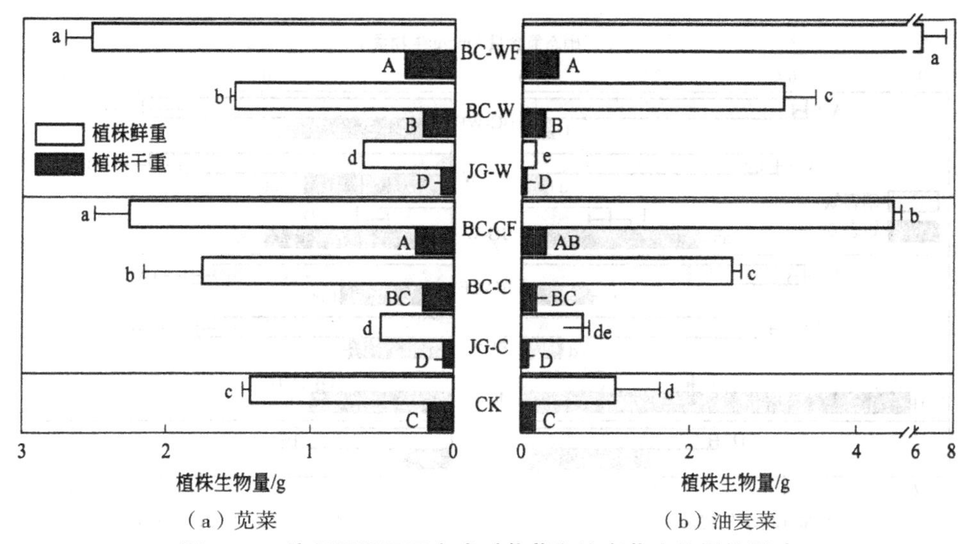

（a）苋菜　　（b）油麦菜

图4-16　秸秆不同还田方式对苋菜和油麦菜生物量的影响

2%BC-CF处理的鲜重增加了42%，具有显著差异之外，不同原料制成的生物炭的增产效果没有显著性差异（$p>0.05$），这表明生物炭的理化性质以及由此带来的增产效果与其制备原料关系不密切。

（4）生物炭的增产效果与植株种类密切相关，在本案例中，油麦菜比苋菜对于生物炭处理体现的增产响应更为敏感，尤其是在2%BC-W和2%BC-C两组处理中，油麦菜的鲜重分别比CK增加了179%和124%，而苋菜的鲜重分别比CK仅增加了7%和23%。值得一提的是，本实验中的油麦菜增产效果明显高于其他文献报道的增产情况。

图4-17显示了不同处理中植株体内的矿质氮（内源性氮）含量。图中各处理组数据均为三个平行样品的均值，不同小写字母和大写字母分别表示处理的植物体内铵态氮和硝态氮具有显著性差异（$p<0.05$）。从图4-17的结果可见，硝态氮和铵态氮有完全相反的趋势：对于硝态氮，与CK相比，经生物炭处理的两种植株的含量水平提高幅度为31%～79%，而经秸秆处理的两种植株的含量水平则降低了13%～55%；而对于铵态氮，经秸秆处理的两种植株的含量水平增加了41%～282%，而经生物炭处理的油麦菜的含量水平增加了108%～221%，而苋菜的含量水平则降低了44%～80%。综合上述数据结果，从整体上考察各组的内源性氮水平可以得出一个基本的结论，即生物炭处理显著提高了植物体内的硝态氮含量，而秸秆处理则提高了植物体内的铵态氮含量。

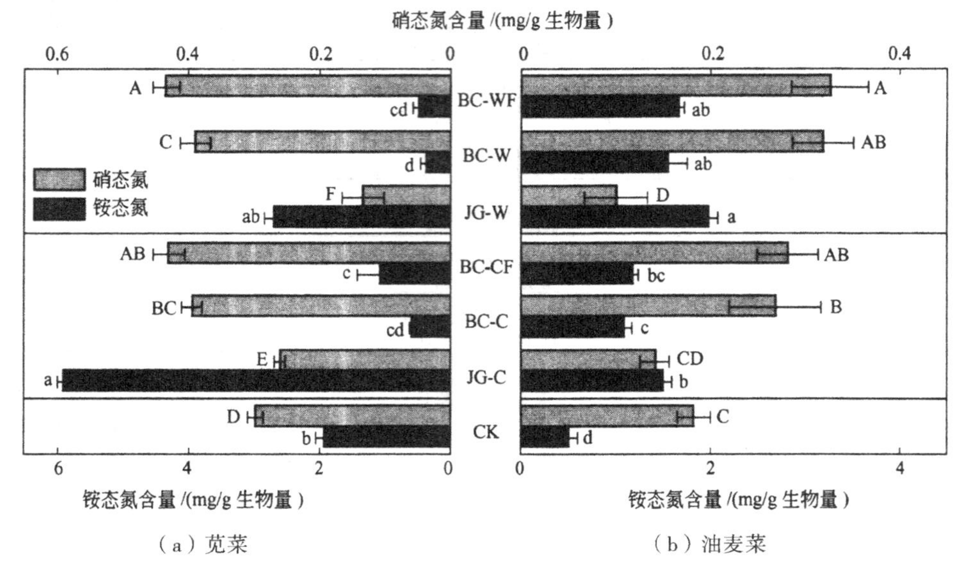

（a）苋菜　　（b）油麦菜

图4-17　秸秆不同还田方式对苋菜和油麦菜植株体内矿质氮含量的影响

图4-18给出了盆栽实验中种植植株前和植株收获后的土壤矿质氮（外源性氮）含量的变化情况。图中给出了盆栽实验开始前原土中矿质氮水平和收获植株后测定的矿质氮水平，各处理组数据均为三个平行样品的均值。不同小写字母和大写字母分别表示处理的土壤中铵态氮和硝态氮具有显著性差异（$p<0.05$）。与植株种植前土壤中矿质氮水平相比，经过45d盆栽期后，所有土壤处理中的铵态氮水平均升高，而硝态氮水平均降低，这说明在耕种过程中通常会产生铵态氮的积累和硝态氮的流失。比较盆栽实验后的各处理组，总体上秸秆处理显著提高了土壤中的铵态氮水平，生物炭处理显著提高了土壤中的硝态氮水平（$p<0.05$）。

为揭示外源性氮与内源性氮的联系，我们对二者进行了Pearson相关分析，并用相关系数r对相关程度进行表征。结果显示，外源性硝态氮和内源性硝态氮在苋菜（r=0.7832）和油麦菜（r=0.4316）中呈显著正相关（$p<0.05$）；外源性铵态氮与内源性铵态氮在油麦菜（r=0.5686）中呈显著正相关（$p<0.05$），但在苋菜中则几乎不相关（r=0.0717），这表明外源性氮的改变最终是通过控制内源性氮的变化对植株的长势起决定性作用。值得指出的是，上述相关分析结论仅仅在一定程度上说明生物炭和秸秆处理引起的土壤中矿质氮含量的改变能够促使植物体内相应矿质氮含量相应的变化，但外源性氮和内源性氮的精确定量关系不是线性的，这是因为植物对氮素的吸收不仅受到外源氮供给水平的影响，还会受到其他植株生理学

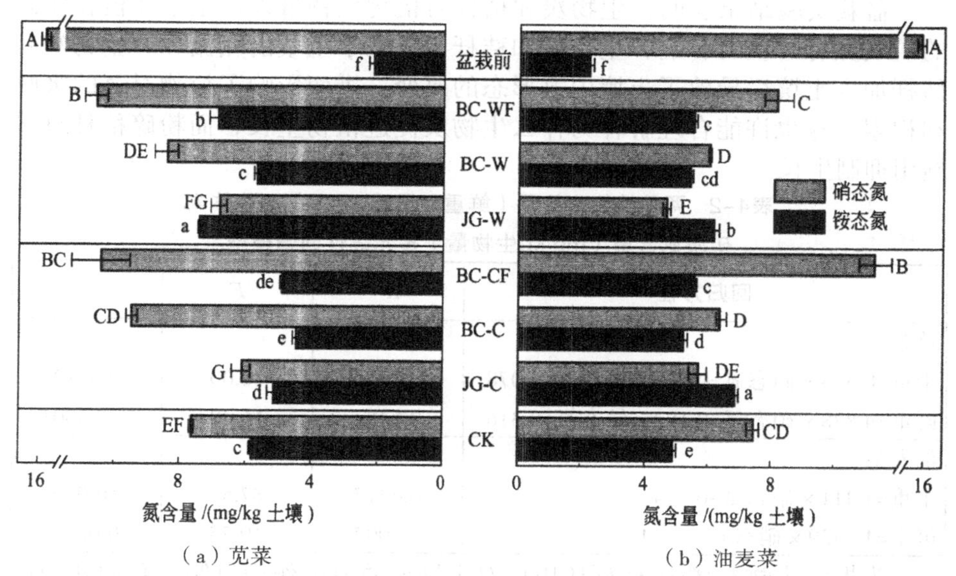

（a）苋菜（b）油麦菜

图4-18 秸秆不同还田方式对培养苋菜和油麦菜土壤中矿质氮含量的影响

因素的影响。同时，本实验结果也说明，相较于外源性氮，内源性氮可以作为一个更加准确和有效的指标，来反映植物对氮素的利用程度。

如表4-2所示，通过多元线性回归分析建立了不同形态的植株内源性氮与植株地上生物量之间的计量关系。结果表明，对于两种植物，表征硝态氮水平的变量前回归系数均为正（$p<0.05$），说明提高植株体内硝态氮水平有助于促进植株生物量的提高；在苋菜中，表征铵态氮水平的变量前回归系数为负，说明植株体内铵态氮的积累能够显著抑制植株生物量的提高（$p<0.05$）；在油麦菜中，植株内源性铵态氮与植株生物量没有明显的关联。上述结论说明，相对于铵态氮，硝态氮更能促进植物生长，这是因为本研究中选取的植株（苋菜和油麦菜）均为喜硝植物。喜硝植物是指在以硝态氮为主要氮源的情况下生长良好的一类植物，而且当铵态氮为主要或单一的氮源时，植物对硝态氮的吸收会受到阻碍，这种情形称为“铵氮毒害”。所以，作为喜硝植物的苋菜和油麦菜的生长会受到氮形态的影响，可以预计它们在硝态氮含量丰富的环境中比在铵态氮含量丰富的环境中生长得更好。此外，有学者通过实验发现，油麦菜对硝态氮的吸收累积能力要明显优于苋菜。一般而言，对硝态氮的高累积效果能够有效减轻铵氮存在产生的毒害作用，油麦菜具有更高的硝态氮亲和力，因此其体内铵氮对植株长势抑制作用就被降到最低而可以忽略，这能够解释为什么在油麦菜中植株内源性铵态氮与植株生物量没有明显的关联。

盆栽实验结果表明，生物炭和秸秆对植物生物量以及土壤和植物体内的矿质氮有着重要影响，生物炭和秸秆都影响了土壤的氮循环。生物炭和秸秆加入土壤后导致了土壤中氮形态的改变，进而影响了植物对氮的吸收和积累，这也许能合理解释为什么生物炭促进植物生长，而粉碎秸秆直接施用抑制生长。

表4-2　两种植物生物量（鲜重和干重，g）与植物体内矿质氮含量（mg/kg生物量）多元线性回归模型

回归方程	R^2	F	P
苋菜			
干重=0.555×硝态氮=0.029×铵态氮+0.078	0.5263	10.00	0.0012
鲜重=4.878×硝态氮=0.182×铵态氮+0.316	0.6467	16.48	<0.0001
油麦菜			
干重=1.411×硝态氮-0.124	0.6217	87.57	<0.0001
鲜重=17.429×硝态氮-1.134	0.5097	19.75	0.0003

为揭示生物炭/粉碎秸秆还田后对土壤矿质氮的作用机制，我们从物理化学吸附和生物化学转化两个角度考察了生物炭/秸秆还田引起的土壤氮素变化，详述如下：

（1）从物理化学吸附角度，考察了生物炭粉末和粉碎秸秆对溶液中矿质氮的吸附和解吸附过程。即将营养元素保留在土壤中并缓慢释放，相当于营养元素的缓释载体，从而达到保持肥力的效果。

（2）从生物化学转化角度，考察了生物炭和粉碎秸秆施用对土壤氮循环关键环节的影响，采用根据Waring和Bremner的方法改进的Bremner淹水培育实验，用以测定生物炭和秸秆对有机氮矿化和无机氮固持作用的影响，采用通气培育实验以探究生物炭和秸秆对土壤硝化和反硝化作用的影响。

（二）粉碎秸秆还田对土壤氮循环过程的影响

图4-19给出了土壤中主要的氮循环。其中矿质氮（铵态氮和硝态氮）是能够被植株吸收的两种最主要的养分形态，也是本研究关注的土壤肥力表征指标。与铵态氮相比，硝态氮因其离子流动性较大，在易于被植株吸收的同时也更易随土壤溶液流动而淋失。在物理化学过程方面，土壤中的矿质氮离子在土壤颗粒表面、土壤溶液和施加的生物炭/粉碎秸秆表面各相间保持吸附和解吸平衡，矿质氮离子通过解吸过程释放到土壤溶液中供给植株利用，而通过吸附过程防止被淋失从而实现氮素持留的效果。在生物化学过程方面，固持-矿化周转表征的是土壤中不能被植物直接利用的有机氮与矿质氮（主要是铵态氮）的相互转化过程。铵态氮能够通过硝化作用

转变成硝态氮，而硝态氮则通过反硝化作用转变为N_2、N_2O等低价气态氮化合物，使土壤氮素返回大气，一方面造成土壤耕作层的氮肥损失，另一方面N_2O等温室气体的排放会潜在影响大气环境。

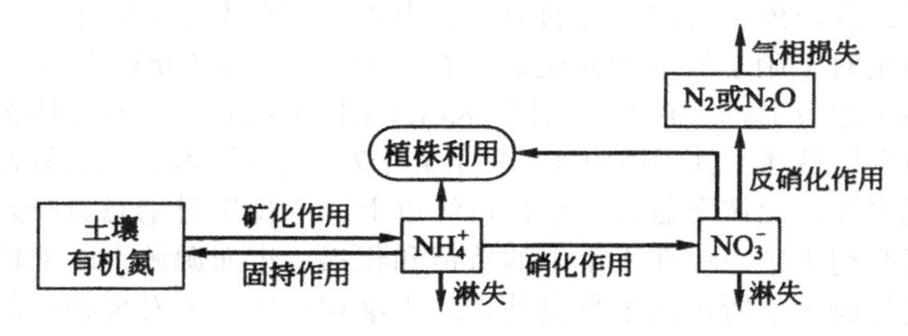

图4-19　土壤中主要氮循环示意图

1. 矿质氮在生物炭/粉碎秸秆表面的吸附–解吸行为

许多研究已经证实，生物炭独特的表面特性使其对土壤水溶液中的NH_4^+–N，NO_3^-–N、K、P及NH_3等不同形态存在的营养元素有很强的吸附作用，同时，施加生物炭之后土壤的持水能力和供水能力得到提高，生物炭通过减少水溶性营养离子的溶解迁移避免营养元素的淋失。这里测定了两种形态的矿质氮分别在生物炭粉末、粉碎的秸秆以及未经处理的土壤颗粒表面的吸附等温线（如图4–20所示）和解吸曲线（如图4–21所示），以表征矿质氮的吸附–解吸行为。

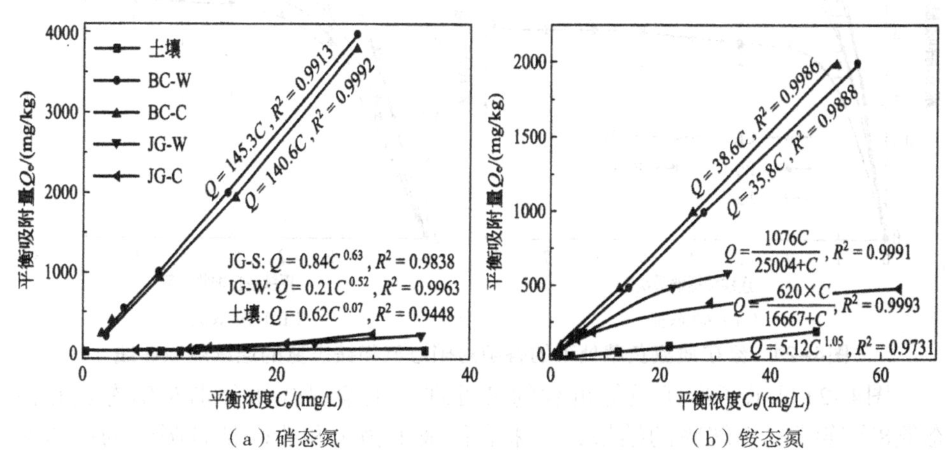

（a）硝态氮　　　　（b）铵态氮

图4–20　硝态氮和铵态氮在不同材料表面的吸附等温线

从图4–20中可以看出，两种生物炭粉末、粉碎秸秆以及未经处理的土壤颗粒均对铵态氮表现出一定的吸附能力，但是只有生物炭粉末对硝态氮也表现出吸附效果。生物炭对铵态氮和硝态氮的线性拟合等温线的可决系数R^2均超过0.99，表明生物炭在供试矿质氮浓度范围（<40mg/L）内远未达到饱和吸附。值得指出的是，这个浓度范围正是通常田间和温室中栽培植物土壤中的矿质氮浓度的典型水平，因此可以推断，在土壤中混入生物炭粉末处理，混合体系对矿质氮的吸附能力将显著高于原始的土壤。同时，这里生物炭对于硝态氮的吸附能力（拟合的吸附常数k分别为145.3L/kg和140.6L/kg）远高于铵态氮（k分别为38.6L/kg和35.8L/kg），这是因为这里使用的生物炭呈碱性，其零电点（PZC）大于7。通常认为，硝态氮在土壤中的迁移能力往往比铵态氮大一个数量级以上，生物炭对硝态氮吸附的高亲和性极其有利于硝态氮在土壤中的持留和积累，进而源源不断地供给植物利用。这与前文中所述在生物炭处理的土壤和植株体内发现较高的硝态氮水平相吻合。

在本案例中，矿质氮在不同原料制备的生物炭的表面吸附行为和吸附容量没有显著性差异（$p>0.05$），说明生物炭原料并不能直接影响生物炭对矿质氮的吸附过程。

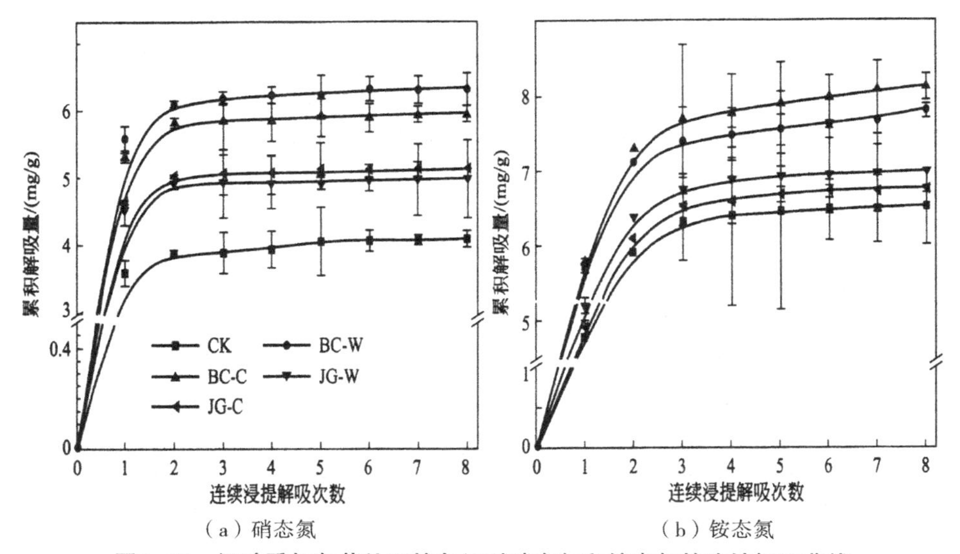

（a）硝态氮　　（b）铵态氮

图4-21　经矿质氮负载处理的各组对硝态氮和铵态氮的连续解吸曲线

图4-21显示了经矿质氮负载的各处理组土壤混合物分别对硝态氮和铵态氮8次连续浸提解吸的结果，用来表征被生物炭和粉碎秸秆吸附的矿质氮长期、持续的供肥能力。实验结果表明，各处理组的逐次解吸量均呈现下降的趋势，首次浸提的单次解吸量最多，各处理组首次解吸量均比第二次大一个数量级左右。随着解吸次数增加，单次矿质氮释放量迅速减少，重复5次浸提操作后累计释放量最终趋于一个定值。这表明被生物炭和粉碎秸

秆吸附的矿质氮能够通过离子交换方式重新释放到土壤中供给植株利用，即被生物炭和秸秆持留的矿质氮仍具有生物有效性，其持留机制并非不可逆吸附。生物炭对矿质氮的释放能力显著高于粉碎秸秆，例如，吸附在BC-W和BC-C表面的硝态氮累积释放量分别为6.31mg/g和5.95mg/g，高于吸附在JG-W和JG-C表面的硝态氮累积释放量4.98mg/g和5.12mg/g。这主要是由于生物炭的吸附能力巨大造成的。在本案例中，生物炭的解吸量巨大，但相较于巨大的吸附容量而言累积解吸率（累积解吸量占饱和吸附量的百分数）却低于粉碎秸秆，例如，吸附在BC-W和BC-C表面的硝态氮累积解吸率仅为10.3%和9.8%，而吸附在JG-W和JG-C表面的硝态氮累积解吸率则高达26.3%和27.9%。上述结果表明，以生物炭形式还田而非秸秆直接还田，有利于保持稳定高效的植株营养供给。

2. 氮的固持与矿化

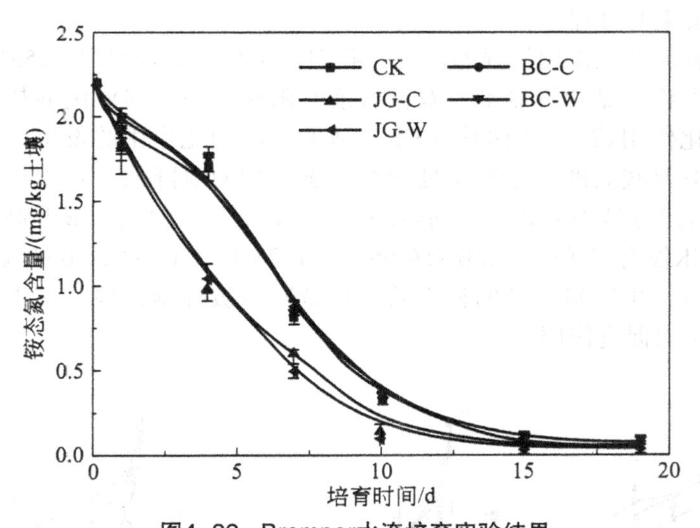

图4-22 Bremner水淹培育实验结果

图4-22给出了Bremner水淹培育实验的结果，用以研究生物炭和粉碎秸秆处理对固持-矿化周转的作用（IMT）。在密封和水淹的厌氧条件下，好氧的硝化细菌和反硝化细菌的活动均因为氧气供给不足而被抑制，同时铵态氮的挥发损失也被抑制，因此氨化作用是土壤有机氮向矿质氮转化的唯一途径。此时，铵态氮的含量变化可以指示IMT过程，与对照组相比，处理组铵态氮较高表明土壤中存在净的矿化作用，反之则表明存在净的固持作用。从图4-22可见，随着培育时间的延长，对照组和各处理组的铵态氮含量均在降低，这表明供试的土壤中本身存在轻微的固持作用。添加粉碎秸秆的处理组JG-W和JG-C中铵态氮的水平明显低于CK，这表明粉

碎秸秆直接还田能够加强氮的固持效果；而添加生物炭的处理组BC-W和BC-C中铵态氮的水平与CK没有显著差异，表明生物炭对氮的固持作用没有明显影响。

3. 氮的硝化与反硝化潜力

图4-23给出了通气培育实验用以探究生物炭和粉碎秸秆处理对硝化-反硝化作用的影响。与对照组相比，生物炭处理组BC-W和BC-C中硝态氮水平更高[图4-23（a）]，铵态氮水平更低[图4-23（d）]，这表明生物炭处理促进了硝化作用的加强。事实上，硝态氮水平的升高可能源于两个相反的生物化学过程：硝化作用的加强或反硝化作用的抑制，前者因为硝化作用的原料铵态氮被消耗而造成铵态氮水平降低，而后者会因为反硝化作用的原料硝态氮累积进而阻止铵态氮向硝态氮的供给，造成铵态氮的连锁累积。从本案例中铵态氮水平的降低可以认为，硝化作用的加强应当是这个过程中的最主要过程。

为了验证硝化作用加强的假说，我们向生物炭处理组以0.25g/kg的用量施加双氰胺作为硝化抑制剂。双氰胺能够阻断铵态氮向亚硝酸盐的氧化过程，即硝化作用数步反应的第一步，从而抑制硝化作用的发生。在本案例中，施加双氰胺后的各生物炭处理组硝态氮均明显降低，且生物炭处理与CK没有显著性差异[$p<0.05$，图4-23（b）]，而铵态氮均明显升高，且生物炭处理与CK没有显著性差异[$p<0.05$，图4-23（e）]。这表明双氰胺抑制了硝化作用后，生物炭处理的积极效果也就同步被抑制，验证了生物炭对硝化作用的正向促进作用。

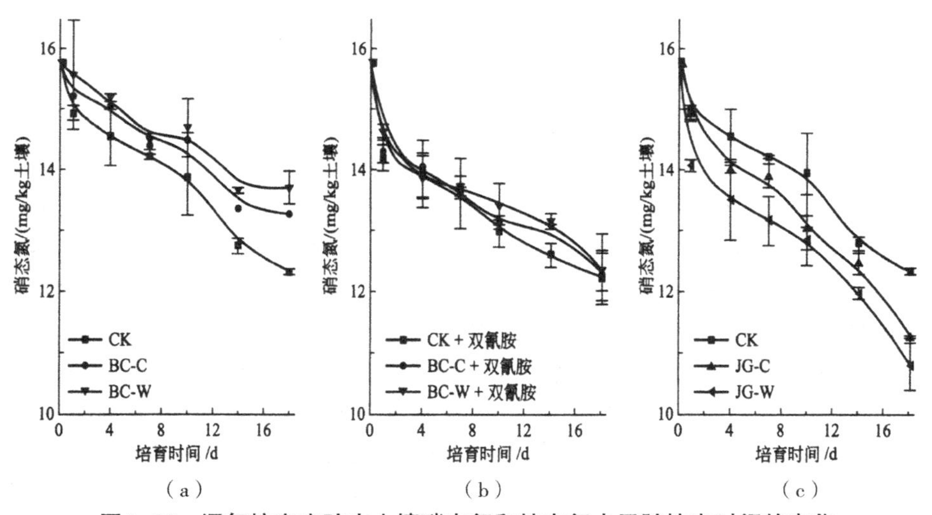

图4-23　通气培育实验中土壤硝态氮和铵态氮水平随培育时间的变化

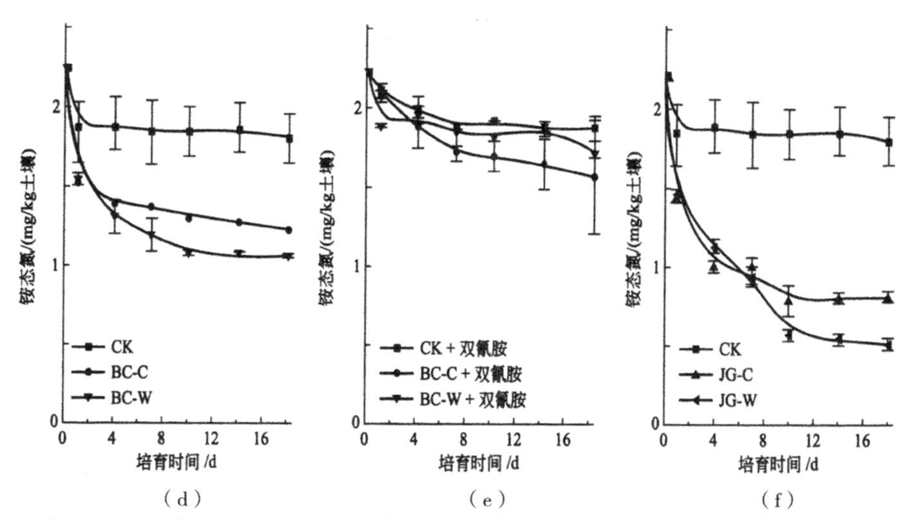

（d）　　（e）　　（f）

图4-23　通气培育实验中土壤硝态氮和铵态氮水平随培育时间的变化（续）

{同时向生物炭处理组中施加双氰胺[（b）和（e）]
用以验证生物炭对硝化作用的加强}

粉碎秸秆处理组中，硝态氮和铵态氮的含量均低于CK[图4-23（e）和（f）]，这表明粉碎秸秆处理促进了土壤中反硝化作用的加强。硝态氮是反硝化作用中最主要的原料，反硝化作用的持续进行消耗了土壤中的硝态氮，进而引起土壤中铵态氮的持续耗竭。

第五章
生物炭与土壤修复

土壤是人类赖以生存的物质基础，是生态环境的重要组成部分，同时也是食物链的重要载体。土壤与人类的健康密切相连，健康的土壤对于农业可持续发展和人类的生存至关重要。然而伴随我国经济的高速发展，现代工业发展所产生的“三废”（废水、废气、废渣）的排放以及化肥、农药等的持续使用，土壤酸化、重金属和有机污染物污染等问题日趋严重，对耕地资源可持续利用和农产品安全生产以及环境带来了严峻挑战。科学研究表明，生物炭可以中和土壤酸性，提高土壤的酸碱缓冲能力，改善土壤理化性质；可以吸附固定土壤重金属、有机化合物等污染物，改变它们的存在形态，减少其在土壤中的迁移，降低对土壤环境的危害。

第一节　生物炭改良土壤酸碱性

一、生物炭改良土壤酸性的机理

土壤酸化是指土壤中氢离子增加的过程或者说是土壤酸度由低变高的过程，它是一个持续不断的自然过程。自然状态下土壤的酸化过程速度非常缓慢。而人为活动的影响可以大大加速土壤酸化。人为活动引起土壤酸化的酸性物质来源主要有两方面：一是酸性气体的大量排放导致酸沉降增加；二是大量长期的化肥不合理施用等不当的农业措施。

生物炭是生物质在完全或部分缺氧的情况下经热解炭化的剩余物，通俗地讲就是生物质材料在一定条件下经过不完全燃烧后的剩余物，这些剩余物（即生物炭）含有的许多灰分元素特别是呈可溶态的金属元素如K、Ca、Mg等盐基离子，是生物炭呈碱性的主要原因，施入土壤可中和土壤酸性、提高土壤的盐基饱和度，从而提高土壤的pH值、降低酸性土酸中铝的活性。燃烧越完全，所得剩余物中的灰分元素含量越高，碱性也就越强。高温热裂解所得的生物炭比低温热裂解的生物炭中具有更少的酸性挥发物及更多的灰分，因而pH值更高。因此，高温生物炭改良土壤酸性的效果比低温生物炭更明显。

生物炭中含有大量植物所需的必需营养元素，如P、K、Ca和Mg等，能够给当季作物提供营养，对贫瘠土壤的养分补充作用明显。生物炭中营养元素的含量与其来源物料中元素的含量有关。有学者比较了不同作物（油菜秸秆、小麦秸秆、玉米秸秆、稻草、稻糠、大豆秸秆、花生秸秆、蚕豆秸秆和绿豆秸秆）制备的生物炭的元素含量，发现生物炭中Ca、Mg和K含量与制备生物炭的原料中相应的Ca、Mg和K含量呈明显的正相关。此外，因生物炭的颗粒结构，施入土壤后还可以改善土壤的物理性质。因此，生物炭的土壤改良作用功效是多方面的。

二、生物炭改良土壤酸性案例分析

对于已经发生酸化的土壤，目前主要有两种改良方法：一是运用化学改良剂进行改良，另一种是采取一定的生物措施。石灰是被最广泛使用的酸化土壤改良剂，但是单一施用石灰有很多缺点和弊端，如中和酸性的作用不长久，施用过量易导致微量元素缺乏、土壤有机质含量下降等负面效应。寻找和施用适宜的改良剂以中和土壤酸度、提高土壤肥力、恢复酸性土壤的生产力对农业生产的持续发展和生态环境的保护具有双重意义。随着对生物炭研究的深入，生物炭作为土壤改良剂、肥料缓释载体及碳封存剂备受重视。以下是生物炭添加到土壤中能改善土壤理化性质，提高土壤肥力特别是土壤酸性改良的一些具体事例，可以供实际应用参考和借鉴。

（一）生物炭对农田土壤酸性的改良作用

有研究团队为了解生物炭施用对红壤性质的改良效果，采用盆栽试验研究了不同生物炭投入量对两种不同肥力水平红壤性质的影响，以黑麦草为指示植物，探讨生物炭施用的土壤改良效果。结果表明，施用生物炭不仅大大提高了土壤碳库，还可降低土壤酸度，增加土壤pH值和盐基饱和度，提高土壤水稳定性团聚体数量，增加土壤速效磷、速效钾和有效氮，增强土壤保肥能力，改善植物生长环境，促进黑麦草的生长。当生物炭施用量为10g/kg和50g/kg时，经1年的培养试验后2种土壤的有机碳、速效P、速效K和盐基饱和度分别比对照增加31%～744%、14%～215%、6%～110%和17%～82%，pH值显著提高（见表5-1）；生物炭的改土作用在肥力水平较低的土壤上明显优于肥力水平较高的土壤，作用效果随生物炭用量的增加而增加；但在肥力水平较高的土壤中。大量施用生物炭（200g/kg）可导致土壤微生物生物量下降，对黑麦草的生长产生轻微的抑制作用。具体试验如下：

生物炭由小麦秸秆在密封低氧状态和350℃下制备而成。培养试验在温室以盆栽培养方式进行，生物炭加入量分别为0g/kg（对照）、10g/kg、50g/kg和200g/kg，分别用T1、T2、T3和T4表示。每个处理的用土量为5kg，加生物炭处理后的土壤经充分混匀后置于10L塑料桶中培养。用称质量法控制土壤水分在28%（大致相当于75%田间持水量）左右，培养1年。试验采集2个肥力状况有较大差异的农地土壤。结果表明，随着生物炭施用量的增加，土壤pH值也逐渐提高。

表5-1　生物炭用量与土壤pH值变化

土壤	T1	T2	T3	T4
1	4.53	4.64	4.93	5.66
2	5.04	5.29	5.63	6.21

（二）生物炭对茶园土壤酸性的改良作用

有研究团队研究了施用生物炭5个水平用量（0～64t/hm^2）对酸化茶园土壤的改良效果。结果表明，施用不同用量的生物炭处理与CK处理相比，0～20cm土层土壤pH值提高0.19～1.72个单位，土壤交换性酸降低0.79～3.96cmol/kg，土壤盐基饱和度提高20.98%～173.67%，土壤阳离子交换量增加0.80～2.46 cmol/kg；20～40cm土层土壤pH值提高0.05～0.61个单位，土壤交换性酸降低0.20～2.14 cmol/kg，土壤盐基饱和度提高27.72%～56.51%，土壤阳离子交换量增加0.57～1.12 cmol/kg。土壤改良效果随生物炭施用量的增加而增大，且对0～20cm土层土壤的改良效果大于20～40cm土层土壤。具体试验如下：

生物炭由小麦秸秆在350～550℃下厌氧烧制而成。设置生物炭施用量：0t/hm^2、8t/hm^2、16t/hm^2、32t/hm^2、64t/hm^2。将生物炭均匀撒施在供试小区地表，旋耕深翻，使其与土壤充分混匀。首先将生物炭均匀撒施在供试小区地表，旋耕深翻20cm，于9个月后（春茶采摘后、夏茶追肥施用前）采集土壤样品。随着生物炭施用量的增加，酸化茶园土壤pH值增大，如图5-1所示。

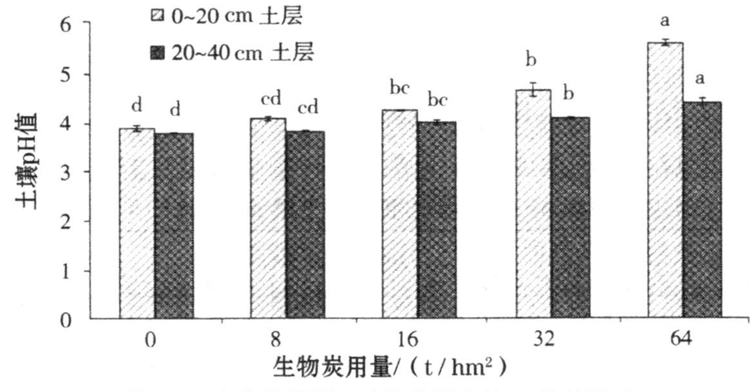

图5-1 生物炭用量对酸化茶园土壤pH值的影响

（三）生物炭配合其他土壤改良剂对土壤酸性的改良作用

一些碱性工业废弃物也可用于改良酸性土壤。钢渣是炼钢工业产生的废渣，钢渣呈碱性且富含硅，可提高土壤pH值，还可改善土壤硅素营养，将其与生物炭配合施用，不仅可以提高对酸性土壤的改良效果，而且还可同时取得土壤改良的综合效果。

有学者采用厌氧热解方法制备污泥生物炭和花生秸秆炭，研究了钢渣和生物炭单独施用及配合施用对红壤酸度的改良效果。结果表明，钢渣、花生秸秆炭和污泥生物炭均含有一定量的碱性物质，可以中和红壤酸性，提高土壤pH值，增加土壤交换性盐基阳离子含量，降低土壤交换性铝含量。经90d培养实验，结果显示这3种改良剂分别使土壤pH值比对照高1.10、0.72和0.48。钢渣与花生秸秆炭配合施用对土壤酸度的改良效果最好，使土壤pH值相比对照提高2.14，单施污泥生物炭的改良效果最小。钢渣和生物炭含一定量的养分元素，钢渣富含钙，可以显著增加土壤交换性钙的含量；不同来源所含养分元素和碱性不同，花生秸秆炭使土壤交换钾增加最显著，而污泥生物炭含丰富的磷，使土壤有效磷增加最显著。因此可以根据土壤酸度和养分含量状况选择将钢渣与不同的生物炭配合施用，达到既中和土壤酸度又补充土壤养分等土壤改良的综合效果。具体试验如下：

设置6个处理：对照、钢渣、花生秸秆炭、污泥生物炭、钢渣+花生秸秆炭、钢渣+污泥生物炭，进行培养实验。钢渣的加入量为3g/kg，花生秸秆炭和污泥炭的加入量为20g/kg。称取200g风干土于塑料烧杯中，按上述比例添加钢渣、生物炭和两种混合物，将土壤与这些改良剂充分混合，然后用去离子水将土壤含水量调节至田间持水量的70%，于25℃条件下恒温培养，每隔3d补充水分以保持土壤含水量恒定。在培养实验开始后的第3d、6d、10d、20d、30d、40d、50d、60d、75d和90d取新鲜土样测定pH值。结果表明不同处理组中土壤pH值都有显著提高，以钢渣、花生秸秆炭配合施用最佳，如图5-2所示。

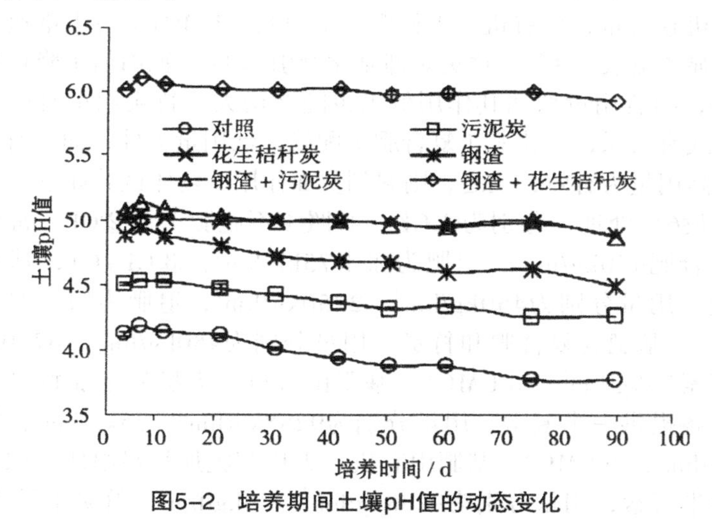

图5-2 培养期间土壤pH值的动态变化

（四）竹炭对红壤改良及青菜养分吸收、产量和品质的影响

有学者采用大田试验研究了竹炭（BC）对红壤肥力和青菜产量、品质及养分吸收的影响。试验设置4个处理：①对照（不施肥CK）；②常规化肥（CF），用量为15-15-15复合肥2000kg/hm^2；③竹炭（BC），用量为2250kg/hm^2；④竹炭和化肥配施（BC+CF），竹炭2250kg/hm^2，15-15-15复合肥2000kg/hm^2。结果表明，添加竹炭可以提高土壤pH值，提升土壤有机碳含量，但对土壤有效氮、磷、钾影响不大。同时，竹炭能提高青菜

产量，与化肥配施效果更好；竹炭与化肥配施可以抑制化肥引起的土壤酸化。表5-2列出了竹炭处理对土壤理化性质的影响结果。

表5-2　竹炭处理对土壤理化性质的影响

处理	pH值	碱解氮/（mg/kg）	有效磷/（mg/kg）	速效钾/（mg/kg）	有机碳/（g/kg）
1CK	5.82a	49.47c	12.07b	70.00c	5.53b
2CF	5.15c	67.20a	22.75a	85.83b	5.75b
3BC	5.99a	47.25c	12.07b	80.00b	8.19a
4BC+CF	5.53b	58.97b	20.58a	97.50a	8.78a

（五）竹炭、沼渣、化肥不同配施对稻田土壤性质和水稻产量的影响

有学者通过大田试验，研究了竹炭、沼渣的不同施用方式对水稻土壤pH值、养分动态变化的影响。结果表明，在水稻生育期间，竹炭能明显提高土壤有机碳、碱解氮、有效磷、速效钾的含量。但是竹炭不同用量因施肥方式不同而影响效果不同。复合肥和竹炭（CF+C3）在分蘖盛期能明显提高土壤有机碳含量，而有机、无机配施加竹炭（UMC1）对土壤速效磷的提升效果明显（见表5-3）。竹炭对抑制化肥引起的土壤pH值下降作用与竹炭用量有关，随着用量增加其作用效果也随之增大。竹炭用量对产量的影响与施肥方式有关系，与化肥（复合肥）配施，低用量为佳，而与有机化肥混施，则以高用量为有效，反之，则起到负面作用。具体试验如下：

试验设6个处理，分别为①CK，对照（不施肥）；②CF，常规施肥，基肥为复合肥450kg/hm^2，追肥为尿素75kg/hm^2；③CF+C1，基肥为复合肥和竹炭，用量分别为450kg/hm^2、2250kg/hm^2，追肥为尿素75kg/hm^2；④CF4+C3，基肥为复合肥和竹炭，用量分别为450kg/hm^2、6750kg/hm^2，追肥为尿素75kg/hm^2；⑤UMC1，基肥由有机、无机配施加竹炭组成，尿素、沼渣各提供一半氮素，用量分别为9288kg/hm^2、75kg/hm^2，竹炭用量为2250kg/hm^2；⑥UMC3，基肥由有机、无机配施加竹炭组成，尿素、沼渣各提供一半氮素，用量分别为9288kg/hm^2、75kg/hm^2，竹炭用量为6750kg/hm^2。其余田间管理按常规进行。

纵观整个水稻生育期，土壤pH值在分蘖期因不同施肥处理而产生差异，而在水稻生长的中后期处理之间的差异缩小。竹炭添加对土壤pH值产生明显影响，尤其是用量增大，土壤酸度显著下降（处理④），而施加沼渣的两个处理（处理⑤、⑥）的pH值未达到显著，这与有机肥的缓冲性有关。由此可见，与常规施肥（复合肥为主）相比，适量竹炭与沼渣等肥料配施，既可以获得水稻增产，又有利于土壤改良培肥和废弃物循环利用。

表5-3　不同施肥处理对土壤pH值的动态变化和稻谷产量的影响

编号	处理	分蘖盛期	灌浆初期	收获期	稻谷产量/（kg/hm^2）
1	CK	5.80b	5.87a	5.83a	11436c
2	CF	5.80b	5.93a	5.80a	12457ab
3	CF+C1	5.80b	5.87a	5.93a	13235a
4	CF+C3	6.0a	5.93a	5.93a	11365c
5	UMC1	5.87ab	5.90a	5.87a	11777bc
6	UMC3	5.90ab	5.90a	5.93a	12206bc

（六）制炭材料、条件对生物炭改良酸性土壤效果的影响

有学者采用4种原材料（椰糠、木薯秸秆、桉树枝、猪粪）在不同粒径、不同热解温度、不同炭化时间条件下制备生物炭，探讨制炭条件对生物炭碱性基团含量、生物炭改良酸性土壤效果的影响。结果表明，不同制炭条件所制备的生物炭均呈碱性，碱性基团含量范围在0.40～1.05mmol/g。不同原材料生物炭碱性基团含量次序为：猪粪＞木薯秸秆＞椰糠＞树枝。随着热解温度的升高、热解时间的延长及原材料粉碎粒度的减小，生物炭碱性基团含量呈增加趋势，如图5-3所示。添加生物炭能显著提高酸性土壤pH值，其改良酸性土壤的能力随碱性基团含量的增加而增强。原材料粉碎粒度减小，热解温度升高和热解时间延长及用量增加，均能有效提升生物炭改良土壤酸性的效果，如图5-4所示。

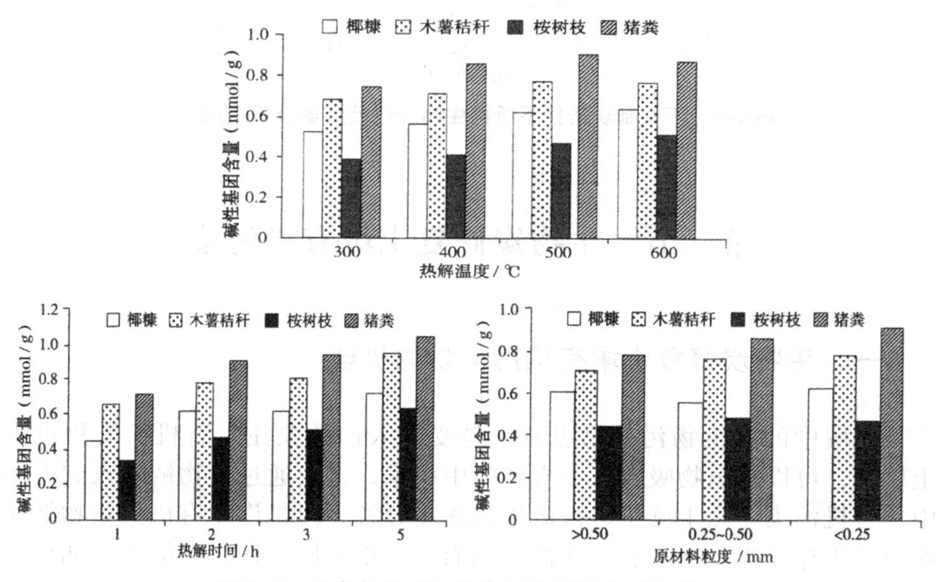

图5-3　制炭条件对生物炭碱性基团含量的影响

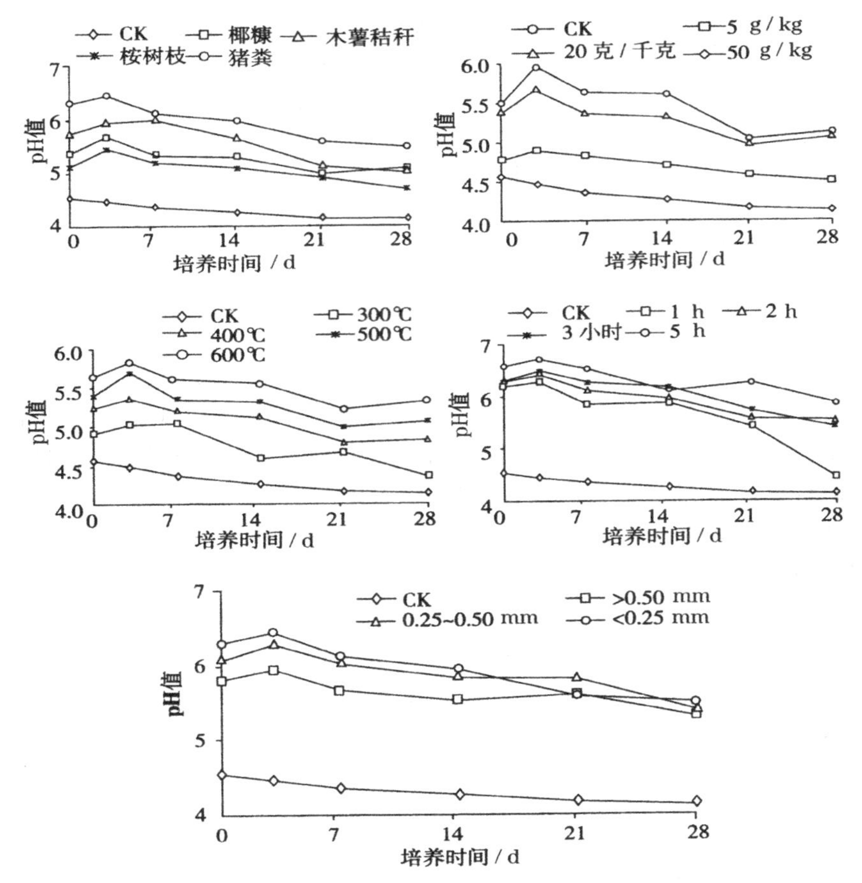

图5-4　不同制炭条件下所得生物炭对砖红壤pH值的影响

第二节　生物炭修复土壤有机污染

一、生物炭修复土壤有机污染物的机理

土壤中的有机物污染物也越来越受到人们的关注，有机污染物进入土壤后，可以被植物吸收，在农产品中积累，进而通过食物链进入到人体中。有机污染物在土壤中可被微生物逐步分解，但是许多有机污染物能够在土壤中存留很久，具有持久性，因而，同重金属一样，可能会长期危害植物生长和人畜健康。土壤中的有机污染物来源广泛，除最普遍的农药投

入外，秸秆焚烧也是有机污染物的重要来源；多环芳烃（PAHs）、多氯联苯（PCBs）等人工合成的非农药类有机污染物可以通过多种途径进入土壤：工业生产、运输等过程中的泄漏和废物排放、密封存放点渗漏、垃圾堆放场沥滤液渗漏、含这些污染物的城市垃圾焚烧和工业焚烧及大气的干湿沉降，以及人们日常生活排放的洗涤废水和垃圾等途径。

生物炭的微孔结构和巨大的比表面积及表面丰富的含氧官能团等性质，使得生物炭具有较强的吸附有毒物质的能力，可以高效地吸附固定多种有毒有机污染物，如菲、敌草隆、硝基苯和多环芳烃等。因此，施加了生物炭的土壤对有机污染物的吸附能力会显著增强。土壤有机污染物被生物炭吸附后，这些污染物在土壤中的化学活性和生物毒性降低。生物炭对杀虫剂的吸附能力是土壤的2000倍，因而即使施用少量的生物炭（0.05%）也能显著降低土壤有机污染物对植物的毒害作用和减少它们在植物中的积累。

生物炭对有机污染物的修复机理主要有这几个方面：有机污染物被生物炭的表面活性基团吸附；有机污染物进入生物炭的孔隙后被固定。生物炭具有丰富的多孔结构、巨大的比表面和许多表面活性基团，因此可以吸附固定大量的有机污染物。高温生物炭的极性比较强，对有机物的亲和能力强。生物炭的孔隙结构能改善土壤微生物微环境，能促进土壤微生物生长和提高土壤微生物活性，从而有利于提高微生物对有机污染物的降解。有学者通过实验室研究表明，以小麦秸秆为原料制得的生物炭施入土壤后，土壤吸附六氯苯的能力比原来提高了42倍，并且生物炭降低了六氯苯在土壤中的耗散、挥发以及生物利用度。土壤中施用少量这种生物炭即可大幅提高对有机污染物的吸附容量，当生物炭量超过0.05%时，生物炭即吸附大部分有机分子并对土壤有机污染物吸附起到主要作用。生物炭表面的大量含氧官能团（如羧基、酚羟基、酸酐等）可以与有机物形成稳定的化学键，使之强力吸附在生物炭上。生物炭对有机污染物的吸附能力远远强于单位有机碳质量的其他形式天然有机质（如腐殖酸等）。生物炭对不同有机污染物的吸附能力取决于有机污染物的性质，如分子大小、疏水性以及环境条件如pH值、其他可溶性有机物的浓度等因素。

与重金属不同，土壤中的有机污染物可以通过水解、氧化、光解等化学作用和生物作用进行降解。一方面，由于生物炭对有机污染物的吸附固持作用。虽然降低了污染物的生物有效性，但是被吸附的有机物却不利于被微生物降解，因而会增加有机污染物在土壤中的滞留时间。另一方面，生物炭的多孔性质可以为微生物提供生长繁殖的场所，有利于微生物对污染物的降解。因此，生物炭对土壤微生物降解有机污染物具有双重作用。通常情况下生物炭对微生物降解有机污染物的抑制作用要强于其促进作用，所以生物炭一般会延长有机污染物在土壤的残留时间。此外，生物炭还可以影响土壤的理化性质，有利于团聚体的形成，而存在于团聚体内的有机污染物也不利于被微生物降解。

生物炭对有机污染物的修复效果不仅与生物炭和有机污染物自身性质有关，还受到环境条件如温度、酸碱性等的影响，其中生物炭性状以及有机污染物的理化性质是两个较为重要的影响因素。

二、生物炭修复土壤有机污染案例分析

（一）生物炭对敌草隆在土壤中的吸附、解吸行为的影响

有机氯农药污染包括DDT、六六六、敌草隆以及各种环戊二烯类等，这类化合物毒性大，化学稳定，难以氧化分解，难溶于水。溶于有机溶剂，是具有高效、高毒和高残留的农药，在土壤中难以降解。为持久性有机污染物，很容易在环境中积累，是最受关注的一类农药。

有学者等采用室内模拟试验，探讨了生物炭对农药敌草隆的吸附和解吸过程，通过测定敌草隆在添加不同生物炭用量的土壤中随时间的动态变化，比较了生物炭对农药吸附、解吸行为的影响。结果表明，添加生物炭可增强土壤对农药的吸附作用，且添加生物炭越多，对农药的吸附作用越强；土壤对农药的吸附量随吸附接触时间延长而增加，而且生物炭添加量越大，随着时间的延长土壤对敌草隆的吸附量也增加得越多（如图5-5所示）。解吸试验结果表明，土壤中添加生物炭的量越大，时间越长，农药就越难被解吸，当土壤中生物炭的添加量为1.0%时，在第56d吸附敌草隆的解吸率仅为1.8%。具体试验如下：

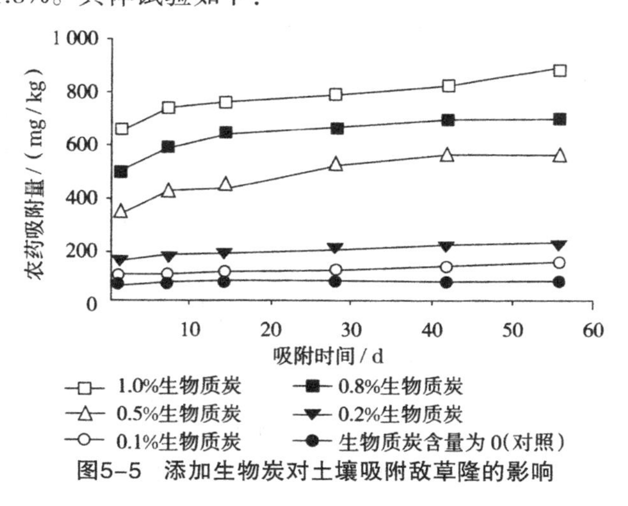

图5-5　添加生物炭对土壤吸附敌草隆的影响

生物炭制备：将赤桉树碎木屑（5mm左右厚度）松散地叠放入瓷坩埚内，加盖密封后，在马弗炉内灼烧而得（温度在2h内快速升至850℃后继续保持1h）。生物炭用研钵磨碎，过300目筛备用。

吸附试验：土壤中分别添加不同含量生物炭使其在土壤中含量（质量比）分别为0、0.1%、0.2%、0.5%、0.8%和1.0%，添加生物炭的土壤于旋转式振荡器上反复振荡2d，使生物炭和土壤颗粒充分混合均匀后作为试验用的吸附剂，然后进行吸附试验。背景溶液为含0.1mol/L的$CaCl_2$水溶液，并添加500mg/L叠氮钠以抑制微生物活动。敌草隆用甲醇配成1000mg/L储备液保存于4℃冰箱中，吸附试验前用背景溶液稀释成21mg/L作为试验溶液。吸附试验采用恒温振荡法，称取一定量的吸附剂置于总体积为12mL的玻璃离心管中；在此试验条件下，含量为0、0.1%、0.2%、0.5%、0.8%和1.0%生物炭的土壤的称样量分别为1.0g、0.5g、0.5g、0.2g、0.2g和0.2g。每管中分别加入10mL敌草隆试验溶液，用聚四氟乙烯密封塞密封，于室温下以120转/分钟的速度在旋转式振荡器上振荡使农药溶液与吸附剂充分接触。分别于试验后1d、7d、14d、21d、28d、42d、48d、56d取样，6000转/分钟离心30分钟，取上清液经过滤膜过滤后直接采用液相色谱法测定敌草隆含量。

（二）生物炭对土壤中氯虫苯甲酰胺消解行为的影响

氯虫苯甲酰胺（CAP）属于新型邻酰胺基苯甲酰胺类化学广谱杀虫剂。该杀虫剂作用机制独特，杀虫高效。美国国家环境保护局对氯虫苯甲酰胺的评估结果认为，该农药母体在土壤中的残留期较长，长期使用存在一定的累积残留风险。有学者利用生物炭在不同土壤上开展了生物炭对该农药的影响研究，分别在黑土、黄壤、红壤、紫色土和潮土中添加0.5%（质量分数）生物炭，采用批处理等温吸附实验及室内消解实验测定了CAP的吸附等温线及消解动态。结果表明，生物炭施用可提高土壤对CAP的吸附活性，但提高程度因土壤性质不同而异。有机质含量较高的黑土中添加生物炭，吸附农药Kd值提高了2.17%，而在有机质含量较低的潮土中添加等量生物炭后则提高了139.13%。生物炭施入土壤后其对农药吸附活性受到不同程度抑制，与施入土壤前比较，生物炭施入黑土、黄壤、红壤、紫色土和潮土后吸附常数KF分别降低了96.94%、90.6%、91.31%、68.26%和34.59%。CAP在黑土、黄壤、红壤、紫色土和潮土中的消解半衰期为115.52d、133.30d、154.03d、144.41d和169.06d，而在添加生物炭的土壤中消解半衰期则分别延长了20.39d、35.76d、38.51d、79.19d和119.75d。相同生物炭施入到不同土壤中后对土壤吸附活性的影响程度有差异，间接说明在有些土壤中施入的生物炭的吸附活性受到部分抑制，土壤中有机质含量越高，抑制程度越高。施入量相同的条件下，在供试5种土壤中，有机质含量较高的黑土添加生物炭后对氯虫苯甲酰胺吸附作用提高幅度最小，而有机质含量最低的潮土吸附作用增强最明显，约提高了1.5倍。

吸附实验：采用批处理恒温振荡法。背景溶液为含0.01mol/L的$CaCl_2$溶液并添加500mg/L叠氮钠以抑制微生物生长。氯虫苯甲酰胺标准品用丙酮溶解配成100mg/L储备液保存于4℃冰箱中，每次吸附实验前用背景溶液稀释成6种不同浓度（0.05mg/L、0.1mg/L、0.2mg/L、0.4mg/L、0.8mg/L、1.6mg/L）的实验溶液。称取一定量的吸附剂[1g土壤或0.5g添加0.5%（质量分数）生物炭的土壤]置于总体积12mL的玻璃离心管中，然后加入10mL不同浓度的氯虫苯甲酰胺实验溶液，用聚四氟乙烯密封塞密封，于室温下振荡24h后离心，测定上清液中氯虫苯甲酰胺浓度，计算吸附剂的吸附量。

（三）生物炭对土壤中莠去津残留消减的影响

莠去津又叫阿特拉津，杀草谱较广，可防除多种一年生禾本科和阔叶杂草。其既具有持久性有机污染物的显著特征，又属于环境激素污染物的范畴，是广受关注的污染物之一。莠去津在全球欧盟以外的其他范围内大面积使用。在我国，莠去津是使用最广泛的旱田除草剂之一。但正常使用莠去津，往往造成第二年种植大豆减产5%～10%，超量使用的，则减产量翻倍。

有学者采用盆栽试验，模拟长效除草剂的土壤残留环境，研究生物炭对莠去津残留毒性的消减作用。结果表明：土壤残留莠去津对大豆生长有一定的抑制、毒害作用。当莠去津残留量为1.0mg/kg时，大豆幼苗仅表现出轻度受药害，受害率较低，为25.1%；莠去津残留量为2.0mg/kg时，受药害症状为中级，受害率为61.9%；当莠去津残留量达到4.0mg/kg时，受重度药害率达到90.47%。添加生物炭后，大豆植株受药害程度明显降低。莠去津残留量为1.0mg/kg时，大豆不表现任何受药害症状；残留量为2.0mg/kg时，大豆植株仅表现轻度受害，受药害率为13%；残留量达到4.0mg/kg时，苗期受轻度、中度、重度药害率分别为18.1%、13.5%和27.6%（如图5-6和图5-7所示）。成熟期调查发现，土壤中莠去津残留量1.0mg/kg加炭处理与无除草剂残留处理产量性状变化趋势一致，处理间无差异。当莠去津残留量达2.0mg/kg时，加炭处理株高、有效荚数、百粒重、单株粒重较对照未施炭处理增加较大，差异显著。说明生物炭对土壤中莠去津残留具有消除作用，可通过降低农药的生物有害性，促进作物生长。

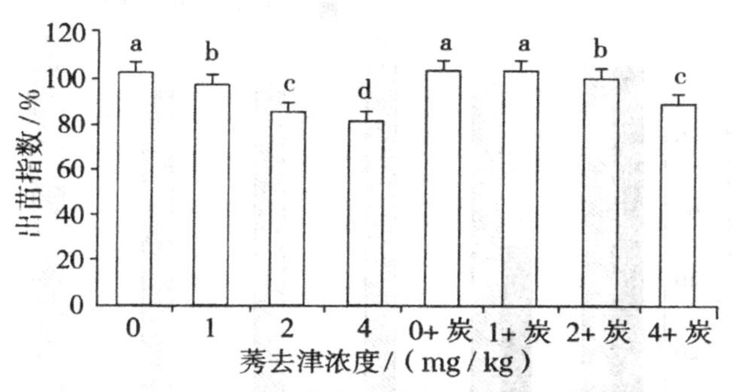

图5-6　生物炭对莠去津残留下大豆出苗的影响

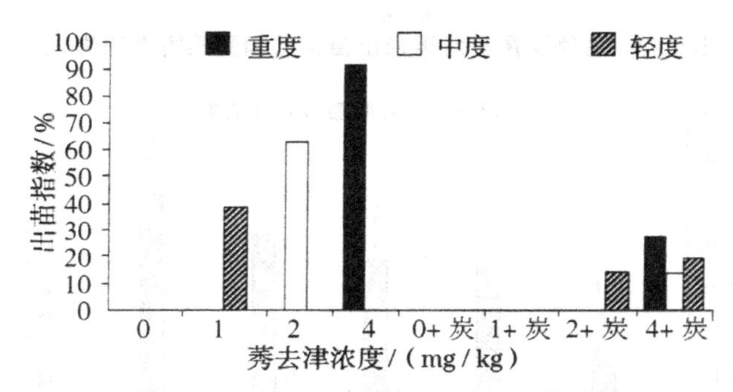

图5-7　生物炭对莠去津残留下大豆受药害的影响

（四）生物炭消减土壤残留异噁草松的作用

异噁草松是防治大豆田杂草，尤其是恶性杂草鸭趾菜、苣荬菜、刺儿菜等常用的长残效除草剂之一。通过抑制相关酶活性来阻断类异戊二烯合成途径，干扰植株体内类胡萝卜素和叶绿素的生成与质体色素的积累，抑制光合作用，导致植株产生白化现象而死亡，对下茬高产作物玉米、马铃薯、甜菜等种植均有一定的安全周期。有学者利用盆栽试验，模拟长残效除草剂土壤残留环境，研究土壤中施入不同量生物炭对异噁草松生物毒性的影响。结果表明，生物炭能有效降低土壤中残留异噁草松的生物毒性。当土壤中异噁草松达到0.48mg/kg时，生物炭施用量低于2.0g/kg，幼苗受异噁草松药害症状明显，生长受抑制，生物量降低，施炭量高于4.0g/kg，对异噁草松的生物有害性降低，幼苗受药害症状逐渐减轻至不受药害，生物量增加。当施炭量增加到32.0g/kg，植株生长受抑制，生物量减小、籽粒产量降低8.32%（如图5-8、图5-9和图5-10所示）。

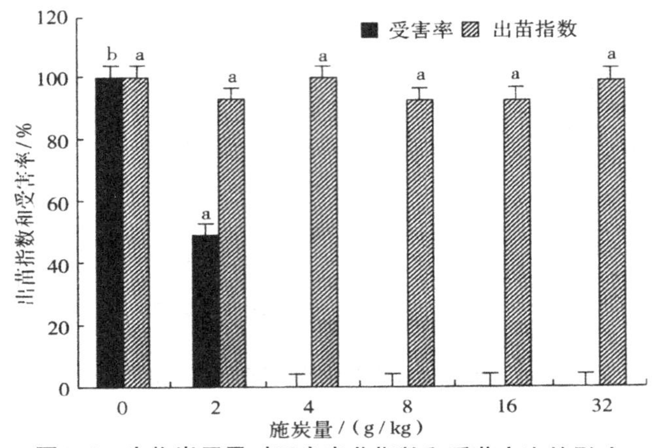

图5-8 生物炭用量对玉米出苗指数和受药害率的影响

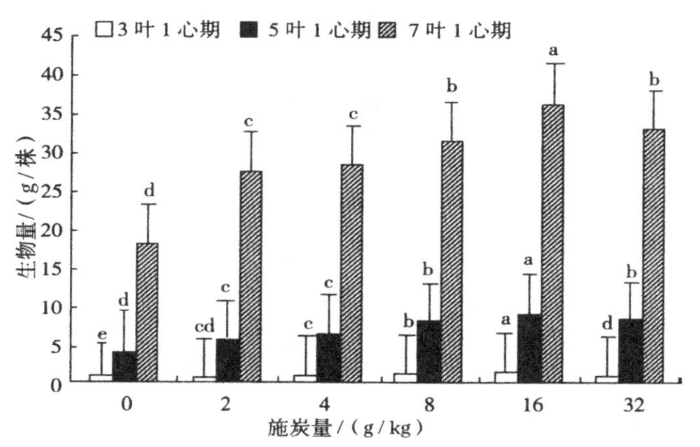

图5-9 生物炭用量对玉米幼苗生物量的影响

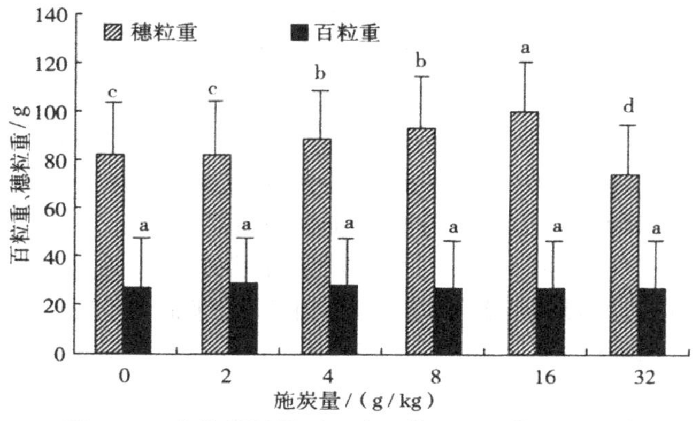

图5-10 生物炭用量对玉米百粒重、穗粒重的影响

（五）生物炭对土壤残留农药二嗪磷生物有效性的影响

曾在世界范围内广为使用的二嗪磷是一种广谱性有机磷类杀虫、杀螨剂。有学者将土壤过5mm筛，生物炭为颗粒竹炭（BC），进行了盆栽试验研究。试验设计为3个BC土壤处理（BC与土壤质量比为0.10%、0.50%、1.00%）和一个对照组（CK）。每个土壤处理进行高（0.10g/kg）、低（0.025g/kg）2个药剂浓度处理，一个空白对照组。于移栽前2周施用BC处理土壤（每盆土壤质量为2kg，过孔径2mm筛）。半个月后小青菜直接移栽，韭菜移栽前剪去地上部分，随即施药，并在半个月后第二次施药。两个月后，最终取小青菜整株、韭菜地上部分和根部，取盆钵中间土壤部分样品待测。结果表明，同一剂量药剂处理的土壤，添加生物炭，不论是整株韭菜和小青菜中二嗪磷残留量，还是单独的韭菜根部和韭菜叶二嗪磷残留量均比对照组中的少。而且随着生物炭用量增加，韭菜和小青菜中的农药残留量减少，说明土壤添加生物炭可以抑制韭菜和小青菜吸收富集农药，降低农药二嗪磷对韭菜和小青菜的生物有效性，且生物炭对农药二嗪磷生物有效性与施用量呈正比。相对于小青菜，生物炭对韭菜吸收富集二嗪磷的抑制作用更明显。施药浓度低时，生物炭含量达到0.10%，对韭菜和小青菜的抑制作用相当；施药浓度高时，含量达到1.00%，抑制作用相当，见表5-4。

表5-4 韭菜和小青菜各部位吸收富集二嗪磷的残留浓度

	土壤施药浓度0.10g/kg				土壤施药浓度0.25g/kg			
	CK	0.10%	0.50%	1.00%	CK	0.10%	0.50%	1.00%
韭菜叶/（mg/kg）	5.19	3.16	2.19	1.84	2.12	1.92	1.59	1.05
韭菜根/（mg/kg）	2.55	2.22	2.06	1.80	1.59	1.33	1.03	0.78
韭菜土/（mg/kg）	0.37	1.01	1.84	2.03	0.07	0.18	0.39	0.81
小青菜叶/（mg/kg）	5.99	4.76	3.45	2.63	3.21	2.66	2.20	1.47
小青菜土/（mg/kg）	0.24	0.33	0.83	1.46	0.13	0.16	0.41	0.79

（六）生物炭对土壤中氯苯类物质生物有效性的影响

氯苯类化合物广泛应用于染料、医药、农药、有机合成等工业中，由于其广泛使用，在土壤、水体、沉积物、活性污泥等环境介质中均已有检出。六氯苯（HCB）、五氯苯（PeCB）已被斯德哥尔摩公约列为持久性有机污染物（POPs）。同时，六氯苯、五氯苯、1,2,4,5-四氯苯

（1,2,4,5–TeCB）和1,2,4–三氯苯（1,2,4–TCB）也已被美国国家环境保护局（USEPA）列入31种优先控制污染物名单。

有学者以氯苯为氯代有机污染物代表，通过室内培养实验，分析了秸秆生物炭对氯苯老化残留的影响。设定对照和添加1%小麦秸秆生物炭处理，研究生物炭对土壤中氯苯类物质老化残留的影响，并通过丁醇、HPCD和Tenax这3种化学提取方法以及蚯蚓富集实验评价土壤中氯苯类物质生物有效性的变化。老化4个月后，对照处理中六氯苯、五氯苯和1,2,4,5–四氯苯的残留率分别为29.87%、18.02%、5.16%，而添加1%生物炭处理中六氯苯、五氯苯和1,2,4,5–四氯苯的残留率分别为68.25%、61.32%和58.02%，表明添加生物炭能够抑制氯苯的消减（如图5–11和图5–12所示）。丁醇、HPCD和Tenax提取和蚯蚓富集实验结果表明，添加生物炭能有效降低土壤中氯苯的生物有效性，并随老化时间延长，降低效果更为显著（如图5–13所示）。研究表明，生物炭能降低土壤中有机污染物的生物有效性及高污染残留的潜在风险。

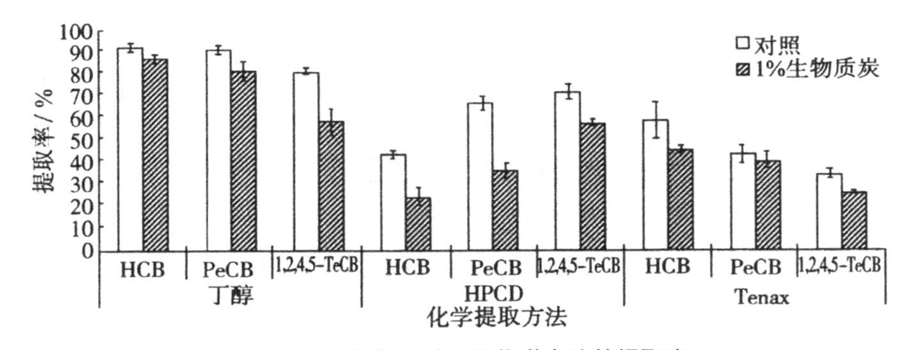

图5–11　老化1d后不同化学方法的提取率

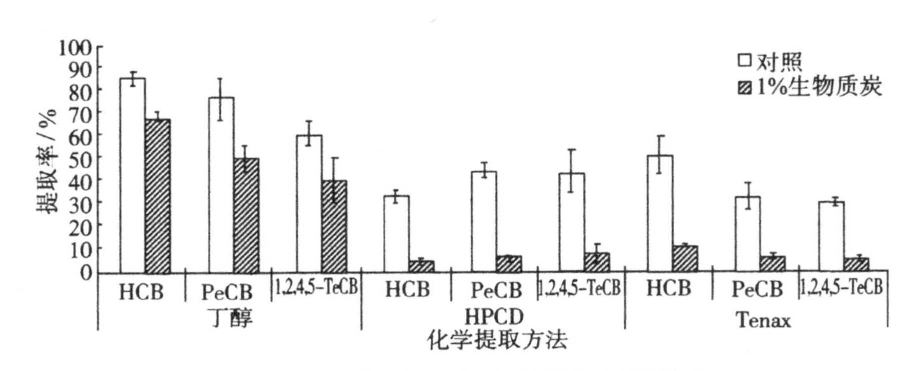

图5–12　老化4个月后不同化学方法的提取率

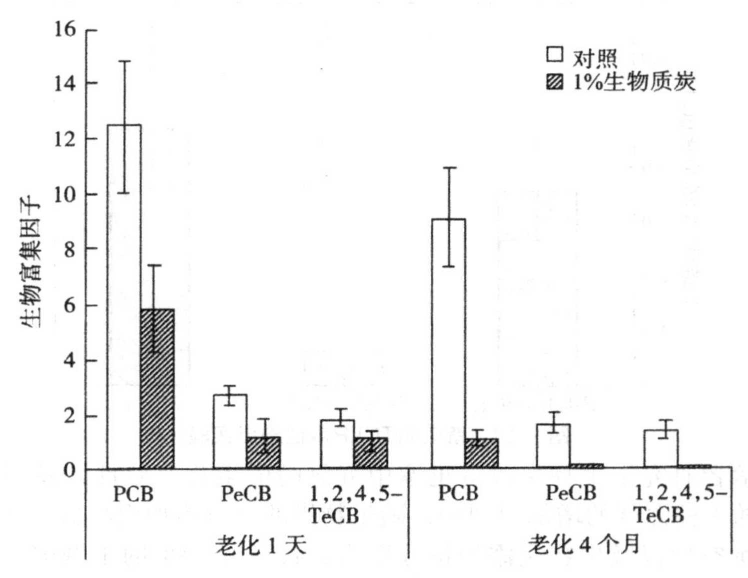

图5-13　不同老化时间下蚯蚓对氯苯的富集

（七）生物炭对土壤动植物富集农药的影响

土壤中残留的农药与土壤颗粒相互作用，只有通过再次解吸与动植物接触并被动植物摄入，才会对动植物产生毒害作用，并不是残留的农药全部都是有害的。因此，土壤中农药对动植物的生物有效性既是评价农药残留对环境污染程度和毒性作用的指标，也是制定污染基准和修复基准的指标。

通过毒性特征沥滤方法（TCLP）进行毒性浸出实验检验土壤添加生物炭后对有机物的锁定效果（如图5-14所示），分别以竹子和甘蔗渣为原料，经过450℃热解制备生物炭，分别记作BB450和BG450。BB450-土壤体系浸出液中新诺明的浓度是对照土壤浸出液的76%，而BG450-土壤体系浸出液中新诺明的浓度为对照土壤浸出液的14%。说明添加生物炭不仅可以降低新诺明在土壤中的移动性，同时降低了其生物有效性。

使用有机溶剂萃取土壤中的有机污染物，是评价土壤中污染物生物有效性的手段之一。有学者通过有机溶剂萃取来评价土壤添加生物炭后六氯苯的生物有效性，发现使用羟丙基-β-环糊精（HPCD）和丁醇对六氯苯的萃取率均比未添加生物炭时降低，且HPCD的萃取率比丁醇更低。这主要是由于丁醇萃取六氯苯直接与土壤和生物炭颗粒接触，使六氯苯重新分配，而HPCD萃取则是先将六氯苯从土壤和生物炭颗粒解吸溶解到水中，然后再被HPCD捕获。

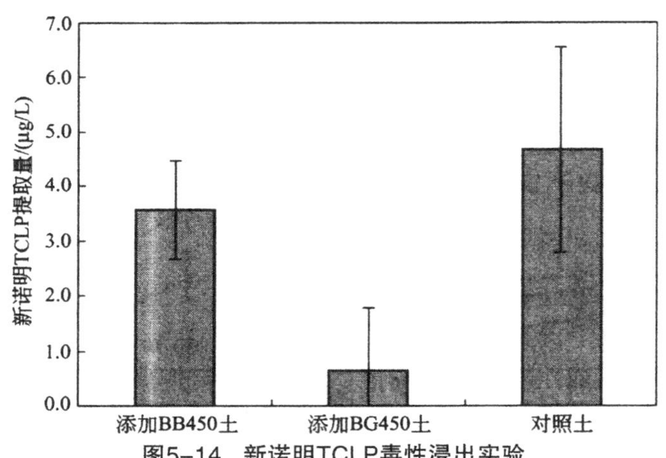

图5-14 新诺明TCLP毒性浸出实验

有学者研究了生物炭改良土壤中五氯酚的生物有效性，发现五氯酚萃取量随土柱深度的增加而增加，随生物炭的含量增加而降低。实验结束后，土壤空白以及生物炭添加量分别为1%、3%、5%的土壤中，五氯酚的甲醇萃取率分别为98%、84%、72%、45%；而五氯酚的水萃取率仅为40%、26%、23%、14%。表明添加生物炭能降低土壤中五氯酚的生物有效性，特别是5%的添加量时的生物有效性最低，主要是由于添加生物炭增加了整个体系的比表面积和孔隙度，进而增加了体系对五氯酚的吸附。此外，实验土壤呈酸性（pH值为5.15），五氯酚在酸性条件下呈阳离子状态，土壤显负电性，更有利于五氯酚的吸附。

如图5-15所示，在添加生物炭土壤中$CaCl_2$和TCLP可提取的阿特拉津明显降低，随着生物炭的添加量和处理时间的增加提取量降低。210d后，$CaCl_2$可提取量降低66%～81%，TCLP可提取量降低53%～77%。阿特拉津的提取量与土壤有机碳呈负相关，表明阿特拉津主要被土壤有机碳吸附固定。此外，电池回收厂土壤比射击场土壤含有更多的溶解性有机质（3220mg/kg和191mg/kg），由于溶解性有机质的空间位阻和孔堵塞作用降低了阿特拉津的吸附，因此，BR土壤可提取的阿特拉津更多。

有机溶剂萃取评价生物有效性的方式可能会与实际情况有所偏差，通过动植物摄取、富集的方式更能够很好地模拟实际环境中的生物有效性。添加生物炭后，蚯蚓体内的六氯苯浓度和生物-沉积物富集因子（BSAF）均明显降低（如图5-16所示）。疏水性有机物可穿透蚯蚓的表皮在其体内富集，在添加生物炭的土壤中，六氯苯的低积累可能是由于生物炭的强吸附造成土壤液相中六氯苯浓度的降低，减少了与蚯蚓的有效接触。生物炭添加入土壤后，会与土壤有机质和矿物充分接触，使其对六氯苯的作用方式有别于其单独在水中的作用方式。在生物炭-土壤体系中，有机污染物能被土壤中的溶解性有机质吸附，增加了有机污染物的溶解度，而且土壤释放的溶解性有机质也能被生物炭吸附，与有机污染物竞争生物炭的吸附点位，这些均能增强有机污染物的生物有效性。然而，经过长期作用，土壤矿物可能覆盖在生物炭表面，使吸附到生物炭孔中的化合物不能再次释放，将污染物锁定，造成生物有效性的长期降低。

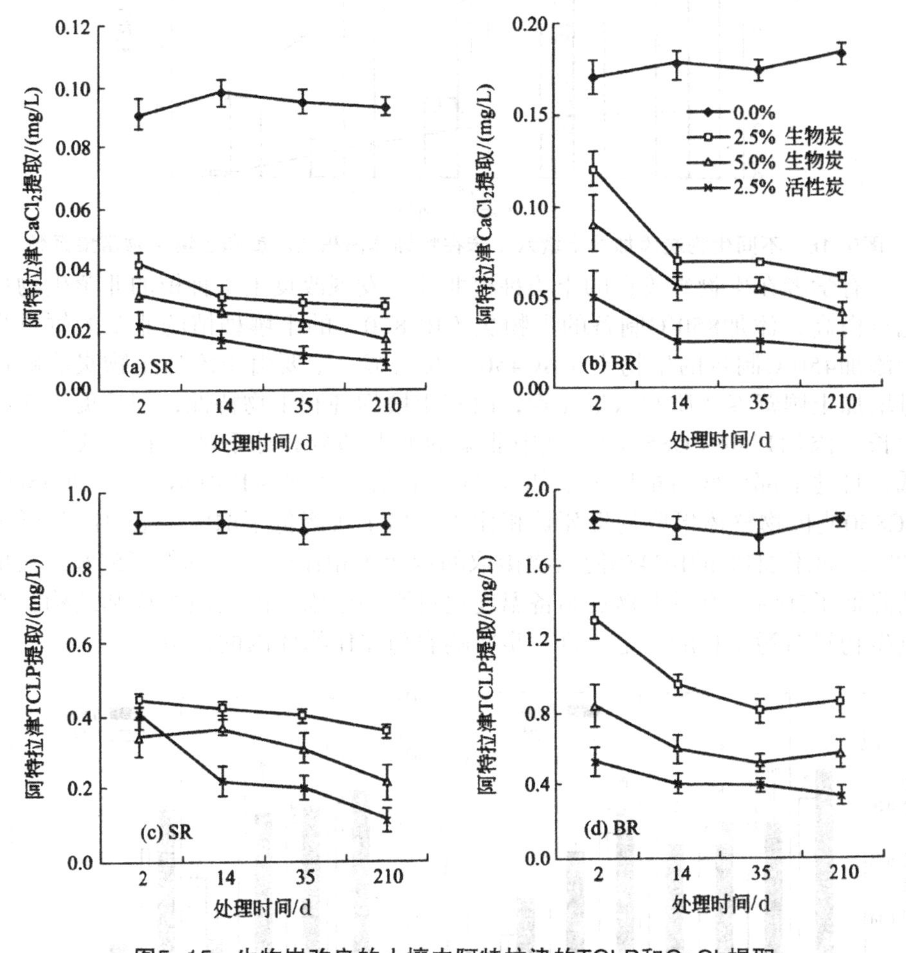

图5-15 生物炭改良的土壤中阿特拉津的TCLP和$CaCl_2$提取

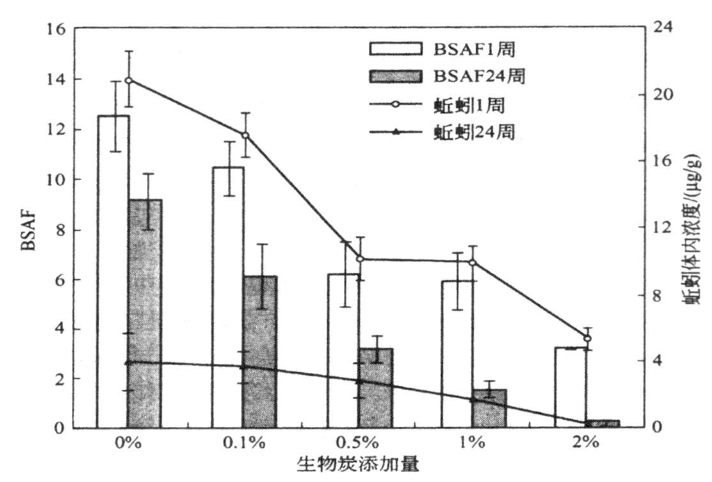

图5-16 不同生物炭添加量土壤六氯苯在蚯蚓体内积累浓度和土壤生物富集系数

有学者在生物炭改良的土壤种植韭菜，发现改良土壤种植的韭菜生物量比空白高，添加850℃制备的生物炭（BC850）的土壤种植的韭菜的鲜重高于添加450℃制备的生物炭（BC450）的土壤，主要由于添加生物炭能够通过增加土壤营养物质和微量元素，改善土壤物理和生物特性，间接促进作物生长。添加1%的BC850的土壤中韭菜的地上部分和地下部分农药残留均降低，且地上部分残留量比地下部分低6～45倍（如图5-17所示）。添加1%的BC850使植物整体摄取的毒死蜱相比于空白土壤降低了81%，氟虫腈降低了52%，而添加1%的BC450使植物摄取的毒死蜱相比于空白降低了56%，氟虫腈降低了20%。说明生物炭制备温度通过影响生物炭的物质组成和结构，影响生物炭对污染物的锁定，进一步影响农药在作物体内的残留。

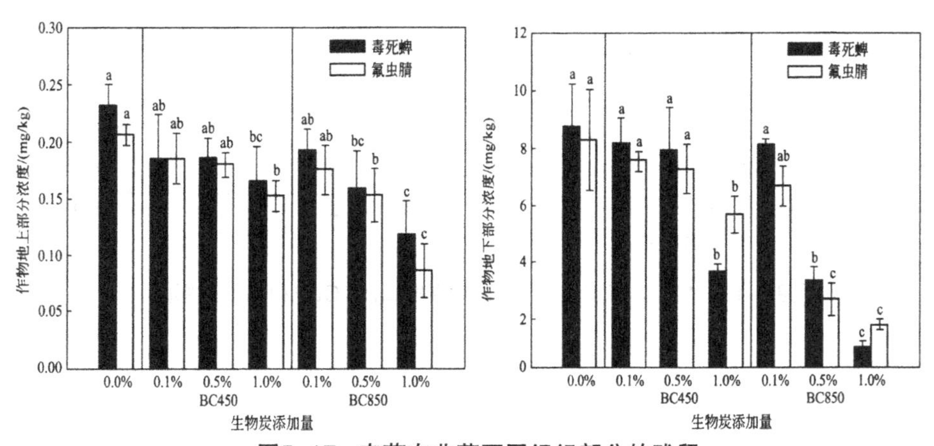

图5-17 农药在韭菜不同组织部分的残留

通过研究生物炭改良土壤种植的黄瓜对农药的摄入，发现未加生物炭的土壤种植的黄瓜体内狄氏剂含量为0.055mg/kg鲜重，加入0.220kg木片热解450℃制备的生物炭（WC450）后，黄瓜体内狄氏剂含量降低到0.005mg/kg鲜重，而添加等量的水稻生物炭和竹炭后，黄瓜体内狄氏剂含量则为0.045mg/kg鲜重（如图5-18所示）。研究不同类型木片制备的生物炭对黄瓜摄入狄氏剂的影响，发现添加0.110kg WC450后，黄瓜体内狄氏剂的含量与不加生物炭的空白相比降低到0.040mg/kg鲜重，添加WC1000（木片在1000℃制备的生物炭）后，黄瓜体内狄氏剂含量降到0.020mg/kg鲜重，而添加WC1000C（粉碎的WC1000）后黄瓜对狄氏剂富集更低，体内含量降至0.004mg/kg鲜重。木片高温热解且经过粉碎的生物炭效果最好，WC1000的比表面积比WC450增加了75倍，黄瓜中摄取的狄氏剂降低了50%，WC1000C比WC1000的比表面积增加1.4倍，摄入的狄氏剂降低了80%。

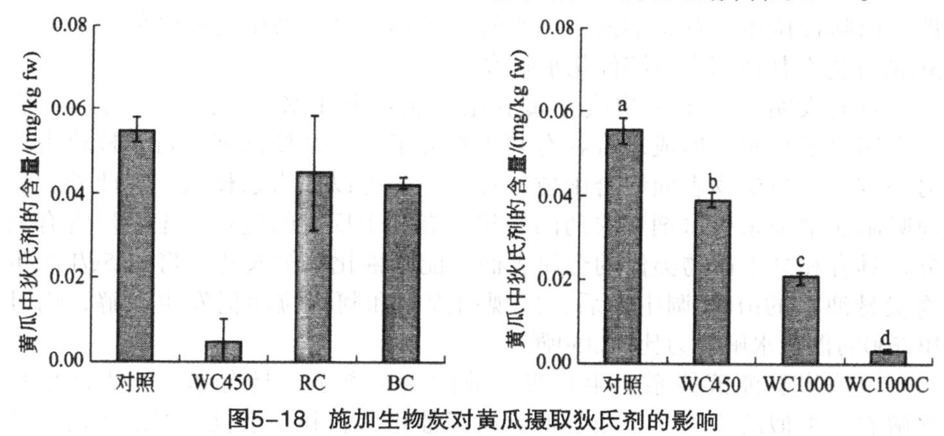

图5-18　施加生物炭对黄瓜摄取狄氏剂的影响

（八）生物炭对农药的水解作用

水解反应是农药在环境中非生物降解的主要途径之一。通常情况下，水分子或羟基作为亲核试剂攻击农药分子的碳中心原子，发生亲核取代反应，使可取代基团从碳中心离去，称为水解反应。一些农药，如氨基甲酸酯类杀虫剂在碱性条件下不稳定，易发生碱催化水解反应。生物炭具有较高的阳离子交换量，其pH值呈碱性，为催化水解农药提供了可能。

有学者研究了猪粪制备的生物炭对西维因和阿特拉津的水解（如图5-19所示），发现西维因在生物炭悬浊液中的水解比阿特拉津显著，且水解反应程度与生物炭热解温度和添加量有关，7d水解率达到90.6%。而阿特拉津除了在添加12.5g/L 700℃制备的生物炭的悬浊液中，7d水解率达到63.4%，在其他实验组中的水解率均低于20%。

猪粪制备的生物炭灰分含量较高，与体系中的水分子反应，使体系的

pH值升高。添加1.25g/L BC350和BC700的悬浊液pH值分别为7.1和7.6，而添加12.5g/L生物炭pH值明显升高，BC350和BC700分别为7.9和9.1。西维因是氨基甲酸酯杀虫剂，羟基离子作为亲核试剂攻击酯键上的碳，水解为萘酚。pH值升高是生物炭水解西维因的主要机理。阿特拉津在强碱或强酸溶液中会发生水解反应。而除了添加了12.5g/L BC700的体系外，其他实验组的pH值均未能有效地催化水解阿特拉津。

为了进一步探讨生物炭催化水解农药的机理，我们研究了农药在与相应的生物炭悬浊液pH值相同的背景溶液中的水解。发现在pH值为6.5时，西维因水解缓慢，7d水解率低于14.5%，而pH值为9.1时，西维因迅速水解，24h后达到86.5%。但是，阿特拉津水解很微弱，在pH值为9.1的背景溶液中，7d降解率低于20%，与生物炭悬浊液相比，西维因在背景溶液中的水解率有所增加，这是由于生物炭对农药的吸附作用降低了化学反应的有效性。而阿特拉津在背景溶液中的水解比生物炭悬浊液中有所降低，表明除pH值外仍有其他因素能够催化水解农药。

研究表明，黏土矿物或金属氧化物能够催化水解农药。一方面，表面金属原子与农药形成络合物有利于水分子作为亲核试剂进行亲核攻击，另一方面，与矿物表面结合配位，羟基离子可以作为亲核试剂。此外，表面吸附能增加亲核试剂和农药的聚集，有利于反应的进行。生物炭含有灰分，具有和黏土矿物类似的金属表面，能够催化水解农药。将12.5g/L的生物炭悬浊液的pH值调中性后，发现西维因和阿特拉津仍发生水解，而且BC700的催化水解能力比BC350强。

生物炭悬浊液体系中生物炭释放的金属离子，具有和矿物表面催化水解农药类似的机理。金属类似于质子催化，有利于亲核试剂的攻击。其次，离去基团与金属中心的反应促进离去基团的分离。再次，亲核试剂与金属中心结合具有比水更强的亲核性。将生物炭从悬浊液中分离，发现西维因的水解在生物炭浸出液中仍然发生，即使将pH值调至中性，西维因仍然水解，且7d水解率达到40%。而阿特拉津在浸出液中水解微弱，各实验组中的7d水解率均低于12%。

综上所述，生物炭能够催化水解农药，催化水解的能力与生物炭本身的性质及农药性质有关，生物炭对农药的催化水解机理如图5-20所示。对于西维因，溶液pH值的升高是主要因素，生物炭的金属矿物表面及释放的金属离子也能够提供亲核试剂，促进水解的进行。而对于阿特拉津，生物炭的金属矿物表面是催化水解的主要因素。

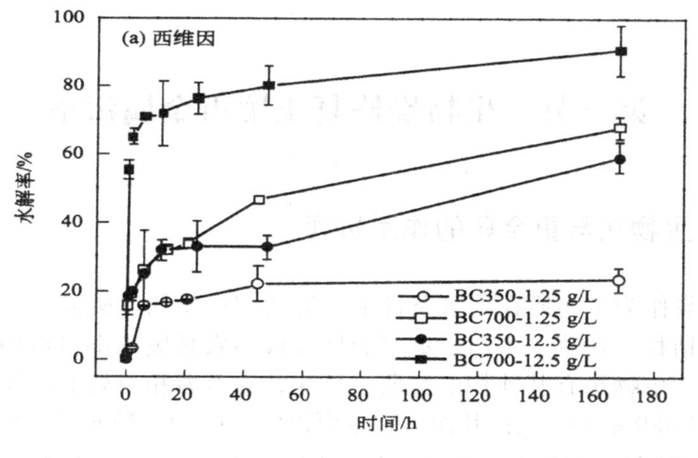

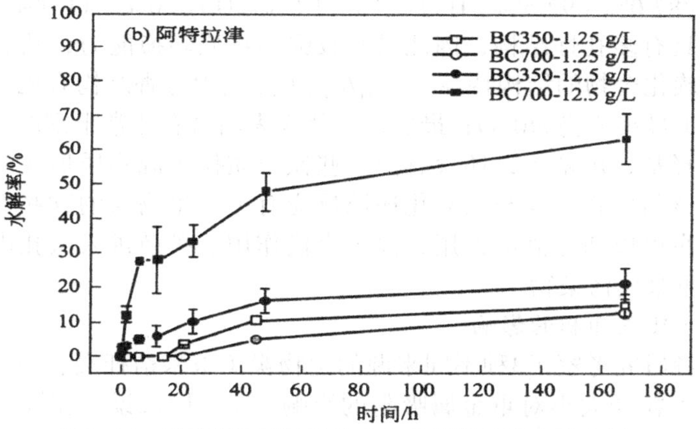

图5-19　西维因和阿特拉津在生物炭悬浊液中的水解

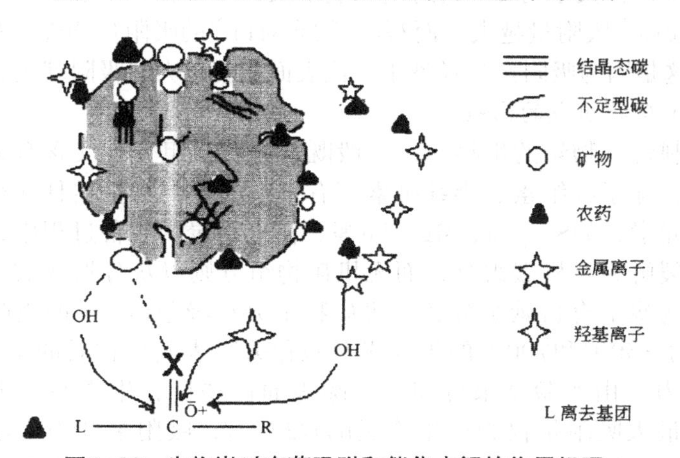

图5-20　生物炭对农药吸附和催化水解的作用机理

第三节　生物炭修复土壤重金属污染

一、生物炭与重金属的作用机理

生物炭作为生物质在限氧条件下高温裂解产生的富碳固体，其来源非常广泛，秸秆、杂草、木屑、禽畜粪便等许多农林废物都可以用于生产制备生物炭。生物炭有其独特的性质：首先，它有着相对较高的比表面积，平均大约为(89 ± 2)m^2/g；其次，它主要以C、H、O三种元素组成，各元素含量是C为87.0%～92.5%、H为1.2%～1.6%、O为6.0%～11.0%；再者，生物炭表面具有多孔性结构，因此具有较强的物质转换能力；然后，生物炭具有芳香族化合物的结构特性，C_{arom}/C_{rog}（黑炭中芳香结构有机碳与总有机碳的比值）最小值仍为0.89；最后，生物炭表面含有非常丰富的官能团，如羧基、酚羟基、羰基等，还含有由一些铁杂质作为源物质形成的铁碳核，这些铁碳核与生物炭参与的氧化还原反应有关。生物炭的这些性质，均决定了生物炭可以通过静电作用、离子交换作用、扩散进入微孔内部表面等方式吸附重金属污染物。

（一）比表面积的影响

有学者研究考察了3种不同来源的生物炭（玉米秸秆炭、小麦秸秆炭和花生壳炭）粒径大小对重金属吸附的影响。对Cd^{2+}来说，相同投加量下，玉米秸秆炭粒径大小对Cd^{2+}吸附量影响不大，小麦秸秆炭和花生壳炭粒径越小，其单位Cd^{2+}吸附量越大。而3种生物炭对Pb^{2+}的吸附量均随其粒径的增大而下降。这是因为吸附剂粒径越小，比表面积就越大，吸附就更容易进行。

（二）矿物组成的影响

用于制备生物炭的生物质，一般既含有有机组分，又含有无机矿物组分。例如，除了纤维素、半纤维素等有机组分外，水稻秸秆往往含有一些无机矿物元素，如Si、Ca、Mg、Fe等。在生物炭的制备过程中，有机组分会逐渐被裂解为有机碳组分，而无机矿物组分则以灰分形式被保留下来。为分析生物炭上有机碳组分和无机矿物组分在吸附Pb^{2+}中的贡献，有学者比较研究了350℃和700℃的生物炭及酸化去除表面矿物后的生物炭对Pb^{2+}的吸附能力。由实验结果可知，去除表面矿物后，生物炭的吸附能力显著下降，最大吸附量仅为原生物炭的1/2左右；吸附亲和力为原生物炭的1/50～1/10。这表明生物炭上的无机矿物组分在Pb^{2+}吸附中起重要作用，且无机矿物组分对Pb^{2+}的吸附容量与吸附亲和力都高于有机碳组分。表5-5，列出了二氧化硅、氧化锰等一些无机矿物对Pb^{2+}的吸附参数。350℃、500℃和700℃下烧制的秸秆生物炭对Pb^{2+}的最大吸附量和吸附亲和力与中孔硅、菱铁矿、膨润土和破缕土等无机矿物和牛粪生物炭的吸附参数接近，都在同一个数量级内。

表5-5　一些无机矿物、生物质和生物炭对Pb^{2+}的Langmuir等温吸附参数

吸附材料	Q_m/（mg/g）	b/（L/mg）
硅胶	1.86	0.238
中孔硅	85.3	0.163
菱铁矿	10.3	0.418
δ-MnO_2	294	0.412
无定形MnO_2	345	73.9
膨润土	80.7	0.259
破楼土	62.1	0.75
牛粪生物质	109.4	0.023
牛粪生物炭（200℃下制备）	132.8	0.212
牛粪生物炭（350℃下制备）	93.7	0.296
水稻秸秆生物质	12.8 ± 3.9	0.214 ± 0.176
水稻秸秆生物炭（350℃下制备）	65.3 ± 6.9	0.270 ± 0.103
水稻秸秆生物炭（500℃下制备）	85.7 ± 5.4	0.613 ± 0.137
水稻秸秆生物炭（700℃下制备）	76.3 ± 3.6	1.770 ± 0.430
脱灰分水稻秸秆生物炭（350℃下制备）	29.6 ± 1.0	0.0256 ± 0.0180
脱灰分水稻秸秆生物炭（700℃下制备）	38.2 ± 1.4	0.0372 ± 0.0031
活性炭	20.9	0.010
活性炭	32.7 ± 2.6	0.0432 ± 0.0078

（三）表面结构的影响

从生物炭的表面多孔性结构考虑，生物炭为高度稳定的炭质有机物，呈碱性，表面具有大量微小孔隙，同时带有大量的表面负电荷以及高的电荷密度，这些性质与活性炭类似，因而，对水、土壤或沉积物中的极性或非极性有机污染物以及重金属都有较好的吸附固定作用。可作为一种表面吸附剂，在控制环境污染方面起重要的作用。

（四）芳香性的影响

考虑生物炭的芳香性结构，有学者测定了黑炭阳离子交换量，研究了黑炭对汞（Hg^{2+}）、砷（As^{3+}）、铅（Pb^{2+}）、镉（Cd^{2+}）离子的吸附热力学以及吸附、解吸动力学特征。结果表明，黑炭对Hg^{2+}、As^{3+}、Pb^{2+}、Cd^{2+}的等温吸附是非线性表面吸附，可用Langmuir方程拟合；吸附动力学过程包括吸附快反应阶段和慢反应阶段，可用动力学一级方程和双常数速率方程描述。黑炭吸附的Hg^{2+}、As^{3+}、Cd^{2+}非常容易解吸，30min内洗脱率高达85%以上，这是因为黑炭表面的高度芳香化与化学惰性导致对Hg^{2+}、As^{3+}、Pb^{2+}、Cd^{2+}的吸附可能是吸附亲和力极弱的非静电物理吸附主导，而这种吸附是可逆的。

（五）含氧官能团的影响

生物炭与活性炭，甚至还有碳纳米管类似，它们表面含有大量的含氧官能团（特别是羧基），在水溶液状态下这些基团可以大大增加对重金属离子的吸附。有研究发现，活性炭对Cd^{2+}的吸附程度取决于活性炭的臭氧化程度（高流速的臭氧气流导致被处理活性炭等电点降低），在高于等电点情况下，静电吸附起着重要作用。在生物炭的制备过程中，特殊的条件导致了其表面含氧官能团的产生，除了利用硝酸、高锰酸钾、双氧水、过硫酸铵、空气、臭氧来人为氧化，生物炭在自然土壤环境中也经历着慢速但是可以检测出的原位氧化，最终导致羧基、酚羟基和其他表面含氧官能团的形成。

有学者研究了酸化去表面矿物后生物炭对Pb的吸附特性，其等温吸附曲线与活性炭类似，最大吸附量和吸附亲和力参数都与活性炭相近。有学者认为，金属离子在活性炭上的吸附机理是重金属与活性炭离子化含氧官能团（—COO—、—O—）或C—C键（μ电子）相互作用的结果。有学者认为，Pb^{2+}与活性炭的作用机制包括以下3种：

$$\rangle C{:}+Pb^{2+} \longrightarrow \rangle C{:}+Pb^{2+} \quad (\pi\text{电子-阳离子的相互作用})$$

$$\rangle C-COOH + Pb^{2+} + H_2O \longrightarrow \rangle C-COOHPb^{+} + H_3O^{+}$$

$$\rangle C-OH + Pb^{2+} + H_2O \longrightarrow \rangle C-OPb^{+} + H_3O^{+}$$

Pb^{2+}在酸处理后生物炭上的吸附性能与活性炭的相似性说明，Pb^{2+}在生物炭有机碳组分上的吸附过程与活性炭存在类似的机制。生物炭、酸处理生物炭的红外谱图能进一步说明矿物组分与有机碳组分在吸附Pb^{2+}过程中的作用。水稻秸秆生物炭、去灰分水稻秸秆生物炭的红外光谱如图5-21所示。水稻秸秆生物炭含有丰富的官能团，3200～3665cm^{-1}宽吸收峰来自羟基O—H的伸缩振动，2927cm^{-1}和2856cm^{-1}处分别为脂肪性CH_2的不对称和对称C—H伸缩振动峰，1700～1740cm^{-1}处吸收峰主要源于羧酸C—O伸缩振动吸收，1613cm^{-1}处为芳环的C—C、C—O伸缩振动峰，1081cm^{-1}、797cm^{-1}和466cm^{-1}处的吸收峰对应Si—O—Si的振动吸收。生物炭RC350同时含有—OH、羧酸C—O、芳环的C—C和C—O，以及无机Si—O—Si；而RC500和RC700含有—OH、芳环的C—C和C—O及无机Si—O—Si。随着裂解温度的升高（100～700℃），秸秆生物炭在2000～3665cm^{-1}、2927cm^{-1}、2856cm^{-1}、1700～1740cm^{-1}、1613cm^{-1}上的吸收峰逐渐减弱或消失，而在1081cm^{-1}、797cm^{-1}和466cm^{-1}处的吸收峰逐渐凸显。这表明秸秆生物质的有机碳组分会随着裂解温度的升高而逐渐减少，而SiO_2等无机矿物组分则会被富集下来。生物炭RC350、RC500和RC700的产率分别为22.8%、30.1%、27.4%。有学者通过研究表明，水稻秸秆中Si含量为（7.39%±1.24%），据此，估算得到RC350、RC500和RC700中SiO_2的含量可达46.8%、52.5%和57.7%，而且有报道SiO_2对Pb^{2+}有很强的吸附作用。因此，生物炭中吸附Pb^{2+}的主要矿物组分可能是裂解过程中产生的SiO_2。通过调节裂解温度等制备条件来改变矿物组分在生物炭上的存在状态，可能是提高生物炭对重金属离子吸附能力的一条途径。这一方面的工作有待进一步开展。

酸处理后生物炭有机和无机官能团的相对含量发生了变化。与700℃烧制生物炭（RC700）比较，去灰分生物炭（RC700-DA）在1081cm^{-1}、797cm^{-1}和466cm^{-1}处的Si—O—Si吸收峰相对减弱，而在1613cm^{-1}处的芳环C—C、C—O伸缩振动峰的强弱变化不明显。与此类似，相较于350℃烧制生物炭（RC350），去灰分生物炭（RC350-DA）在1081cm^{-1}、797cm^{-1}和466cm^{-1}处的Si—O—Si吸收峰减弱，而3000～3665cm^{-1}、2927cm^{-1}、2856cm^{-1}、1613cm^{-1}处的有机碳组分吸收峰强度相对变化不明显（在1700～1740cm^{-1}处羧酸C—O吸收峰甚至有所增强）。这表明，酸处理后生物炭中大部分有机碳组分得以保留，而无机矿物SiO_2的含量相对减少。酸处理前后生物炭上—OH、—COOH和芳环C—C的存在揭示了生物炭中有机碳组分可能与Pb^{2+}的作用方式与活性炭类似的原因。经过盐酸和氢氟酸的反复清洗，生物炭表面的大部分无机矿物（如SiO_2）被去除，从而使生物炭对Pb^{2+}的吸附能力下降，包括吸附量的减少和吸附亲和力的降低。酸处理后生

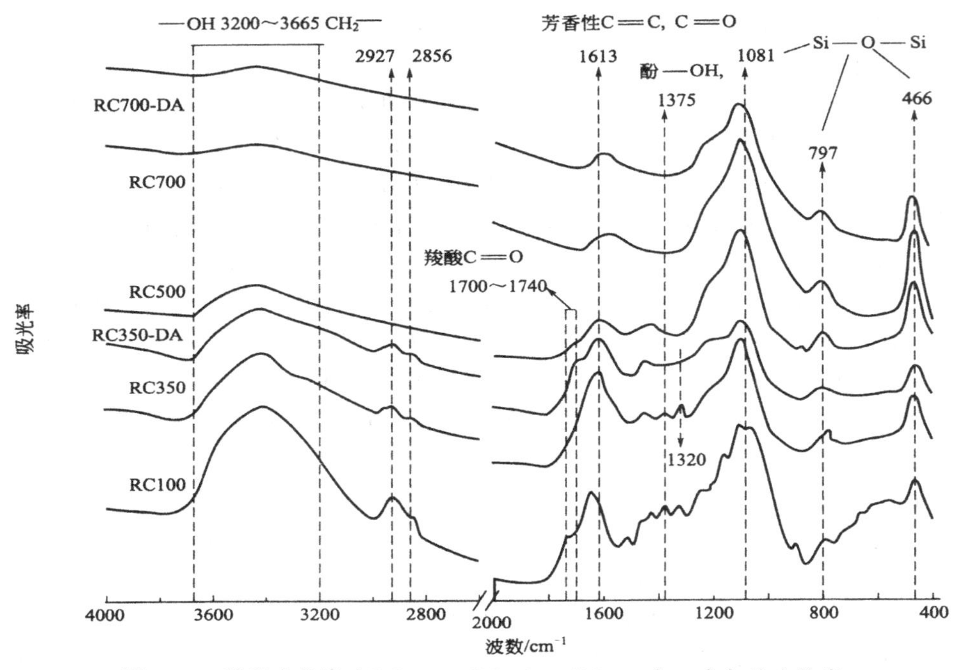

图5-21　秸秆生物炭（RC300、RC500、RC700）、去灰分生物炭（RC350-DA、RC700-DA）的红外谱图

物炭中表面有机官能团状态可能发生变化，但其吸附实验是在一定的溶液pH值下进行，因此，不管是否酸处理，生物炭中有机组分吸附活性是一致的；同时，酸处理后生物炭的吸附能力与未处理的活性炭接近，间接支持去灰分前后生物炭中的有机组分是可以类比的。

二、不同来源对生物炭吸附能力的影响

由于原材料、技术工艺及热解条件等的差异，生物炭在结构、pH值、挥发分含量、灰分含量、持水性、表观密度、孔容、比表面积等理化性质上表现出非常广泛的多样性，进而使其具备不同的环境效应和环境应用。目前，学界普遍认为生物炭的原材料和热解温度对炭质理化性质和环境功能影响最为显著。

根据生物质材料的来源，生物炭可以分为木炭、竹炭、秸秆炭、稻壳炭、动物粪便炭等，前体原料成分是决定生物炭组成和性质的基础。总的来说，主要表现为以下几个方面：

（1）动物源生物炭与植物源生物炭相比，C/N比较低，灰分含量更

高，导致生物炭的阳离子交换量和电导率更高，因而使得动物源生物炭比植物源生物炭对重金属离子有着更高的吸附能力。

（2）动物源生物炭磷元素的含量高于植物源生物炭，藻类源生物炭的理化性质与动物源生物炭接近。有学者研究发现，Pb^{2+}在牛粪生物炭上的主要吸附机理是Pb^{2+}与Pb_4^{3-}之间的相互作用，形成不溶的$Pb_5(PO_4)_3(OH)$，因而动物源生物炭对Pb等重金属离子具有更高的亲和力。

（3）植物源生物炭中，木材来源生物炭的C元素含量高于其他材质，导致其C/N比也相应较高；同一植物的不同部分，元素含量也存在着差异。

有学者研究了小麦秸秆、花生壳和玉米秸秆3种不同作物来源的生物炭对水溶液中Cd^{2+}和Pb^{2+}的吸附。吸附等温线均表现为，对金属离子的吸附量随其水相平衡浓度的增加而增加，水相平衡浓度较低时，生物炭吸附量随其增加较快，但当水相平衡浓度增至一定值时，吸附量随其增加较慢，最后达到饱和。其中，玉米秸秆炭对Cd^{2+}和Pb^{2+}的吸附能力最高，小麦秸秆炭和花生壳炭差异不大，具有相似的曲线特征。不同生物炭对Cd^{2+}和Pb^{2+}的吸附能力的差异可能与其有机质含量不同有关，这与土壤对重金属的吸附与其有机质含量之间的关系相类似。3种生物炭对Cd^{2+}的饱和吸附量大小顺序与其阳离子交换量大小顺序相一致，但对Pb^{2+}的饱和吸附量的大小顺序却与阳离子交换量顺序不一致，这是由于生物炭对Pb^{2+}的吸附量不单单由阳离子交换量所决定，还与有机质含量等多种因素有关，这与黏土矿物对重金属的吸附相类似。

有学者研究了不同种类生物炭对重金属的吸附能力与生物炭表面特征的关系，研究了露天焚烧制备的两种生物炭样品（水稻生物炭与小麦生物炭）与活性炭对Pb的吸附能力。与活性炭相比，露天焚烧制备的生物炭比表面积和孔隙度都较低，但是具有较高的H和O含量，这说明生物炭比活性炭表面含有更丰富的含氧官能团，即羧基、内酯和酚羟基等。通过测量水稻生物炭和小麦生物炭的比表面积、表面酸度、Zeta电位、含氧官能团，以及通过MINTEQA2来计算不同pH值的溶液中铅的形态，确定在不同的pH值条件下和不同的盐浓度的溶液中生物炭对铅离子的吸附量，得出以下几点结论：

（1）与活性炭相比，生物炭是由焚烧作物秸秆得到的，有着低的表面积，但是高的表面酸度，因此就有低的等电位点，这是由于缺乏焚烧后的活化。

（2）生物炭对重金属的吸附是由于金属正电荷和生物炭表面负电荷之间的静电作用产生的，pH值的上升增加酸性官能团的解离，因而增加了重金属的吸附，然而盐的存在阻碍了其吸附，这是基于共存阳离子的筛查作用，中和了生物炭表面的负电荷。土壤中的腐殖质可能会强烈地吸附到生物炭表面，从而影响碳的表面电荷性质，影响其对重金属的吸附。

（3）土壤中的生物炭是很强的吸附剂，但对重金属的吸附受土壤条件的影响很大，土壤环境条件可能决定重金属在土壤中的行为。

（4）水稻秸秆生物炭和小麦秸秆生物炭均为植物秸秆炭，对Pb的吸附能力差异并不明显，这说明具有相似性质的生物质所制备的生物炭的性质差异不大。

有学者研究了植物来源和动物来源两种不同生物炭对Hg和Pb的吸附行为。在350℃厌氧条件下，分别以玉米秸秆和猪粪两种原料制备两种来源的生物炭，即玉米秸秆生物炭和猪粪生物炭。结果发现，玉米秸秆生物炭对Hg的吸附能力远远大于猪粪生物炭，而对Pb的吸附则相反，猪粪生物炭的吸附能力比玉米秸秆生物炭强。用Zeta电位仪测定两种生物炭的等电点，得到玉米秸秆生物炭和猪粪生物炭分别为1.9和3.2，因而在实验条件下（pH=5）玉米秸秆生物炭的负电性大于猪粪生物炭，并且在实验条件下玉米秸秆生物炭的平均粒径比猪粪生物炭要小，这都解释了对于Hg，玉米秸秆生物炭的吸附能力大于猪粪生物炭的原因。而由FTIR光谱研究发现，猪粪生物炭表面含有PO_4^{3-}官能团，有学者研究发现，Pb^{2+}在牛粪生物炭上的主要吸附机理是Pb^{2+}与PO_4^{3-}之间的相互作用，形成不溶的$Pb_5(PO_4)_3(OH)$，这就解释了动物源生物炭比植物源生物炭对Pb具有更高的亲和力的原因。

三、不同处理温度的影响

随着热解温度的升高，生物炭芳香化程度增高，极性降低，比表面积增大，微孔结构发育趋向完善。生物炭表面的总酸性官能团数量则随制备温度的升高而减少，总碱性官能团则增加，生物炭表面由酸性向碱性变化，相应地，其等电点也随之升高。

有学者研究了不同温度（350℃、500℃和700℃）处理下秸秆生物炭对Pb^{2+}的吸附作用。总体上来看，三种温度制备的生物炭在最初的10h内，吸附速率较快，之后便很快趋于平衡；20h后吸附量不再明显增加，达到表观平衡状态。Pb^{2+}在生物炭上的吸附动力学可以用准一级动力学方程很好地拟合。准一级动力学模型拟合得到的吸附速率常数（k_1）可以反映吸附过程的快慢。动力学速率常数值越大，表明吸附过程达到平衡越快，达到平衡所需时间越短。从拟合结果可知，不同裂解温度制备的生物炭的k_1值存在明显的差异，裂解温度不同，生物炭对Pb^{2+}的吸附速率则不同。与原料生物质相比，Pb^{2+}在700℃制备生物炭上的吸附过程加快，而在350℃和500℃制备的生物炭上的吸附速率则变慢。生物炭对Pb^{2+}的吸附等温线则可以用

Langmuir方程很好地拟合。Pb^{2+}在生物炭上的最大吸附量约为原生物质的5～6倍，粉状活性炭的2～3倍。Pb^{2+}在700℃制备生物炭上的吸附亲和力（*b*值）明显大于原生物质，350℃制备生物炭和500℃制备生物炭与原生物质相比没有显著差异，但是远大于粉状活性炭，说明Pb^{2+}在活性炭上的吸附机制可能与生物炭存在差异。350℃、500℃以及700℃下制备的生物炭和活性炭的BET-N_2比表面积分别为161.6m^2/g、180.5m^2/g、221.1m^2/g和1036m^2/g，随着制备温度的升高，生物炭的比表面积增大，相对应地，Pb^{2+}在单位面积吸附剂上的最大吸附容量（Q_m/比表面积）为0.404m^2/g、0.475m^2/g、0.345m^2/g和0.0316mg/m^2，可见，生物炭单位面积上的有效吸附点位比活性炭高约10倍。

有学者究了在350℃和700℃下厌氧加热2h得到的两种玉米秸秆生物炭（记为BC350和BC700）对Cd^{2+}的吸附行为。不同热解温度下制得的两种生物炭的基本理化性质。从元素分析结果可以看出，BC700与BC350相比，C含量较高，H和O含量较低，表征生物炭芳构化程度的H/C比由0.059降低至0.024，表征生物炭极性程度的O/C比由0.31降低至0.19，说明较高的热解温度能够促进脂肪烃类向芳香烃类缩聚。由于原料玉米秸秆中存在大量的矿质元素，制得的生物炭含有较多灰分，其中BC700比BC350灰分含量更高。在孔隙度方面，BC700与BC350相比，SSA和孔容都增加了约15倍，这说明生物炭的微孔结构（直径%2nm）在更高温度下发育得更完善。从孔容分布图（如图5-22所示）也可以看出，BC700比BC350在微孔上具有更多更集中的孔分布，说明较高热解温度有助于生物炭微孔的开孔作用。生物炭表面富含大量的官能团。一般认为，表面酸性基团主要来自羧基、酚羟基等酸性含氧官能团，它们通过解离质子呈现酸性。BC350的表面酸性基团明显多于BC700，这与O/C比的结果是吻合的，说明在低温热解条件下，由于纤维素等前体材料分解不完全而保留了大量含氧官能团，而高温热解能使大量羧基和酚羟基高度酯化，减少可解离质子的存在。而生物炭表面碱性基团来源比较广泛，多数研究认为，对于N含量不高的生物炭（此时—NH_2等含氮碱性官能团的贡献可以忽略），其表面高度共轭的芳香结构是其呈碱性的主要原因。生物炭表面的γ-吡喃酮等多环或杂环聚集形成连续的石墨结构层，具有电子云高度密集的π电子结构，它可以作为Lewis碱与水分子形成电子供体-受体（EDA）作用，从而使生物炭呈现表观的碱性，该过程的通式可以表示为$C\pi+2H_2O \longrightarrow C\pi—H_3O^++OH^-$。BC700与BC350相比，π共轭芳香结构更加完备，表观碱性基团数量更多。

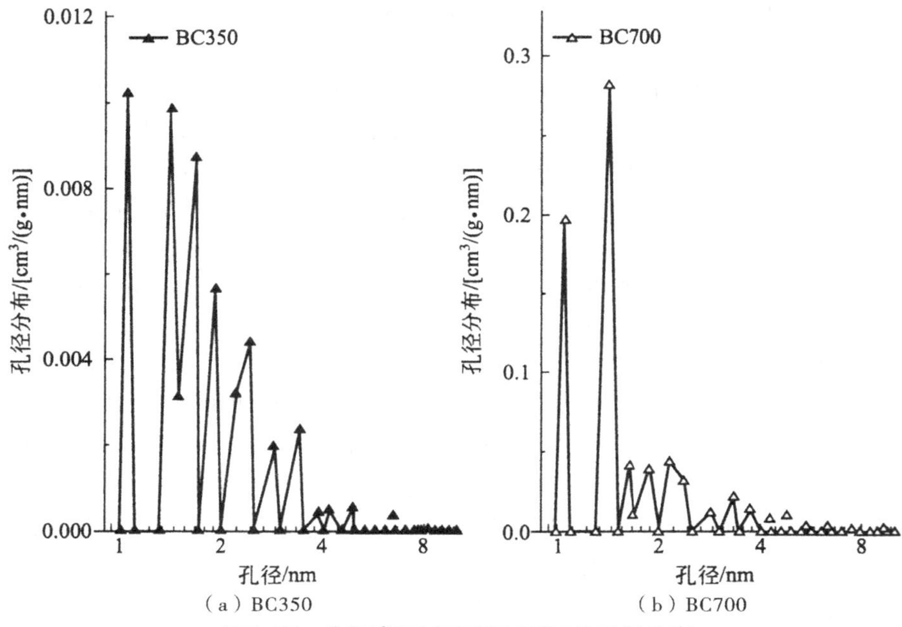

（a）BC350　　（b）BC700

图5-22　生物炭BC350和BC700的孔容分布

BC350具有大量酸性基团，在溶液中易于解离出质子，使得生物炭的零电点$PH_{ZPC}<7$；而相反地，BC700则通过不断释放OH^-，使得生物炭的零电点PH_{ZPC}达到10以上。

以One-site Langmuir和Two-site Langmuir吸附模型对Cd^{2+}的吸附等温线进行拟合，发现BC700的Cd^{2+}吸附容量大于BC350，说明BC700具有更多的吸附位点。而随后的解吸实验发现，BC700的解吸率远小于BC350，因而热解温度的升高使得所制备的生物炭对Cd^{2+}的吸附效果更好。而Two-site Langmuir方程的拟合程度优于One-site Langmuir方程，R^2达到了0.99以上，提出离子交换和阳离子-π作用两种吸附机理同时存在并共同作用，结合拟合结果，前者分别占BC350和BC700总吸附容量的13.7%和1.1%；后者分别占86.3%和98.9%，阳离子-π作用是最主要的吸附机理。而BC350与BC700相比，离子交换机理的吸附容量之比与它们对应的表面酸性基团数目之比很接近，证实了表面酸性基团对离子交换的决定作用；阳离子-π作用机理的吸附容量之比与它们对应的表面碱性基团数目之比较接近但存在一定差别，表明阳离子-π作用主要取决于表面碱性基团（主要是π共轭芳香结构），但是可能也受其他一些因素的影响（如表面积大小和芳环的共轭程度等）。BC700与BC350相比，表面酸性基团数量较少，而表面碱性官能团数量较多，因而随着制备热解温度的升高，离子交换在吸附过程中所占比例逐渐降低，而阳离子-π作用机理所占比例增大。

四、生物炭修复土壤重金属污染案例分析

（一）生物炭对土壤重金属迁移性的影响

如上所述，重金属在土壤中一般不易随水移动，很难通过微生物降解，因此累积在土壤中，并可通过食物链富集在生物体内，有的还转化为毒性更强的甲基化形态，通过食物链危害生物，进入人体内蓄积而危害人体健康。土壤一旦受重金属污染后，很难彻底去除，目前很多学者对去除重金属的各种物理、化学或生物方法做了大量的研究与治理工作，但重金属污染的防治及其污染土壤的修复仍是土壤及环境领域面临的热点和难点问题，污染土壤修复工作依然任重而道远。

生物质可通过热化学过程（快速/慢速高温分解和气化）制备炭质材料，如活性炭和炭产物（生物炭）。近些年，这些作为生物燃料目的生产的炭质材料，常作为废弃物副产物被用作原位修复土壤有机及无机污染的土壤添加剂。不管是活性炭还是生物炭，它们表面含有大量的含氧官能团，将其施加到土壤后，与土壤结合，能够显著增加土壤CEC含量，从而增强土壤的离子交换能力，使得土壤对重金属离子吸附能力增强。

目前，关于生物炭对重金属在土壤中迁移性的影响研究还比较少，而且相关研究的结果不尽相同。

大多数学者认为生物炭对土壤中的Cd、Cu、Zn等重金属有固定作用，即促使土壤中重金属从土壤迁移到生物炭上，从而降低环境风险。固定机理主要集中在生物炭对土壤pH值影响、土壤离子交换、表面络合作用等方面。研究表明，生物炭的固定作用可能是物理、化学、生物作用的共同效果。但是，也有学者认为生物炭对土壤中重金属具有相反的活化作用。

前人的研究表明，土壤中重金属的活化作用会导致土壤生物体内重金属的累积，对人体健康产生较高的暴露风险。许多研究对于生物炭对土壤中重金属Cd的影响研究结论并不一致，甚至相互矛盾。例如，一些研究结果表明施用生物炭后Cd被显著固定，而另有研究报道了生物炭对Cd固定的相反效果。因此，施用生物炭对重金属产生的影响和作用机制仍有待进一步详细的探索。

为探讨自然环境中添加生物炭的土壤中重金属Cd元素的迁移机制，我们来研究两种由玉米秸秆在不同温度下制备得到的生物炭（350℃，2h得到的生物炭记为BC350；700℃，2h得到的生物炭记为BC700），将其施用于Cd元素单一污染和Cd-Zn（浓度比分别为1：10和1：50）、Cd-Cu（浓度

比分别为1：10和1：50）复合污染的土壤。以$CaCl_2$溶液模拟土壤溶液进行淋滤实验发现（如图5-23所示），与对照相比加入BC350和BC700的土柱滤液中Cd含量分别提高了78%和87%，说明在Cd单一污染的土壤中施用生物炭可能会加强Cd的溶解性和移动性。但是，采用连续提取法利用$CaCl_2$溶液反复浸提土壤直至浸提液中Cd含量达到平衡的方法测算土壤可交换Cd库的总容量，由图5-23可以看出，施加生物炭与否对Cd的最大淋出量并无显著差异，说明施加生物炭对土壤可交换Cd库的总容量不会产生影响。相应的释放动力学研究发现，在淋滤的初始阶段Cd会迅速大量释放，之后剧烈下降达到稳定；而连续提取过程中提取液浓度在整个过程中保持稳定，未出现峰值，释放过程进行得缓慢而均匀。这就说明了土壤可交换Cd库中的Cd在土壤基体上的吸附可能决定于两种亲和力不同的结合作用：一种是松散的，另一种是紧密的。松散结合的Cd在自然透水条件下容易被释放，而与土壤基体紧密结合的那部分Cd不易淋滤出来。两种生物炭的加入均增加了Cd向松散结合态转化的趋势，增强了Cd的生物有效性，从而增大生物体的暴露风险。

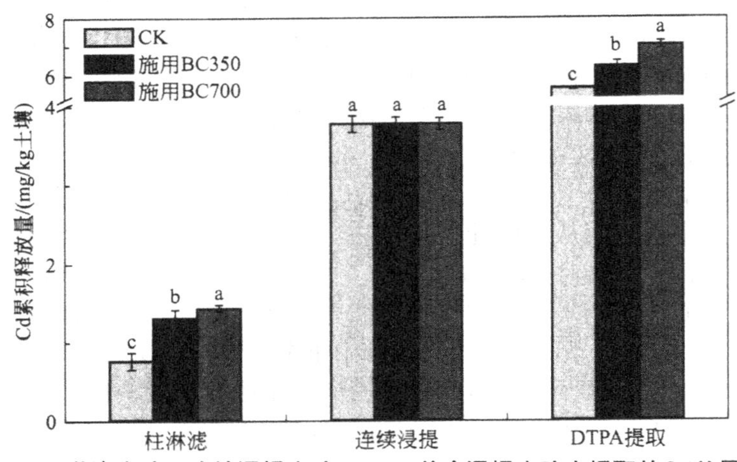

图5-23　淋滤实验、连续浸提实验、DIPA单次浸提实验中提取的Cd总量对比

环境是一个复杂的体系，多种污染物往往共同存在，不可分割。对Cd-Zn、Cd-Cu复合污染的土壤进行淋滤的结果如图5-24所示。在Cd-Zn复合污染体系中，由于Cd和Zn在土壤基体表面存在吸附竞争，Zn的存在能够明显增加Cd的溶出，而施用生物炭可以进一步增强这种活化作用，并且BC700比BC350的增强作用更为明显；在Cd-Cu复合污染体系中，由于Cd和Cu在基体表面吸附的协同作用，Cu的存在能够有效提高土壤固持Cd的能力，添加生物炭反而会削弱这种固持效果，甚至可能造成Cd的重新活化，并且

BC350比BCT00的削弱作用更为明显。上述两种情况下，施用生物炭都增大了生物体对于土壤环境中Cd的暴露风险。

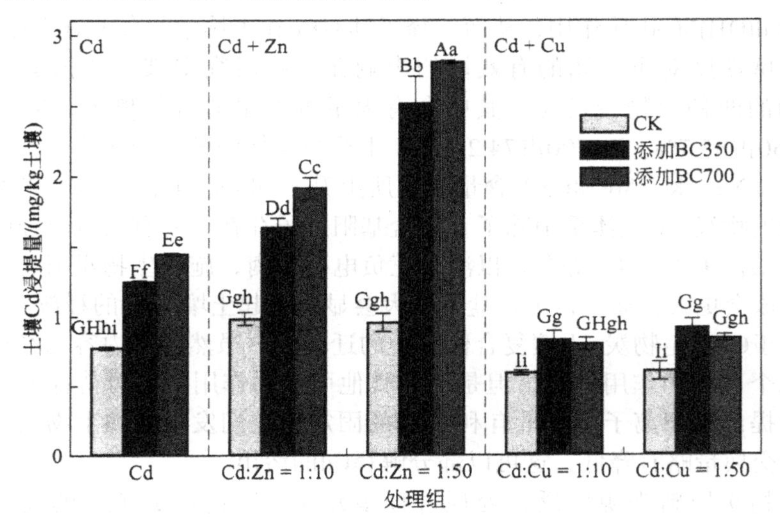

图5-24 Cd一元体系和Cd-Zn、Cd-Cu二元体系中Cd的总淋滤量

进一步的研究发现，生物炭的加入改变了土壤理化性质。土壤性质的改变对影响Cd的迁移性起着关键的作用。土壤有机质（SOM）含量可作为螯合剂与金属离子形成金属-SOM复合体，从而明显影响Cd的迁移性。Cd的最终释放量受SOM两种不同形态的控制：

（1）当SOM以不可溶形态存在，复合物能通过物理或化学键力吸附于土壤基体，从而增强了金属离子的附着能力，可以推测，富含SOM的土壤的滤出液中Cd浓度更低。

（2）当SOM以可溶形态（即可溶性有机质，DOM）存在时，由于DOM容易因水力条件的改变而从土壤中溶出，可同时带走一部分可交换态的重金属离子，从而使更多的金属溶出。

从SOM的含量上看，添加BC350和BC700分别使SOM增加了53%和24%，这是由于原料中纤维素和大分子糖类物质不完全热解后的残体留存在生物炭中。但从淋出的DOM累积量来看，两种生物炭却表现出了不同的行为：添加BC350使DOM提高了200%，而添加BC700却使DOM降低了约20%。说明BC700表面上可能产生了对DOM的吸附。对于添加了BC350的土壤，Cd溶出的增多可能是由于DOM增加导致的。

生物炭表面含有大量的酸性（如—COOH和—OH）和碱性（如—NH_2和π══π）官能团，这些官能团能游离出来，根据溶液的pH值不同可能带正电或者负电。当溶液的pH值等于生物炭的零电点时，生物炭表面呈电中性；低于零电点时带正电；高于零电点时带负电。受试土壤pH=7.5，实验条件下BC350表面略带负电而BC700表面略带正电。因此，BC700对正离子Cd^{2+}和$Cd(OH)^{+}$有排斥作用，从而解释了其对Cd在土壤中留存的减少作用。

土壤盐度对重金属的有效性的影响在一些研究中被广泛报道。研究所使用的两种生物炭发现，其中含有大量可淋出的盐基离子，K^{+}尤其多（BC350占85.7%，BC700占74.2%）。土壤中添加两种生物炭后，土壤中盐基离子（Na，K，Mg和Ca）含量均有所上升。如果将电荷守恒因素考虑在内，即生物炭–土壤体系中除了上述盐基阳离子存在，还有大量较强的阴离子如HCO_3^-、CO_3^{2-}和Cl^-等存在以满足正负电荷平衡，施用生物炭引起的盐度增量应该会更大。通常认为，盐度增大会显著引起土壤中Cd的释放。

对于Cd在生物炭–土壤复合体系中的迁移性，虽然上述内容已经详细探讨了几个可能的作用机理，但是还有其他可能的作用机理可待探究。例如有学者提出高阳离子交换量有利于Cd的固定，我们发现添加生物炭后土壤阳离子交换量略有降低，这可以部分解释Cd的溶出。

生物炭原料来源广泛，处理过程多元化，因此造成了它的高度异质性，也给它的应用效果带来了许多不确定因素。生物炭对重金属的迁移作用可能引发重大的环境问题，使人体暴露于有毒污染物，产生重大的环境风险，威胁人类健康。因此，应建立更加详尽细致的调查和管理机制，以充分了解其作用特性和潜在的环境风险。

（二）生物炭对土壤重金属污染的修复实例

已有研究表明，生物炭施用于土壤不仅快速提升土壤稳定性碳库，而且明显改善土壤质量、提升作物生产力、降低重金属在植物可食部分的积累及作物中的农药赋存。我国农田秸秆和生活垃圾等农业和农村有机废弃物面广量大，其资源化处理一直没有得到根本性解决。开发高效低耗有机废弃物生物质炭工程转化产业化技术，以新型碳质产品就近回田回村实现农业循环，服务于农业生产和农村生活，不仅可实现农业和农村有机废弃物循环利用，并能促进农业固碳减排，还可以对赋存在土壤中的重金属及农药等有机污染物起到很好的固定和降解作用。

将生物炭施加到土壤中，生物炭表面含氧官能团能否持续发挥作用，主要取决于土壤固有的吸附能力。但是，有研究表明，不管施加量大小（5%～20%），表面含有丰富含氧官能团的活性炭加入圣华金河土壤后，活性炭对Cu的高吸附性能反而被削弱。也有研究发现，当棉籽壳制备的生物炭加入诺福克土壤后，仍能明显检测到含氧官能团的存在，这就导致土壤对重金属污染物的吸附作用增强，固定能力大大提高。另外，生物炭通过以下途径影响土壤中多种元素复杂的稳定性：

（1）土壤和生物炭本身含有的天然矿物成分（如Al、Ca等离子），这些成分从生物炭中释放出来，会参与进生物炭对Cu离子的吸附过程。

（2）生物炭本身含有的可淋滤元素，对于溶解态重金属离子能起缓冲作用，改变其在土壤中的形态和生物累积性。例如，添加硬木生物炭到污染土壤后，铜和砷在土壤孔隙水中的浓度上升了30倍，而锌和镉的浓度则显著减少，尤其是镉，其在孔隙水中的浓度为原来的1/10。

（3）生物炭改变了土壤pH值和天然有机质（NOM）组分，继而改变了重金属离子形态。与未添加生物炭的土壤相比，重金属离子有向残渣态转化的趋势。

有学者研究了牛粪生物炭对土壤中蚯蚓对Pb的吸收效果的影响，研究发现，添加5%的牛粪生物炭后，蚯蚓对Pb的吸收显著地减少，其相对减少量最高为79%。有学者将不同温度下制备的生物炭施加于Norfolk酸性砂质壤土中，研究发现，生物炭的表面官能团性质（挥发性有机质、氧含量和pH_{ZPC}）是决定其对重金属Ni^{2+}、Cu^{2+}、Pb^{2+}和Cd^{2+}的吸附和隔离作用的主要因素。有学者在田间试验中以10t/hm^2、20t/hm^2、40t/hm^{2}施加生物炭，使可氯化钙浸提的Cd^{2+}和DTPA浸提的Cd^{2+}最高降低50%。还有学者研究了3种不同来源的生物炭，在水溶液中的投加量为150mg（6g/L）时，就可使Cd^{2+}的去除率达90%以上，玉米秸秆炭、小麦秸秆炭和花生壳炭对Pb^{2+}的去除率也分别可达90.30%、52.25%和47.25%。如果投加量增大，Cd^{2+}和Pb^{2+}的去除率最高可达98%以上。在相同投加量条件下，3种生物炭的粒径越小，对Cd^{2+}和Pb^{2+}的吸附量越大，但玉米秸秆炭粒径大小对Cd^{2+}吸附量的影响不大，且玉米秸秆炭对水溶液中Cd^{2+}和Pb^{2+}的吸附能力最大。因此，玉米秸秆炭较适宜于水环境中污染的Cd^{2+}/Pb^{2+}吸附去除，其有望成为处理含重金属离子废水的新型吸附材料。

有学者研究了植物来源和动物来源两种不同生物炭对土壤重金属Cd、Cr、Hg和Pb的修复效果。在350℃厌氧条件下，分别以玉米秸秆和猪粪两种常见农业生产废弃物作为原料制备两种来源生物炭，即玉米秸秆生物炭和猪粪生物炭。于土壤中分别施加过60目筛的玉米秸秆生物炭和猪粪生物炭，种植油麦菜进行盆栽实验，结果发现，与对照相比，添加两种生物炭均有效促进植物的生长，并且不论是油麦菜地上部分及地下部分的长度还是植株湿重，玉米秸秆生物炭的促进作用稍优于猪粪生物炭。而对于植物可食部分重金属含量，如图5-25所示，总体上施加两种不同来源生物炭后，不论是重金属阳离子还是阴离子污染，油麦菜可食部分重金属含量均有不同程度的降低，其中以Cr的降幅最小，玉米秸秆生物炭和猪粪生物炭分别降低了27.8%和49.0%；而以Pb的降幅最大，玉米秸秆生物炭和猪粪生物炭分别降低了92.6%和94.9%。并且动物来源的猪粪生物炭对四种重金属的改良效果均优于植物来源的玉米秸秆生物炭，这可能与猪粪生物炭较高的pH值有关，所制备的玉米秸秆生物炭pH=6.7，而猪粪生物炭pH=7.5，猪粪生物炭的施加有助于重金属离子从有效态到结合态的转变，从而降低重金属离子的生物可利用性。不论是施加植物源生物炭还是动物源生物炭，除了均可有效促进植物生长以外，还可有效抑制植物从土壤中提取重金属，对土壤多种重金属污染均有良好的改良作用，有望成为土壤重金属污染的新型环境友好型改良剂。

目前，生物炭还停留在实验室和田间的理论阶段，对于生物炭在工农业生产上的推广，以及具体应用过程中所需要的工程技术支持还处于起步阶段。从理论上看，生物炭理论基础浅易而不高深，技术手段成熟而不繁琐，使得这项技术有着在世界各地广泛应用的巨大潜力，当务之急是根据工农业应用的具体需要针对性地优化生物炭的特性，同时对于大规模应用进行可行性研究和成本-效益分析，以求对生物炭潜力更加深入的挖掘。

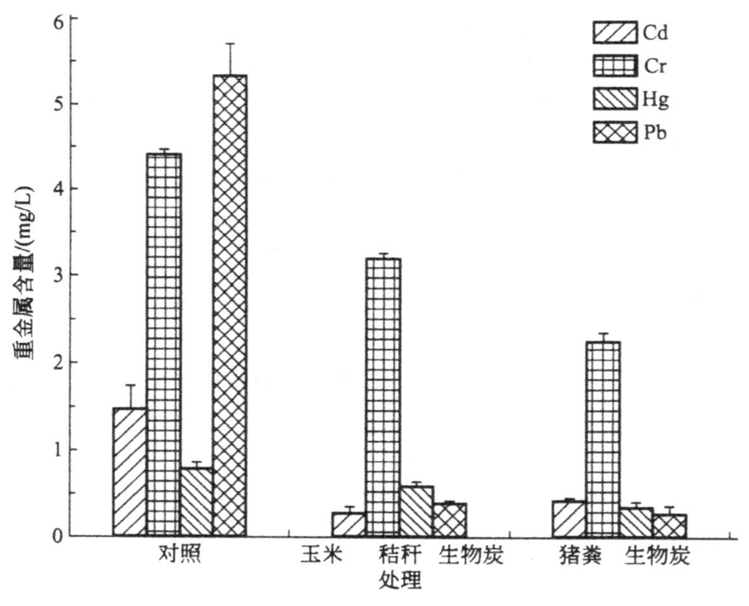

图5-25 施加两种来源生物炭盆栽实验油麦菜可食部分的重金属含量

第六章 生物炭与土壤温室气体排放

全球环境变化是由于人类活动和自然过程相互作用所造成的一系列全球陆地、海洋和大气的生物物理变化，包括土地退化、生物多样性减少、水文变化和由温室气体人为排放的增加而导致的气候模式变化，其结果会对世界粮食安全造成严重的影响，特别是更容易影响社会经济的发展。CO_2的排放被认为是全球气候变化的主要原因，从2000年开始，人为CO_2的年排放增长量超过了3%，这使地球生态系统处于一个气候不断剧烈变化的环境中，这种趋势是危险的，也是难以逆转的。所以当前最需要的就是一种能够及时有效缓和这种趋势的措施。生物炭施用于土壤被认为是降低大气CO_2的一种可能途径。生物炭的气候调节能力主要是由于其具有高度的稳定性，这降低了光合作用所固定的碳返回大气的速率。此外，生物炭还会产生几种潜在的共同效益。

第一节　土壤温室气体排放及其对全球气候的影响

2006年，生物炭的概念首次提出，一经报道立刻引起了科学界的强烈反响，而这正是IPCC组织陆续发布第4次评估报告的前后。这一时期，人们对气候变化的共同关注达到了前所未有的高度。生物炭正是在这样的背景下一跃成为世界焦点。时至今日，人们对气候变化的关注度有增无减，特别是近年来极端天气气候事件的频发让“气候变化”成为新闻报道的热点，甚至作为背景主题被屡次搬上电影荧幕，“气候变化”逐渐成为家喻户晓的词语和人们关注的话题。

一、全球气候变化

（一）全球气候变化的现状

气候是影响人类和地球上其他生物生命活动的重要自然因素。从狭义上讲，气候可以定义为天气的平均情况，严格表述则是指某个时期内，对相关量（温度、降水和风等）的均值和变率做出的统计描述，这个时期的时间长度可以从数月到数百万年。世界气象组织（WMO）将相关量的统计描述时期的长度定义为30年。除天气的平均情况外，从广义上讲，气候还包括其他相关统计数据（频率、量级、持续状况、趋势等）并结合其他参数描绘现象。

所谓气候变化，具体是指某个时期内气候状态发生改变，其改变的程度能够通过统计测算该时期相关量的平均值或变率被识别，且状态改变的时间通常能够持续几十年或更长时间。《联合国气候变化框架公约》（UNFCCC）将气候变化定义为：在特定时期内所观测到的在自然气候变率之外的直接或间接归因于人类活动改变全球大气成分所导致的气候变化。这一定义将人类活动导致的“气候变化”与自然原因引起的“气候变率”加以明确区分。全球气候变化，也就是全球尺度上几十年或更长时间内气候状态的持续改变，无论对自然环境还是人类社会，其影响无疑是深刻而长远的。

气候系统正在经历以变暖为主要特征的显著变化，如图6-1所示。通过直接观测和卫星遥感及其他平台技术所获得的结果显示，自20世纪50年代以来，温室气体浓度逐年增加，大气和海洋的均温增加，雪原和冰带的面积锐减，海平面逐渐上升。这些现象在近几十年的发展趋势达到了历史空前的状况。

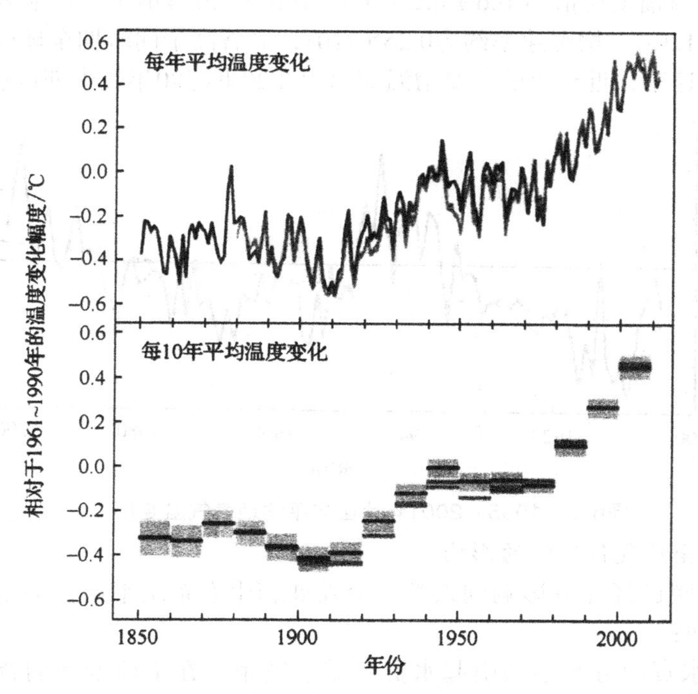

图6-1　1850～2012年陆地和海洋的平均表面温度的年际（上）变化和每10年变化（下）

1988年11月，由世界气象组织（WMO）和联合国环境规划署（UNEP）联合成立政府间气候变化专门委员会（IPCC），组织专门就气候变化问题进行客观科学的评估，先后于1990年、1996年、2001年和2007年出版了4次气候变化评估报告，第5次气候变化评估报告在2014年出版。

2013年9月，IPCC第一工作组在瑞典首都斯德哥尔摩发布的第5次评估报告《气候变化2013：自然科学基础》中指出：1901—2012年全球地表温度（陆地和海洋）平均上升了0.89℃（0.69～1.08℃），比2007年第4次评估报告给出的100年（1906—2005年）上升0.15℃。在过去的30年期间，地表温度呈现出10年台阶式递增的现象，这一趋势超过了1850年以来的任何一个10年，其中进入21世纪后的第一个10年是仪器记录史上最暖的10年。对北半球而言，1983—2012年的30年成为近1400年历史上最暖的时期。美国国家科学院（NAS）和英国皇家学会（RS）在2014年2月联合发布的一项报告《气候变化：证据与原因》中指出，到21世纪末全球的升温幅度可能达到2.6～4.8℃，全球气候变暖将呈上升趋势。

在全球变暖的背景下，我国在近百年内的地表温度也发生了显著的变化，如图6-2所示。1905—2001年，我国年平均地表升温0.5～0.8℃，高于同期全球升温幅度均值[（0.6±0.2）℃]。1951—2004年年平均地表气温变暖幅度约为1.3℃，增温速率约为0.25℃/10a，显著高于同时期全球或北半球的平均增温速率，近50年的主要增温期出现在20世纪80年代中期以后。

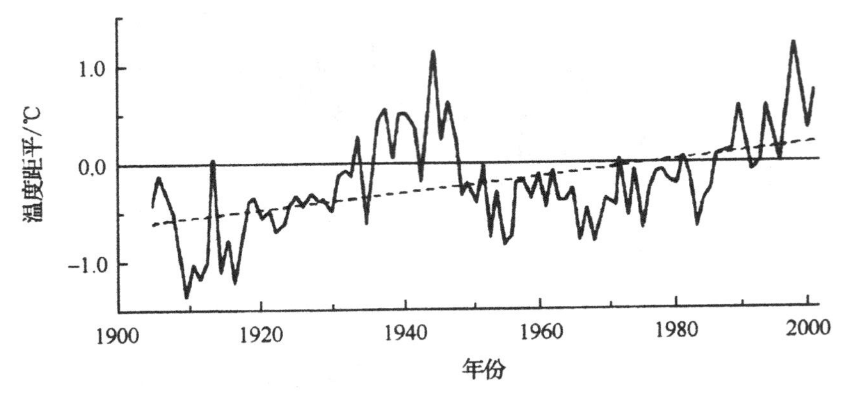

图6-2　1905～2001年我国年平均地表气温变化

（二）全球气候变暖的影响

气候变暖已经深刻影响到人类社会发展和生态系统平衡，突出体现在以下5个方面：

（1）水资源分布不均引起水资源需求紧张。在全球变暖的背景下，水资源年内和年际变化加大，降水地区分布更加不均匀。对于可利用的水量，在高纬度地区和潮湿的热带地区可能增加，而在中纬度和干燥的热带地区可能减少，造成水资源供需矛盾加剧。局部地区降水强度增加容易引发洪涝灾害，而部分地面径流量下降和低流量期延长的地区将会受到水资源减少的威胁。

（2）生态系统稳定性与生物多样性遭到破坏。生态系统自身具备的调节适应能力受到气候变暖的巨大挑战。气候变暖促使一些濒临灭绝的物种的生存环境更加恶化，物种多样性及其数量的消失速率加快。陆地自然生态系统已经受到人类对土地占用的影响和破坏，而陆地苔原、北方森林、热带森林、海岸地区红树林、湖泊和湿地沼泽及荒漠-草地等生态脆弱带或过渡带在全球变暖的胁迫下变得更加脆弱，与这些生态系统息息相关的动植物物种的生存状态形势严峻。相比陆地，海洋生态系统受到气候变暖的影响可能更大。海水平均温度的上升及洋流的潜在变化，对海洋生物具有重要影响，表现比较突出的是海洋生物群落的缩小导致依赖其生存的极地物种面临栖息地急剧减少、环境恶化和食物匮乏的危险，将其中部分物种推向了濒临灭绝的边缘。同时海洋被动吸收了人为源排放的CO_2、NO_2、SO_2引起了海洋酸化。

（3）农林业和畜牧业的持续发展受到制约。农林业多为人工生态系统，对气候变化高度敏感。降水、温度等基本要素变化将改变农林产业的分布格局和种植制度。在气候变暖的背景下，农作物的正常生育进程改变，种植期延长而生育期缩短，容易导致农作物减产和品质降低，水稻、玉米、小麦可能大面积减产，产量增减区域差异扩大。畜牧业与农林业密不可分。饲料作物的供给是畜牧业的首要制约因素，而畜牧业的生物质废弃物也是农林业的重要肥料和能量来源。然而气候变暖带来的草地退化、作物减产、病虫害和疫情加剧及极端天气气候事件的频发等负面效应，使得农林畜牧的生产发展风险系数增加，直接威胁人类社会的粮食和食品安全。

（4）海岸带环境恶化。1901—2010年，气候变暖引起全球海平面平均上升了0.19m（0.17～0.21m）。沿海海域正在承受来自海平面上升、海水升温、富营养化等多方面的巨大威胁；滨海湿地、珊瑚礁、红树林等生态系统状况继续恶化；对淡水资源的长时间过度开发又引起地下海水入侵，造成沿海地区土壤盐渍化。世界上许多沿海地区是人口聚集地，受气候系统变化的影响，沿海地区的城市建设和经济发展除了受到上述的环境压力外，还需面临台风、寒潮甚至洪水等自然突发事件的考验。

（5）人居环境和人类健康受到威胁。气候变化影响城市规划布局，热岛效应影响建筑设计标准和消费需求，极端天气事件直接影响交通、供电和通信的安全。气候变暖导致的作物减产威胁粮食安全，臭氧层空洞引起的强紫外线增加皮肤癌、白内障和雪盲的发病率，气候变暖使得面临热浪死亡风险的人数明显增加，引起媒介传播性疾病流行区转移和扩大，传播速度加快，还会加剧某些污染物的分解与挥发。极端天气事件除了容易造成人员伤亡外，还间接影响饮水供应、卫生设施和食品安全。

事实上，气候变暖对生态系统和人类社会的影响远远超出以上所述的5个方面，并且这种影响还将在未来一段时期内持续深化和扩展。气候变暖的速率超出自然波动范围则意味着整个生态系统都将面临巨大和未知的失衡风险。因此，为生态系统适应新气候、建立新平衡争取宝贵时间以减缓气候变暖的步伐，已经成为人类在21世纪的历史使命。

（三）全球气候变暖的成因

气候变化产生的原因总体上可以归为自然和人为两大因素。自然原因包括：外界自然原因，如太阳辐射强度变化或地球公转轨道的缓慢变化；全球气候系统内部的自然过程，如洋流的变化。

尽管气候变化的产生原因有不可避免的自然因素，但是人类活动对气候变化的影响显然是不能够被忽视的。如图6-3所示，给出了全球各地1906—2005年每10年的平均温度（相对于1880—1919年）、海洋热含量（相对于1960—1980年）及海冰（相对于1979—1999年）的变化情况。图中，向上的阴影部分代表仅使用自然因子合成的模型，向下的阴影部分代表同时使用自然和人为因子合成的模型。IPCC第5次评估报告指出，20世纪中期至今，由人类活动引起的全球变暖的可能性占到95%，与此

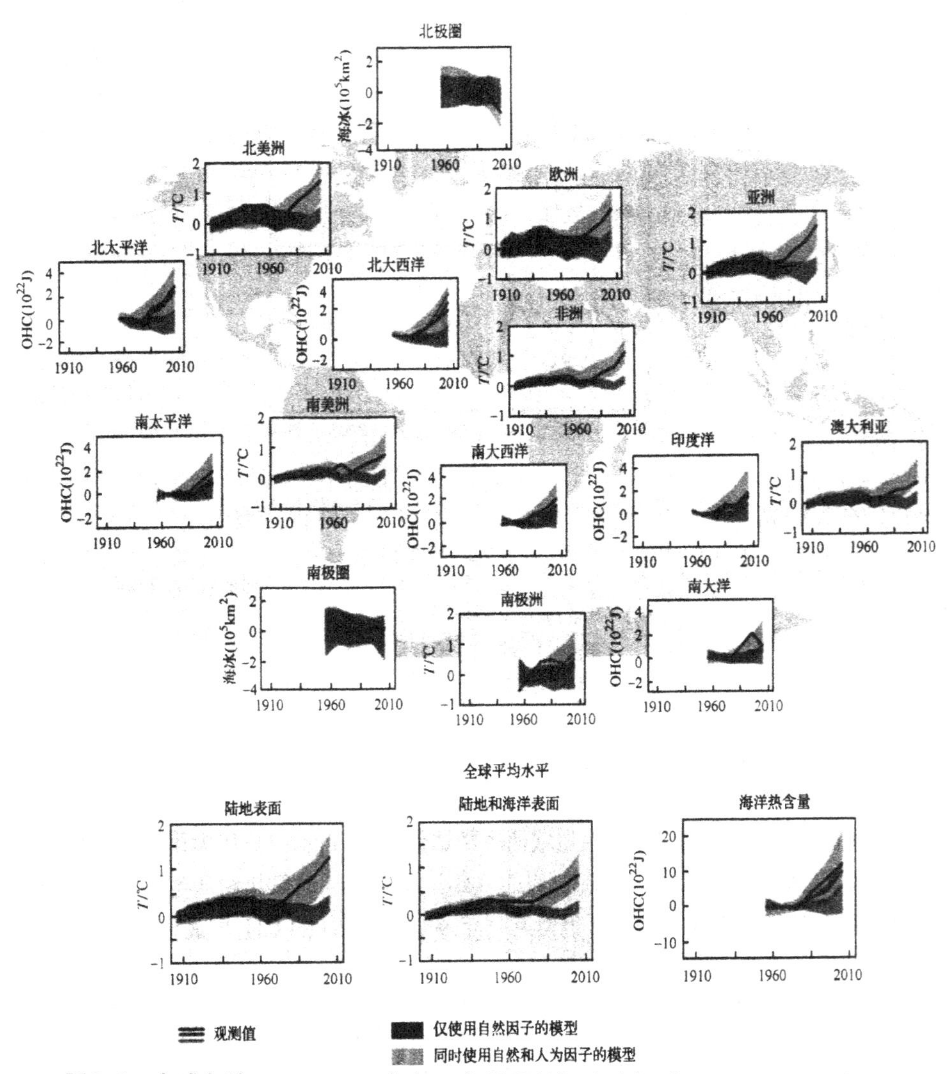

图6-3　全球各地1906—2005年每10年的平均温度（相对于1880—1919年）、海洋热含量（相对于1960—1980年）及海冰（相对于1979—1999年）的变化情况

同时1951—2010年人为源的温室气体浓度增加对全球变暖的贡献达到0.5～1.3℃，贡献率超过50%。2011年大气当中CO_2、CH_4和N_2O的浓度分别为391ppm、1803ppb和324ppb，相比工业革命前分别增加了40%、150%和20%，远超过去80万年期间的自然波动范围。由于人类长期使用矿物燃料及改变土地利用方式等，大气中这些长生命周期温室气体的浓度随时间的变化呈现明显的持续增加趋势。这些能够引发气候系统增温的气体成分在大气中含量的改变，正是当今全球气候变暖的主要原因。

美国能源部门（DOE）CO_2信息分析中心（CDIAC）的实时监测数据显示，2014年大气CO_2浓度首次达到400ppm。预计到21世纪中叶全球大气CO_2浓度将达到450～600ppm。IPCC第5次评估报告显示，1980—2011年，大气CO_2浓度平均以1.7ppm/a递增，而自2001年以来，递增速率则达到了2.0ppm/a；作为第二大温室气体的CH_4，其增温潜势约为CO_2的25倍（以100年计），人类活动每年约产生331Tg的CH_4，即使在扣除化石燃料部分的情况下仍然有每年高达235Tg的CH_4排放量；N_2O更是一种威力巨大的温室气体，其增温潜势是CO_2的298倍（以100年计），并且具有长达114年的生命周期，是CH_4的9.5倍，N_2O对于全球气候的影响力已经超越CFC-12成为继CO_2和CH_4后的第三大温室气体，目前呈现0.75ppb/a的增加趋势。

二、土壤生态系统温室气体排放对全球气候变化的响应和作用

土壤作为温室气体源或汇的相对强度受到气候变化的深刻影响。反过来，土壤生态系统的源汇功能对气候变化形成不同程度的反馈。

（一）土壤生态系统在温室气体产生和转化过程中的角色

土壤是生物同环境间进行物质交换和能量传递的活跃区域，不仅是绝大多数陆地植物赖以生长的基础，也是土壤微生物最重要的栖息场所，而微生物是碳氮等生命元素循环的重要驱动者。因此，土壤是地球表层最为重要的碳库，也是CO_2、CH_4和N_2O等温室气体的排放源和吸收汇。

CO_2是全球碳循环中关键的一环，是各个碳库之间相互联系、相互转化的重要环节。在全球碳循环中，大气与陆地和海洋之间频繁地进行着CO_2交换。不同于CH_4和N_2O，大气中CO_2的浓度要高很多，其浓度水平在很大程度上取决于光合作用和呼吸作用之间的平衡。在土壤生态系统中，CO_2的固定和消耗可能较为有限，植物的根系和土壤微生物的呼吸作用为土壤CO_2的产生做出了重要贡献。

CH_4主要由厌氧环境中的一类古菌产生。自然湿地系统平均每年产生CH_4约217Tg，占自然源排放量的62.5%；而在CH_4的人为排放源中，农业

（如水稻种植、反刍动物）和废弃物处理处置（如垃圾填埋及其他废弃物处理）每年排放CH_4约200Tg，占人为源排放量的60.4%，其中约有18%来自水稻种植。大气中CH_4的去除主要是通过在对流层和平流层与OH等自由基反应，在其氧化的过程中不仅会生成CO，还会与NO_x作用对大气中的臭氧产生影响。CH_4能够被一类嗜CH_4的功能微生物氧化，而通过此途径全球每年的CH_4消耗量为10～30Tg。尽管土壤生态系统对大气CH_4的去除量较小，但是土壤中的产CH_4作用和CH_4氧化作用对于平衡大气CH_4浓度有着重要意义。

硝化和反硝化过程是土壤N_2O产生的主要原因。每年全球自然植被土壤N_2O的排放量约为6.6TgN，占总自然源排放量的60%。自然植被土壤中，占全球地表总面积17%的热带森林土壤对N_2O贡献的比例较大，温带森林土壤也能产生一定量的N_2O。近年来氮肥的生产和使用导致了农田生态系统N_2O排放的大量增加，加之畜禽养殖及其废弃物处理过程N_2O排放，使得农业成为N_2O排放的第一大人为源。全球农业每年排放N_2O达到4.1Tg，占总人为排放源的59.4%。值得注意的是，氮肥的生产和使用过程中存在部分NH_3和NO_x等成分的排放，引起环境中活性氮浓度成倍增加，这些活性氮成分可以通过大气沉降返回土壤表面，其含量的增加可能会增强土壤生态系统的硝化作用和反硝化作用，进而加剧N_2O排放。不同于CH_4，N_2O被土壤吸收去除的量较小，其主要的去除汇是在平流层被光解成NO_x，转化为硝酸或硝酸盐继而通过干湿沉降过程被清除出大气，而N_2O在平流层发生的化学反应会使臭氧层遭到破坏。可以看出，土壤N_2O的产生实际上是土壤氮素的一种流失形式，而大气N_2O的去除则会破坏臭氧层，因此尽管目前N_2O的大气浓度很低，但其潜在的危害却足以引起人们的高度重视。

（二）土壤生态系统温室气体排放对气候变化形成的作用

气候变化的重要特征是大气CO_2浓度升高和气温升高。有关土壤生态系统温室气体排放对大气CO_2浓度升高和气温升高的响应研究已开展了十几年。通过对47个CO_2倍增研究的综合分析，结合土壤微生物呼吸、微生物生物量和微生物氮矿化等变化情况，有学者发现大气CO_2浓度升高能够提高土壤和微生物的呼吸速率。由于植物对大气CO_2浓度升高的响应较明显，随着植物的生长，植物根系生物量和分泌物的种类和数量将会发生改变，土壤微生物的生长和活性及土壤生态系统的CO_2排放量都会因此受到影响。温度是决定土壤有机质矿化速率的重要因素，气温上升将会使土壤温度增加，这有利于土壤呼吸速率的提高，因此气温上升会同时影响土壤CO_2排放量和土壤的固碳潜力。

相比CO_2，土壤CH_4和N_2O排放对大气CO_2浓度升高的响应更加值得关注。有研究指出大气CO_2浓度的升高将会减少30%的温带森林土壤CH_4氧化量，可能通过提高森林土壤湿度，加剧土壤厌氧状况，促进土壤产CH_4作用却抑制CH_4氧化作用。大气CO_2浓度升高和氮肥的施用将会促进农田土壤N_2O排放。有学者对瑞士草地进行的多次短期监测实验发现，CO_2浓度倍增和高施氮水平的双重效应会显著增加黑麦草土壤的N_2O排放量。还有学者对一个土壤年龄较老且氮含量较低的草地进行了长达9年的观察，结果发现，整个实验期间大气CO_2浓度升高的处理组的N_2O排放量甚至超过对照组的2倍。气温升高可能会通过增加土壤温度，加速土壤有机质降解和转化速率，从而影响旱地土壤CH_4和N_2O排放。

在稻田土壤方面。有学者对3个水稻生长季进行追踪发现，大气CO_2浓度升高后稻田土壤的CH_4排放量在第二、第三季平均显著增加了88%。还有学者采用砂质土壤培养水稻的实验结果表明，大气CO_2浓度升高组的日均CH_4排放量高出对照组10.9%～23.9%。还有学者经过研究发现，在大气CO_2浓度升高条件下，低施氮水平会增加稻田CH_4排放量30%～72%，而在高施氮水平下提高稻田CH_4排放量幅度更是高达78%～200%。还有学者发现，气温升高尽管对淹水稻田的N_2O排放无显著性影响，但却可显著促进稻田土壤CH_4的排放，水稻秸秆的添加则会加剧稻田土壤CH_4的累积排放。还有学者通过对2个水稻生长季的观察发现，同时升高大气CO_2浓度和土壤温度可导致稻田土壤CH_4排放量增加80%。还有学者采用系列大气CO_2浓度和温度进行多组对照实验也发现，大气CO_2浓度-气温升高处理组的季节性CH_4累积排放量高达对照组的4倍。

2011—2013年，有学者在Nature上相继发表研究论文强调，大气CO_2浓度升高将引起土壤生态系统CH_4和N_2O排放量增加，而CO_2倍增引起的温室气体排放量增加的程度将显著高于CO_2倍增带来的作物产量的增加幅度，并且温室效应引发的增温很可能导致作物减产。另外，还有学者指出，大气CO_2浓度升高将会增加土壤碳输入，但同时也会加快土壤碳素周转速率，土壤碳库保持平衡的能力因此降低，碳库储存能力很可能会下降。

（三）生物炭的固碳作用对减缓全球气候变化的意义

在以往，人们对土壤生态系统的储碳功能可能预期过高，而其温室气体排放源的角色虽然已被人们熟知，但一直没有引起足够的重视。一方面，工业源作为世界上最大的温室气体排放源和人类社会生产生活对能源的不断需求是土壤生态系统被长期忽视的原因。另一方面，相比工业源易控的特点，土壤的面源性质大大增加了实现固碳减排的操作难度。此外，作为陆地生态系统的重要组成部分，土壤是人类最为依赖的生存区域，突出表现在全球人口对食物需求的持续增长。自20世纪60年代以来，为保证食物安全，农牧土地面积的扩大和肥料施用量的逐年上升也造成了土壤质量下降和温室气体排放增加等诸多负面影响。生物炭概念的问世，为解决这些矛盾和难题提出了新的思路，有望开创崭新的局面。

2006年8月，Nature杂志发表了一篇名为“Black is the new green”的文章。在这篇报道中，人们重新认识了巴西亚马逊流域“神奇的黑色土壤”，生物炭的概念开始走入人们的视野。此后，许多世界著名科学期刊纷纷发表专题文章，强调生物炭在锁定大气CO_2的同时能够改善土壤肥力、提高作物产量，并且具有作为生物质能源的潜在优势，生物炭在土壤生态系统中的应用被认为是人类应对全球气候变化的一项“多赢”策略。

在大气CO_2浓度升高的现实背景下，生物炭的固碳效应是其成为关注焦点的直接原因。除了较强的可操作性且相对低廉的制备和使用成本外，广袤的陆地面积还为生物炭的保存提供了充足的空间，这些都是生物炭作为固碳减排新技术的独特优势。同时生物炭的储藏也为土壤生态系统带来了一系列的环境效应。生物炭的输入对土壤生态系统温室气体的产生、转化和释放的影响是构成其土壤环境效应的重要内容。Rondon等首次报道了生物炭对土壤N_2O和CH_4的减排作用，在添加20g/kg生物炭后，大豆和草地土壤中N_2O的排放量分别减少了50%和80%，而CH_4排放则受到完全的抑制。假设生物炭还能够对土壤生态系统温室气体排放，尤其是增温潜势巨大的CH_4或N_2O的排放，发挥类似于固碳一样稳定的抑制效应，抑或从总体上减少土壤生态系统温室气体排放的全球增温潜势（GWP），那么“减排”即可成为生物炭继“固碳”“保肥”“增产”之后的第四大优势。有关生物炭对土壤温室气体排放影响效应的研究目前已在世界范围内广泛开展，与这一主题相关的研究论文数量呈逐年增加的趋势，该研究方向已成为土壤学和环境学等领域的科学研究热点。

第二节　土壤中生物炭的稳定性

土壤有机质的稳定性取决于其对微生物降解和化学分解的抵抗力，而化学转化和与土壤矿物的物理作用有利于其抵抗力的提高。而生物炭含有非常密集的芳香结构，这些结构使它具有很强的抗微生物降解能力。此外，生物炭与土壤矿物的相互作用也可以进一步提高生物炭在土壤中的稳定性，进一步促进土壤长期的碳固存能力，同时也有利于土壤系统的健康程度和生产力的提高。公开的研究表明，木炭和生物炭在土壤中的停留时间可以达到几十年到几百年，甚至几千年。因此，土壤中的炭颗粒一直被作为测定年代、古环境重建和种植实践评价的工具来使用，时间跨度可达上百年或上千年，这也侧面印证了生物炭具有很高的稳定性。除了对巴西亚马逊黑土的研究，有研究发现在其他自然生态系统中，黑炭在土壤中也有相似的积累过程（自然火灾），这再次有力地证明了生物炭中至少含有几种重要的组分是具有长期稳定性的。然而，利用新制备的生物炭进行的实验室研究显示，在几天到几年的时间内，生物炭出现了一定的质量损失，有时候损失甚至偏高。

生物炭的稳定性取决于生物质原料的种类、炭化条件（温度和加热时间）、生物炭颗粒大小及生物炭氧化的土壤和气候条件。很显然，生物炭具有长期的稳定性，但从短期看来生物炭也会发生不可忽视的自然分解，这看起来是自相矛盾的，但很可能是生物炭的组分中分别含有稳定的和可降解的部分。当前的文献中并没有足够的数据来比较生物炭在不同气候和土壤环境中的短期和长期的稳定性，也就难以评价生物炭中各种组分的相对比例。

热解过程中的燃烧条件和原料的种类很可能对生物炭产品中相对不稳定组分所占的比例有决定性影响。所以，量化这种影响是一个非常关键的环节，这样才能够使热解过程最优化，进而使生物炭中稳定组分的净含量最大化。总体来说，生物炭中芳香碳与脂肪碳的比值随着炭化或热解温度的升高而升高。生产生物炭的原料的不稳定性、密度和矿物质含量也可能是影响土壤中生物炭分解速率的因素。更有效地解决气候变化问题的同时，能源生产也不可忽视，所以生物炭生产的最优化结果，应该是使生物炭的稳定性水平保持一致，并尽量使稳定组分最大化。而单纯使生物炭保留的碳最大化，无论从碳平衡还是经济效益方面考虑都是事倍功半的，特别是如果这些额外的碳在短期或中期内分解并返回大气，这种损失明显背离了整个方案的初衷。

生物炭一般具有的高稳定性可以从它的化学组成上得到合理的解释，从广义上来看，生物炭的碳元素组成也能反映出这个特点，因为生物炭含有很多的芳香族化合物和非常高的碳含量。但其稳定性也可能是由于物理性质和结构上的修饰。如果生物炭的归趋像其他土壤有机质一样受生物和非生物过程的影响，那么较高的土壤温度和有效湿度、较低的黏土含量和集约式的耕作活动都会加速生物炭的分解。此外，外来有机质本身就更容易被土壤系统降解。由于在土壤中农作物必需的营养物含量通常很低，所以生物炭的原位降解速率还可能受到根际分泌物的影响，这些分泌物富含营养且不稳定，如果可以保证这些营养物的天然来源，就可能更有利于生物炭在土壤中的保留，也就是说，生物炭在土壤中的稳定性会受到耕作模式的影响。

光谱学和表面化学能够有效评价生物炭和矿物质的相互作用及生物炭在分解过程中的氧化状态。但是这些方法都没有量化生物炭在土壤中的生命周期，而生命周期是评价生物炭在土壤中停留时间的重要参数。生物炭的分解速率可能会因为其中可氧化组分的稳定性不同而相异，也就是生物炭颗粒表面不稳定的组分（如脂肪碳）会首先进行初始的快速分解，接着是芳香碳的缓慢降解，它是生物炭主要的核心结构。因此在长期研究中，生命周期的评价是精确估计土壤生物炭平均停留时间的必要手段。此外，生物炭可能会加强土壤中的微生物活动，因此很可能会促进天然有机质（即腐殖质和不稳定组分）的分解。然而，由于生物炭可能会提高土壤的团聚作用，生物炭的施用也可能会导致其他土壤有机质组分分解的减少。所以，在测定生物炭分解程度时，需要考虑生物炭对土壤有机质分解的“激发效应”。碳同位素方法可以被用来识别生物炭-土壤系统中碳分解的来源。这些方法在实验室中实施起来相对容易，并可以控制生物炭分解的最优条件。然而，在野外条件下，这实际上是很具有挑战性的，因为同位素的数量本身就有限，而植物根系的存在、根际活动和各种环境条件的制约也进一步给碳同位素方法的实施带来困难。

一、自然系统中生物炭的稳定性

有些自然土壤含碳量很高，这一般是由于在过去几千年中，这片地区相对频繁地经历过自然火灾事件。这些火灾将地面上的植物生物质转化为土壤中的黑炭，而形成了一个大气CO_2的净去除机制。在Kuhlbusch的估算中，虽然这种模式的碳转化量被较小地低估，但仍然能够解释近1/5所谓的“碳失汇”，这种“碳失汇”实际上是形成森林和化石燃料从大气中去除的碳与在大气中所观测到的CO_2水平之间的不平衡造成的。

在自然系统中，经过较长时间后很难确定向土壤中施加生物炭的具体数量，并且土壤中生物炭的年龄也会逐渐形差异。但是通过假设当前和历史上现存生物量水平具有代表性，并假设一个简单系数来获得生物质燃烧转变为木炭的转化率，这样就可以用数学方法得到一个生物炭损失速率常数。这种方法可以最佳地估算生物炭在土壤中的长期平均停留时间，其估算值超过了1000年。而且在中期实验中，对土壤的直接监测结果似乎也表明这个稳定性水平是可靠的。

从全球来看，土壤中的部分黑炭会包含以炭黑颗粒形式存在的稠环芳香碳，这种炭黑颗粒是黑炭中最稳定的组分，但可能会容易与化石燃料燃烧所形成的炭灰颗粒相混淆。从长期来看，这种黑炭可以通过土壤进入水体和沉积物，有人发现在海洋沉积物中有这种黑炭的积累，证明了这种物理迁移的存在。这个发现表明，在现场调查研究中，存在将生物炭的物理迁移和其氧化损失相混淆的可能性。这也表明在自然碳循环中，物理迁移过程对碳固存的影响是不容忽视的。

虽然自然火灾产生的炭为我们研究生物炭的长期动力学提供了很好的依据，但这种火灾的炭转化率很低，这表明最后产物的组成和功能也可能与生物炭存在差异。木炭的简单制造很可能是从人类发现火的存在开始的，所以也不奇怪富含炭的土壤会与古代人类聚居地旧址联系在一起。亚马逊黑土的形成就是一个人类主观将生物炭应用在农业中的成功案例，其说服力不言而喻，除此之外也有间接证据表明，在其他地区，从远古到近几个世纪甚至近年来都有生物炭的一些非正式的使用。

二、原料对生物炭稳定性的影响

从宏观上来看，生物炭产品的形态可以是粉末状的，也可以是易碎颗粒状的，这主要取决于生物炭生产原料的微观物理结构。用木质原料生产的生物炭绝大多数表现为粗糙而坚硬的木质结构，而且碳含量最高，一般高于70%，最高可达90%，并且含有较少的微量元素。而用黑麦草、玉米和粪肥作为原料生产的生物炭是粉末状的，含碳量较低，一般在60%以上，但富含矿物质和营养物质。所以后者虽然物理抗性较差，但却是微生物更易于利用的基质。

土壤中富含炭的组分一般都是比较细小的，粒度组成在亚微米的水平上。而对于生物炭来说，生物炭颗粒在土壤中不仅会受到研磨作用的影响，还会受到冻融和缩胀作用的物理破坏，而生物炭颗粒本身又易碎，所以颗粒的初始大小对于生物炭在土壤中的长期相互作用就显得不那么重要。有学者通过研究发现，生物炭颗粒在土壤中的粒度分布是均匀的，而且随着时间的推移，生物炭颗粒的外形会变得更圆，而这个速率取决于土壤的研磨性。另外，有学者还发现，嵌入生物炭孔隙中的黏粒矿物浓度会随着时间的推移而增加。

有学者通过研究发现，土壤中一小部分的生物炭颗粒与微团聚体的形成有关，因为与其他颗粒有机质相比，这部分由生物炭作用形成的微团聚体含碳比例更高。他们以此为证据来证明生物炭具有抗物理降解的特性，并指出生物炭在有机质形成微团聚体的过程中起到了黏合剂的作用。但他们并没有具体说明这个作用是纯粹的物理相互作用还是生物活性的结果。为了排除生物活性的影响，有学者在之前的实验中选择了低温条件，发现炭没有起到任何的聚合作用。还有学者指出，生物炭富集的土壤活性成分在土壤中的周转速率不一定会更低。

当前公开的信息中并没有证据表明土壤中生物炭的减少会伴随着碳的氧化损失。然而X射线光电子能谱显示在生物炭内部的孔隙中有氧化过程发生，并伴随着羧基的增加，因为生物氧化过程一般只作用于生物炭的外部表面，所以这个氧化过程很可能是非生物性的。此外，生物氧化过程还会随着生物炭粒度的减小而增强，但在有些学者的研究中这种变化在数量上不具有显著性。这些发现可靠性通过同步加速技术（近边X射线吸收精细结构光谱， NEXAFS）的使用得到了进一步的验证。

生物质原料的种类还会决定生物炭的营养物质含量。利用营养物质含量高的原料可以生产高养分含量的生物炭，如畜粪；而由植物原料生产的生物炭，其养分含量相对较低。热解温度也会影响营养物质的含量，例如利用相同的家禽粪便为原料分别在不同的温度下（400℃和500℃）生产生物炭，对两种情况下得到的产物进行分析表明，相比高温下的产物，较低温度下生产的生物炭，其氮含量较高（3.74%和3.09%），磷含量较低（3.01%和3.59%）。此外，在以植物原料生产的生物炭中，碳和氮的含量会随着热解温度的升高而升高；但在以富矿物质原料生产的生物炭中，碳和氮的含量却随着热解温度的升高而降低，如粪肥或造纸厂的污泥。这是由于挥发性组分流失后，难挥发组分会得到浓缩，如磷、钾、钙和镁。虽然关于生物炭中营养物质形式和生物可利用性的信息仍然缺乏，但当前的研究都表明，原料的种类和热解温度能够显著影响生物炭中营养物质的生物可利用组分。

三、气候因素对生物炭矿化的影响

气候决定了土壤的温度，而温度会影响土壤中生物和非生物反应的速率。但如果没有水的存在，温度的变化也不能起到任何作用，因为水是生物细胞维持正常功能的基础，而且根据定义，液相反应只有有水的存在才可以进行。所以一个有利的环境和温度、降雨条件可以使土壤的生物活性处于一个最佳的水平。

生物炭不仅会改变土壤整体的蓄水能力，还能够改变水分在土壤基质中的实际迁移。水分会优先进入生物炭的最小孔隙中，因而这些较小的孔隙对水的保存能力也最强。同时，这些孔隙的大小正好可以为微生物种群提供一个可利用的生态位。还有证据表明生物炭对土壤颜色的改变能够影响土壤平均温度和日间温度的波动。

在横跨了多个气候带的土壤横断面研究中，研究人员评价了气候对生物炭氧化的影响。这些不同地点的土壤横断面显示，虽然这些地点的土壤年平均温度差异非常大，但在近130年的工业史中都有一段确切而短暂的时期存在过生物炭的输入。其结果表明还显示，土壤阳离子交换量的积累与土壤平均温度具有关联性，并且生物炭颗粒外表面的氧化程度是内部的7倍。

此外，还有学者通过模型预测了更温暖的全球气候对黑炭矿化的影响。以当前情况为背景来看，到2100年时全球的碳排放速率可能会达到2～7GtC/y。如果那时在全球土壤碳储中稳定黑炭所占的比例高于当前模型假定的结果，那土壤中相对不稳定的碳储会更小，进而使土壤碳储对气温升高的反应变得更慢。但总的来说，稳定与不稳定碳储对气温变化的相对反应仍是一个具有争议的问题，需要进一步的研究来解决。

四、耕作和机械干扰对生物炭的影响

如果对自然土壤的扰动会导致生物炭的分解而使其粒度减小，可以推断耕作活动会进一步提高生物炭的分解速率。考虑这个问题的必要性在于，耕作活动往往会被设想为使生物炭与土壤混合均匀的最主要方式，而不会去想到副作用的存在。

有学者通过研究发现，在将温带森林转变为需要耕作的集约农业用地的22年中，砂质土壤中的炭灰和木炭的含量都下降了60%。而在这段时间内，总土壤碳的损失为30%，这表明在经过干扰后，生物炭和木炭似乎比土壤中大部分的有机质更容易降解。然而在这项研究中木炭的采样方式是人工挑拣较大的碎片作为样品，这个过程忽略了那些可能已经被分解为细颗粒的生物炭，基于这些碎片样品的数据分析有可能会导致对碳损失的高估。与此相反，另一项研究表明，持续50年的耕作活动并没有使土壤中的芳香基碳发生明显的改变，以此间接表明木炭的含量并没有明显变化，但土壤中其他碳组分的含量却下降得比较迅速。

要想预测生物炭可能的降解速率还需要进行更多的研究。如果耕作是一个关键因素，那只有使耕作活动最少化才能使生物炭在土壤中的寿命最大化。基于这个理论，在免耕作土壤系统中，当土壤处于耕作模式向免耕作模式转换的时期，一次性地向土壤中施加一定量的生物炭，这些碳应该就可以得到较好地固存。

五、土壤生物活性与生物炭的稳定性

生物炭不仅可以通过化学降解转化为CO_2，生物降解也是生物炭转化的重要途径，早期的研究发现即使是石墨碳都能够被显著地生物矿化。为了分别评价这两种过程，研究者将土壤与生物炭混合，分别在有基质和无基质存在的条件下，进行了很多相对短期的实验室保温培养实验。

研究发现，生物炭在土壤中一般都会发生小量的初期碳损失，但少数研究发现损失量可能会更多。有学者将木炭与葡萄糖溶液同时与土壤相混合，发现在60天中不仅木炭发生了实际上的降解，而且葡萄糖的矿化也被增强，这很有可能是生物炭对微生物活动的一个刺激效应。还有研究提出了一种组合型的生物炭产品，将不稳定的氮和稳定的碳组合起来，来抑制微生物对生物炭的降解。然而有证据表明，氮的添加可能会影响生物炭的稳定性和碳固存的价值，虽然到目前为止，这个结论还没有在实验上得到证明，但仍然足以引起重视。

进一步的研究表明，生物炭似乎可以驱动土壤中天然有机质的分解。有学者将木炭、天然有机质和两者的混合物装进网袋中并将三个网袋埋在森林的枯枝落叶层中，经过为期9年的时间，发现木炭和天然有机质的混合物的质量损失比只有木炭和只有枯枝落叶的质量损失总和还要多。但在实验中，样品被封装在网袋里，并埋在森林枯枝落叶层中，所以实际上是与矿质土壤分开的。最后的质量损失既可能是由于天然有机质的分解，也有可能是木炭的降解损失。

在对于亚马逊黑土的研究中，虽然微生物的活性很强，但土壤中的非黑色有机质（包括木炭）相对于周围的土壤也存在碳的净积累过程。对一个特定的生态系统而言，如果植物向土壤输入有机质的水平是稳定的，那么这种碳净积累过程与较强的微生物活性看起来是相矛盾的。但从另一方面来看，如果在枯枝落叶层中被活化的碳一进入矿质土壤就被迅速地稳定化，那么这些观察结果就可以得到合理的解释。这个稳定的过程会直接涉及生物炭的表面性质、下层土壤中的矿物质及土壤表层的矿物质。

第三节　生物炭在减缓和适应气候变化中的作用

对于碳的净固存量，仅考虑生物炭本身稳定的碳和其在土壤中的储存

是不够的，这个数值需要更精确。也就是说还需要考虑生物炭对其他温室气体排放的影响，包括N_2O和CH_4，它们都是造成气候变化的罪魁祸首，其中很大一部分来自包括土壤在内的农业源。有证据表明生物炭可能会抑制这些气体从土壤中释放。

因为农业的可持续发展日益受到气候变化的威胁，所以需要采取各种手段来提高农业系统的恢复力和生产力，这样才能满足世界粮食供应的需求，生物炭方案就是其中之一。世界降雨结构的改变使世界上一些主要的粮食产区的降雨量减少，所以生物炭对土壤保湿能力的提高可以对维持这些地区的正常农业生产起到关键作用。

同时，生物炭对土壤健康的改善和作物生产力的提高可以对环境、社会和温室气体平衡产生一系列的综合影响。例如，生物炭的施用使土壤健康得到改善，进而使作物生产力得到提高，这意味着可以使用更少的土地来维持相同的产量，这样就可以减少粮食生产对边际土地的需求，这其实也提高了每单位温室气体排放的产量。作物生产力的提高缓解了对土地的需求，实质上也就相应降低了土地开垦率和森林砍伐率，甚至会促使退化的土地得到恢复，这都是对生态、社会和经济产生的显著积极影响。

就温室气体排放而言，利用生物炭来改善作物生产可能会带来额外的间接经济效益。虽然将生物炭方案全球化当前仍然是种设想，但在全球粮食储备下降的今天，生物炭的价值不会仅仅局限于土地使用者的财务预算表中，而是会逐渐地上升为一个政治和经济层面的问题。受到人们日益关注的能源和粮食安全问题可能会加速生物炭技术的发展与应用，并促进相关政府或政府间合作采取市场干预手段来支持以生物炭为基础的减缓气候变化的策略。图6-4概述了生物炭生产和应用系统所产生的生态系统效益及效益间存在的潜在联系，包括减缓和适应气候变化能力的增强和植物-土壤系统绩效的改善。接下来将会对这些效益作进一步的论证。

一、生物炭对产量效益和营养需求的间接影响

与当前经济性最适的肥料施用率相比，在实现相同的农作物产量的前提下，生物炭的施用率更低，并且可能具有显著减缓温室效应的效益。同时，在一份更详细的评估中，对生物炭方案的总体碳平衡进行了阐述，在维持当前农作物产量的前提下，生物炭的施用可以使肥料的施用量减少10%，这会成为净碳效益中非常重要的组成部分。随着财富和人口压力对食物需求的增长，相应地农业对资源的需求也越来越多，如化肥和水。特别是氮元素，它一直是一种管理不善的资源，所以需要采取更有效的措施

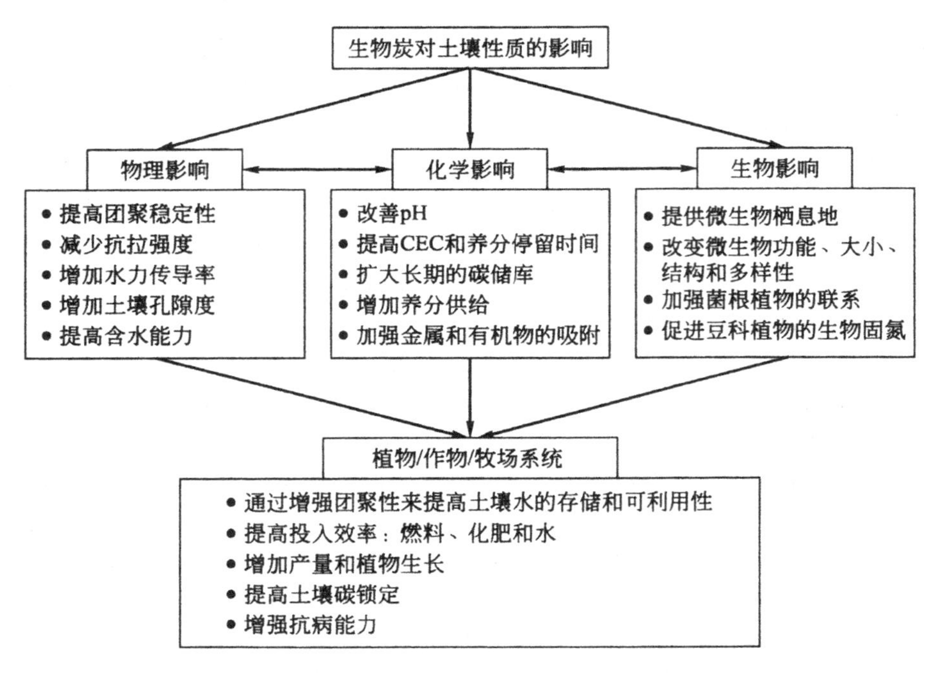

图6–4　生物炭生产和应用系统对生态系统产生的潜在效益

来确保氮的供给与氮的需求相匹配。因为在天然土壤中，作物可利用的土壤氮一般只有不到50%，所以能够改善土壤氮利用效率的技术会给土壤生产力的提高和N_2O的释放量的减少带来不可忽视的影响。大部分土壤氮的流失都是受到了淋溶或反硝化作用和氨挥发机制的影响。由于氮肥的生产会消耗大量的能源，造成的排放超过了3t CO_2e/tN，而在施用氮肥后还不可避免地存在N_2O的释放，所以若能够减少氮肥的施用频率和数量，就可以有效降低碳排放。而生物炭方案正是最有希望解决这个问题的手段。

虽然应用生物炭的目的不仅仅是提高农作物产量，但因为生物炭的应用更不容易受到气候事件如洪水和干旱的影响，所以在生物炭方案中可以对产量有较好的可预测性。同时，在当前的或更高的施用率条件下，生物炭方案可以通过提高农作物产量来使经济效益最优化，也就是提高单位面积土地上产量的净收入。此外，当前全球土壤的肥力和生产力普遍下降，在这样的背景下，生物炭能够增加或维持农作物的产量，或至少可以减缓当前产量逐渐下降的趋势。全球气候变化的直接后果就是不稳定的或强烈的降雨事件发生得更频繁，在应对这样的极端气候时，生物炭方案的短期效益更显著，能够使植物更好地固定更多的CO_2。这体现出生物炭在辅助植物适应气候和环境变化上具有潜在的作用。

有研究还将生物炭与被施用土壤阳离子交换能力（CEC）的提高联系起来，CEC的提高增加了植物营养物质的可利用性和保留时间，相应地提高了营养物质的利用效率。CEC是测定一种基质通过静电力保持带正电离子的能力。然而，利用不同的原料和通过不同的热解条件生产的生物炭，其表面电荷性质也各异。此外，测定生物炭CEC的方法远没有标准化，应用于土壤的测定方法可能并不适合生物炭CEC的测定。在一项研究中，用相同的花生壳作为生物质原料分别以两种不同的热解条件生产出了两种不同的生物炭，在500℃生产的生物炭，其CEC值比400℃生产的生物炭要低（4.63cmol/kg和14.2cmol/kg）。在较高温度条件下生产的生物炭，其CEC值较低可能是由表面官能团的减少引起的。有研究显示，生物炭表面酸性官能团的减少速率在300～400℃时达到最高。当生物炭与土壤经过一段时间的相互作用，生物炭表面的电荷密度会升高，这可能直接导致生物炭的正电荷保留能力增强，从而可以从一定程度上抑制土壤中营养物质的淋溶流失。有学者经过研究发现，经“老化”的生物炭之所以具有较高的电荷密度（CEC/比表面积）一方面是由于生物炭颗粒的氧化，另一方面是生物炭表面对有机质的吸附。可是，仍然需要更多的研究来探讨不同生物炭与不同土壤之间的化学作用，从而更全面地评价生物炭对土壤营养物质的保留能力的影响。

综合以上因素来看，生物炭方案可以从多种途径推动全球碳平衡向积极的方向发展，并可能带来额外的利益。首先，生物炭方案能够缓解现有的农业土地退化，进而减轻人类农业生产活动对自然系统造成的压力，不但有利于碳储的增加，也有利于生物多样性保护。其次，生物炭方案能够维持甚至提高现有土地的生产力，缓解土地使用上的竞争与矛盾，有可能为生物能源农作物和其他替代生物质作物的种植与生产提供更多的土地。

然而，因为目前仍存在诸多不确定因素（包括经济和科学的因素），所以对这些可能性的模型化仍难以完成。可是如果要将生物炭方案定位为一项可以在更大范围内推广的生产系统，就必须对这些可能性进行长期评估。更为重要的是，这些存在的可能性和不确定因素直接反映出生物炭方案本身具有的复杂性，在评估其效益和影响时，对其系统边界的划定就显得尤为重要。

二、生物炭对土壤中N_2O释放的影响

土壤是大气中温室气体N_2O的一个显著来源，其中土壤微生物的硝

化作用和反硝化作用是N_2O产生的主要原因。由于N_2O的全球变暖潜能值（GWP）是CO_2等效质量的298倍，因而对于减缓气候变化来说，使N_2O排放量最小化也是温室气体减排过程中非常重要的一部分。一种气体的全球变暖潜能值能够反映出两个方面的特点：气体分子吸收入射太阳辐射的效率和在大气中的化学分解率。根据定义，CO_2的GWP值为1.0，以此为参照值，N_2O的GWP值高达298。土壤所释放的N_2O主要来自于反硝化细菌在厌氧条件下的反硝化作用，这些微生物通过将硝酸根离子或中间气体还原为N_2O或氮分子来获得能量。而硝化细菌能够将铵根离子转化为硝酸根离子，但在这个过程中亚硝酸根会作为中间产物产生，亚硝酸根能够分解为N_2O，这个过程也可以被视为化学反硝化的过程，而酸性条件更有利于这个过程的发生。在生物炭方案中，许多生物炭都具有中性到碱性的pH值，因而有利于中和酸性土壤，从而在一定程度上对N_2O的释放起到抑制作用。

土壤有机质的矿化一般是铵根离子的主要来源，这个过程在自然情况下是由气候驱动的，但由于氮肥或粪肥的施用，农业土壤中的铵根离子水平得到显著提高。无论氮源是什么，大部分的土壤氮元素都是以有机态的形式存在的，其中部分的氮素形成了一个较小的动态氮库，而微生物和某些植物对这个氮库的利用就是土壤释放的N_2O的主要来源。研究人员采用生命周期评价在对生物炭方案的能源效益进行量化时发现，能源效益的增长依赖于N_2O排放量的减少，而这种排放主要是由于矿质氮肥的施用引起的。这个结果对生物炭方案如何影响净温室气体平衡的总体分析有很大影响。这主要是由于生物炭对土壤中氮的保留时间有积极的影响，同时也会提高土壤中的作物养分。作物养分的提高可能是由于生物炭颗粒表面的交换作用，而不是将氮源限制在很小的颗粒孔隙中而与微生物隔离。所以生物炭有可能是通过固存溶解的矿质氮来抑制土壤的N_2O排放。

当前，在已公开的数据中，能够证明生物炭会抑制N_2O释放的信息仍然非常有限。在一项常被人引用的研究中，研究者以富含有机质的前草原土壤作为研究基质，在重新润湿土壤的过程中加入以生物废弃物为原料生产的木炭，并保持实验温度为25℃。实验结果表明，经过5天后土壤的润湿度为73%的情况下，9/10的N_2O排放得到了抑制，这时有78%的孔隙充满了水。当有更多的孔隙充满水时（83%），木炭却起了相反的作用，也就是增加了N_2O的释放量。这项研究中的生物炭施用率相对较高，相当于180t/hm^{2}表层土壤。然而，在这项研究中，我们并不认为木炭的碱度或养分含量是影响N_2O释放的重要因素。

有学者以含碳量低的耕地土壤为基质，研究了柳树木炭对土壤中N_2O释放的影响。在实验中，柳树木炭的施用率更低，只有10tC/hm^2，并分别在

20℃湿润土壤（70%含水量）和干燥后再湿润土壤（大于20%含水量）进行保温，同时在每种类型的土壤中都各有一组添加了少量的无机氮（相当于以N计75kg/hm^2）。所有出现N_2O释放的样品（未经干燥的土壤都没有出现明显的N_2O释放），其结果都成比例地相似，均出现了约15%的抑制。六个月后，土壤中的可利用的氮会被大量消耗并完全达到平衡，这时候第二次向土壤中添加无机氮（不添加新的木炭），发现木炭改良土壤样品和对照土壤样品中的N_2O释放量没有差异。

如果说这两项研究之间有一致的地方，那可能是生物炭对N_2O释放的抑制作用与生物炭的施用率之间是呈非线性关系，在较高的施用率下效果很显著，但在较现实的施用率下效果比较有限。此外，学界普遍认为，生物炭的功效可能更多的是对土壤物理性质的影响，改变孔隙大小的分布，但孔隙含水量并不是一个敏感的衡量此项特征的标准。特别是抑制作用只出现在干燥后重新润湿的土壤样品中，并没有出现在保持湿润的土壤样品中。再润湿土壤的效果是否具有可重复性仍然需要更多的研究来确定。

虽然一些近期的其他研究发现了施用生物炭可以减少土壤N_2O释放量的证据。可是在其他的一些案例中，生物炭的施用却使土壤N_2O的释放出现了增长或未受影响。例如，有学者研究发现，在反刍动物尿液存在的条件下，施用了生物炭后（4.3%，质量分数），牧场土壤N_2O的释放量出现了短期的增长；可是，经过53天实验室温室培养实验，施用了生物炭和尿液的土壤和只施用了尿液的土壤之间的累积N_2O释放量并没有明显差异。

除此之外，对野外环境土壤中N_2O释放量的测定也是非常困难的，因为反硝化过程的进行具有瞬时性和空间差异性。同时，为了在真正随机情节设计中评估生物炭的各种功效，对生物炭样品在数量上可利用性的需求仍然是一个巨大的挑战。目前，已经有人在热带环境中建立了野外实验田，例如哥伦比亚和肯尼亚，在哥伦比亚的实验表明生物炭的施用使80%的N_2O释放得到了抑制。

生物炭对土壤N_2O释放的确切影响机制仍很大程度上处于未阐明阶段。有学者发现，生物炭减少土壤N_2O释放的效果随着时间的延长而提高，并推测这是由于生物炭在老化过程中，其表面的氧化反应使其吸附能力提高而引起的。所以，从长期来看，生物炭方案的推广除了潜在的长期土壤碳固存价值之外，如果广泛地应用生物炭来减少土壤的N_2O释放量，那么施用生物炭或许可以产生巨大的温室气体减排效益。

三、生物炭对土壤中CH_4释放的影响

CH_4的GWP值为25，虽然与N_2O相比较低，但CH_4在大气中的含量却是后者的6倍（1.8μL/L CH_4和0.3μL/L N_2O），并且CH_4的年流通量大概也是后者的50倍以上。除了工业排放包括天然气的开采和配送（占到20%），CH_4主要来自于自然栖息地土壤的释放。在农业生产中，水稻种植和不断增加的放牧家畜（主要是反刍动物）数量是CH_4排放的主要来源。但是专门嗜CH_4细菌使有氧土壤成为了CH_4的一个净汇，并且CH_4的氧化也相对迅速，这也在很大程度上解释了CH_4的GWP值较低的原因。当耕作活动减少的时候，CH_4的氧化和土壤的有氧性之间的联系就显得更加重要。而为了增加碳的固存，降低耕作强度已经被广泛地推行实践，这有可能导致表层土壤的含氧量下降。从另一方面来说，耕作活动的减少会使表层土壤中的有机质增加，这会使水分下渗的能力增强，进而提高了土壤含水量，而含水量的提高有可能致使更多的CH_4排放。

在哥伦比亚的野外实验显示生物炭有效抑制了CH_4的排放。除此之外，还有很多其他的研究正在评价生物炭对水稻土中CH_4排放的影响。

四、土壤结构的改善

一般结构良好的土壤都具有稳定的团聚度、高的饱和导水率、低的抗拉强度和较高的蓄水能力，这些都是有利于维持土壤和植物生产力的特征。像生物炭这样的改善方案可以通过改善土壤结构来更有效地促进土壤对水的捕获、储存和利用，对于那些因为气候变化降雨量减少的地区，会变得越来越重要。

若土壤的体积密度较大，抗拉强度较高，这种土壤结构会对植物根系造成较大的物理限制，不利于植物根系的生长发育。通过土壤有机质的积累，土壤结构可以逐步得到改善，因为比较不稳定的有机质可以提高土壤大团粒的稳定性，而比较稳定的有机质可以提高土壤微团粒的稳定性。从生物炭能够改善土壤结构和加强物理特性的方面来看，生物炭方案仍然是值得考虑的，因为生物炭的施用可以缓解气候变化（如降雨减少）或极端天气事件（如洪水）给土壤带来的不利影响。在生物炭方案中，土壤对水利用效率的提高可以缓解年降雨量减少对植物生长的负面影响，而土壤团聚体稳定性的提高、渗透作用的加强和地表径流的减少，也让土壤和营养物质在极端天气事件中更好地避免了侵蚀而造成的流失。

当土壤的抗拉强度和压实增加的时候，就需要更高的耕作频率和强度来疏松土壤，形成良好的通风环境，这样势必会增加耕作的能源消耗和农业成本。有研究表明，生物炭的施用能够降低硬质淋溶土和诺福克壤砂土的抗拉强度，由此可以预期，在一些土壤中，生物炭也可以降低耕作频率和强度，进而减少能源消耗。然而，没有多少直接的证据表明生物炭的施用能够全面提升土壤的团聚能力，所以在这方面仍需要进一步的野外实地研究，这也是评价生物炭方案的长期潜在农业和环境效益的一部分。

五、生物活性和土壤有机质的稳定

生物炭的稳定性和土壤中的生物活性在本质上是相关联的，正如土壤特性（包括黏土含量、pH值和阳离子交换能力）和气候变量之间的内在联系一样。

古老的亚马逊黑土与周围不含黑炭的土壤相比，其有机质含量更高。由此产生了一种假设，土壤中的黑炭能够提高其他有机质的稳定性并进而促进它们的积累。它的特别之处在于，黑炭的施用实际上是从土地管理的角度来提高了土壤有机质的内部储存能力，如果对于当前的情况来说，生物炭方案能达到类似的效果，那就能实现利用生物炭来增加净碳储的设想。

然而有些研究表明，在富含生物炭的土壤中，微生物活性也得到了增强。当向土壤中第一次加入生物炭时，由于活性组分和可溶性营养物质或不稳定碳组分的存在，土壤有机质的矿化作用得到了增强。还有人指出，生物炭产品的典型物理结构实际上为微生物群落提供了一个更稳定的环境。然而，仍有必要设计相关实验来进一步评估这些结论，比如正确监测土壤系统，包括土壤层次、气态挥发损失和植物生长。在此之前，这些结论只能被视为是临时性的。

微生物量不是衡量微生物活性的指标，而是对微生物细胞丰度的测定。因此，在基质供应没有明显增加的情况下，随着土壤有机质含量增加而扩大的微生物种群虽然看起来应该是矛盾的，但这有可能意味着微生物效率的降低，也就是微生物群落中不同种群间平衡的改变。而CO_2释放量的增加可能来源于植物的根系，因为在植物的生长过程中，植物可能会通过根系向土壤分泌出更多不稳定的碳组分。

天然林火和规定烧林活动使很多植被转化为炭进入土壤，在那些自然碳含量很高的土壤中，土壤微生物群落中会出现一些特化物种，这些物种能够降解一些相对稀少而且难降解的基质，比如炭。这或许可以解释在亚马逊黑土中发现的独特微生物群落组成，但仍不清楚这些特化的微生物物种是不是也存在于其他土壤环境中，也不清楚具有降解这些稳定基质能力的土壤是否需要一段较长的时期进行演化。

六、净缓解效益

如前文所述，生物炭可以通过几条途径为陆生系统带来缓解效益：土壤有机质的稳定化可以降低其氧化速率，并通过改善土壤团聚来减少土壤侵蚀；生物能源的生产可以代替化石能源产生的排放；减少土壤中N_2O和CH_4的释放；减少耕作对燃料的需求；增加植物和土壤中的碳储。此外，当一些生物质原料用于生物炭的生产时，可以避免这些原料直接降解而引起温室气体的排放，以此产生额外的效益。如果将这些生物质直接掩埋到垃圾填埋场，会释放出CH_4，而且粪肥在施用后也会分解释放出CH_4和N_2O气体。因此，对于减缓气候变化来说，利用生物质生产生物炭不仅可以净去除大气中的CO_2，还可以避免额外的CO_2排放，按当前可用于生产生物炭的原料水平来计算，避免的CO_2排放量大约是1.0～1.8Mt/a。据相关学者估算，通过对生物质残渣（稻草、粪肥和绿色废物）的利用，每吨原料净减排达130～5900kg CO_2，但原料特性、原料的常规使用途径和替代的化石能源种类的不同会使这个估算结果产生一定的差异。另外，还有学者对相似的生物质原料（玉米秸秆和庭院垃圾）进行了估算，每吨生物质的减排达800～900kg CO_2。可是对于生物质作物来说，由于不存在避免的温室气体排放，其缓解效益有很大的下降。其估算结果包括从每吨原料减排440kg CO_2一直到增排36kg CO_2，这种变化取决于采用什么方法来估算不同土地类型产生的温室气体排放。

以当前情况为背景，生物炭方案的碳固存效益，加上碳中性燃料的生产（燃料燃烧的碳排放与固存在燃料中的碳相平衡），很可能会减少美国10%的CO_2排放。到2050年，在全球范围内，生物炭方案潜在的缓解效益估计可达0.7～2.6Gt/a。

七、生物燃料的生产

越来越多的证据表明全球气候变化与温室气体的人为排放是相关的，所以为了减少社会对化石燃料的依赖，亟须其他形式的能源来逐渐代替当前化石燃料的使用。而生物炭方案可以将生物质进行化学或热转化，在生产生物炭的同时还可以生产生物能源，这种能源如果被提升为一种替代能源，将有助于缓解社会对化石燃料的依赖并且减少CO_2的排放。生产生物炭的化学或热转化过程会产生可以燃烧的合成气和生物油，这些产物都可以进一步用于生物能源的生产。据估算，如果假定生物质热化学转化比例为20%，在美国仅通过利用饲养场和集约型奶牛养殖场提供的粪肥，就足以供给相当于价值7亿美元的原油所能提供的能量。此外，生物质的热解所输出的能量并不亚于利用玉米进行乙醇生产所提供的能量。即使生物质的热解在针对生物炭的生产优化后，其消耗每单位（兆焦耳，MJ）化石能源所输出的能量也可达2～7MJ，而生物乙醇的生产所输出的能量只有1～2MJ。在未来世界化石燃料储备逐渐减少的情况下，可持续能源技术的价值会进一步得到提高，热解技术供能和生物炭的施用给土壤所带来的效益将逐渐引起更多人的重视。

第四节 生物能源和生物炭联合生产

现代的生物能源工业生产体系主要包括热解和气化技术。通过在一定条件下加热生物质原料，可以生产得到具有可燃性的合成气和生物油，它们可以用来燃烧供热或供能。如果将这两种产物收集起来并加以合理利用，补偿化石燃料燃烧所提供的能量，那将会对温室气体的减排产生重大积极的影响。除了上述两种生物能源之外，还会得到一种固态焦化且含碳量高的残留物，就是生物炭。实际上，通过应用不同的热解条件可以得到不同比例的合成气、生物油和生物炭，见表6-1。最关键的是，如果要使生物炭的产量最大化，必然会以牺牲另外两种能源的产量为代价。因此需要根据不同的需求来调整并优化几种产物的比例。从根本上来看，这是一个优化能量释放和生物炭产生的过程。所以有人从能量获得的角度将生物炭方案与原料的直接燃烧进行比较。然而，虽然将原料用于直接燃烧可以使单位质量原料的产能最大化，但在经过优化的生物炭方案里，得到相同产能的前提下，燃烧生物炭的附产物（合成气和生物油）具有更低的碳排放。也许单就温室气体减排而言，使生物炭的产量最大化是更有利的，但实际上，最终优化的产物比例还会受到市场需求和工程条件的制约。

原料的热解与直接燃烧的过程一样，都需要初始能量来启动新原料的热解或燃烧。就生物炭方案而言，这部分能量的需求应该同其他生物能源方案的需求进行谨慎的比较，此外还包括原料的运输和干燥所需的能量。在温室气体排放方面，生物炭方案相较其他生物能源方案所具有的潜在优势在于，热解得到的生物能源不仅能使原料中近50%的碳以稳定的形式保留在生物炭中，而且生物炭在农业中的使用（主要用于土壤施用）还可以间接减少温室气体的排放。

表6-1 原料物质在不同的热解条件下转化得到不同的产物组成比例

过程	液体（生物油）	固体（生物炭）	气体（合成气）
快速热解 中等温度（~500℃） 短热蒸汽停留时间（<2s）	75% （25%水）	12%	12%
中速热解 较低温度 适中的热蒸汽停留时间	50% （50%水）	25%	25%
慢速热解 较低温度 长热蒸汽停留时间	30% （70%水）	35%	35%
气化 较高温度（>800℃） 长热蒸汽停留时间	5%焦油	10%	85%

一般来说，化石燃料是碳正性的，因为其燃烧的过程向大气中释放了更多的碳。普通的生物质燃料一般被认为是碳中性的，因为生物质通过光合作用从大气中捕获的碳最终都会通过自然过程返回大气，生物燃料的使用仅仅加速了循环的过程，因此所排放的碳几乎等于原料通过光合作用从大气中去除的碳。而可持续的生物炭方案可以是碳负性的，所以每利用原料中1t的碳，避免的碳排放或等价碳排放（考虑到其他温室气体）一定要超过1t碳。如果假设原料像被施加到土壤中的有机物质一样，在不进行任何处理的情况下会分解并以CO_2的形式返回大气，那么利用这些原料生产生物炭并把稳定的残余物施加到土壤中，多年之后这个生产过程所排放的碳才会接近一单位。所以只要能从热解生产的气体（或生物油）中获得净能量，那这种技术就可以被认为是碳负性的，如图6-5所示。生物炭还能对农业生产力产生积极的影响而间接减少碳排放，同时还可能减少土壤中非CO_2温室气体的释放，这些功效都加强了这种技术的碳负性观点。

然而，这种技术的碳负性地位受到了一些学者的质疑，质疑者认为，虽然生产生物炭的同时可以产生生物能源，但这部分能源的使用并不会对化石燃料的使用起到补偿作用。并且相较于其他生物能源的生产，生物质的热解本身并不能从原料中提取出更多的能量。质疑者还指出，从长远的角度来看，随着时间的推移，在生物炭固存的碳中，会有更多的组分缓慢降解为CO_2而逐渐返回大气中。

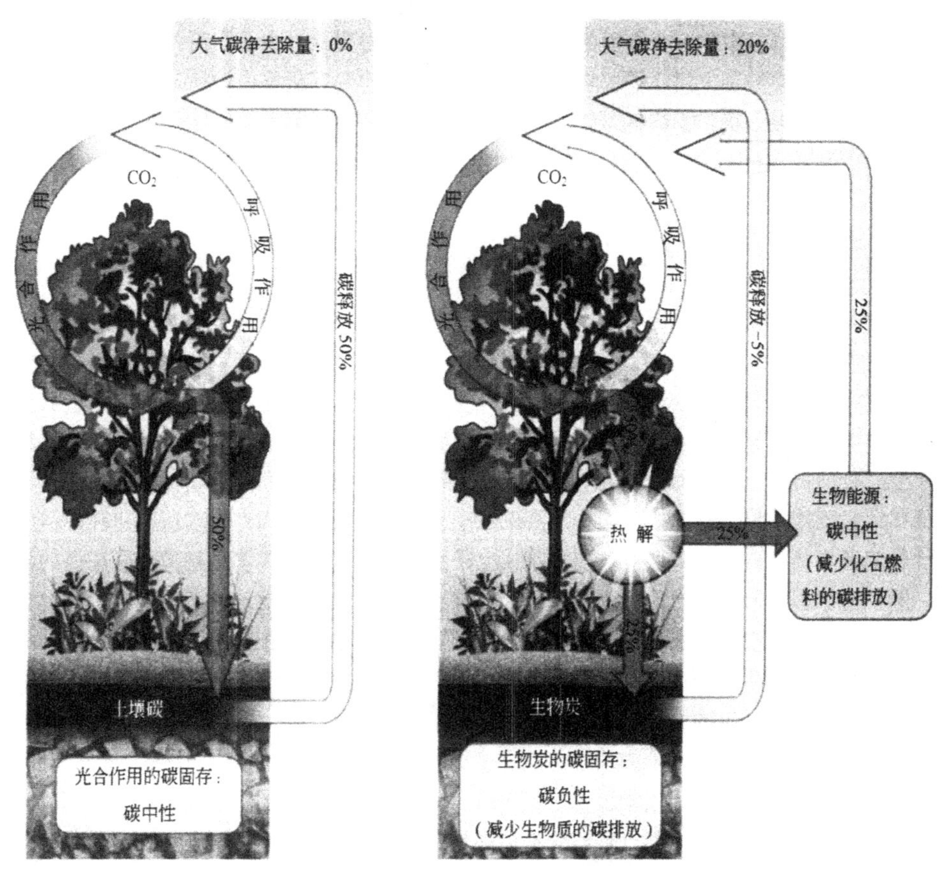

图6–5　施用生物炭和不施用生物炭的碳循环系统的碳平衡示意图

虽然从释放每单位的CO_2获得的能量来看，生物炭的生产的确不会比利用其他形式的生物能源减少更多的碳排放。但如果从原料中每单位碳可以获得的能量来看，结果就完全不同了。因为在热解过程中，原料中蕴涵的大部分能量（70%）都会被转化为可燃的合成气，但仅仅释放了原料中50%的碳。这是因为那些较少的高能含碳官能团会首先被释放出来。

如果把有机废物和作物残余物用来堆肥或垃圾填埋，那这部分有机质在土壤中的自然分解会释放大量的温室气体，而热解过程直接避免了这部分温室气体的释放，这在减少总的等价CO_2排放中是非常重要的部分。但如果利用无废原料生产生物碳，如生物质作物，就不会存在这种避免的碳排放。那么通过生物炭的施用而间接减少的等价CO_2排放应该超过生产生物炭的碳成本加上种植生物质作物的补贴成本。

第七章 生物炭应用的潜在环境风险

近年来，由于生物炭具有高度稳定性、多孔性和较强的吸附性能等诸多优良特性，提倡利用工业、农业、林业和城市生活产生的生物质废弃物制备生物炭用于固碳减排、土壤改良、污染土壤修复和农业增产增收等方面的推广应用呼声越来越大。诚然生物炭具有多种优良特性，是一种高效的可再生材料，但在生物炭的科研领域和实际应用的过程中，也逐渐暴露出一系列的环境风险。本章将就生物炭的制备和施用过程中存在的潜在环境风险和经济风险展开讨论。

第一节　生物炭生产加工过程中潜藏的环境风险

生物炭原料来源广泛，成分复杂，在其制备过程中存在复杂的热化学反应，有可能产生有毒有害物质，对周围环境造成污染。目前，关于生物炭的研究还处于探索阶段，由于生物炭的制备技术尚不成熟，设备相对简陋，制备能耗大、生物质得率低、利用率不高，二次污染防治设施缺乏，生物质的前处理过程和末端处理过程及产品和副产物的应用都存在一定的环境污染风险。这里主要就生物炭制备技术类型及其潜在风险和生物炭制备过程中污染物产生的潜在环境风险两个方面进行讨论。

一、生物炭主要制备工艺类型中的潜在风险

在分析评估生物炭制备技术的潜在风险之前，首先简要介绍一下生物炭的制备工艺和制备过程。生物炭的制备技术一般有热解法、气化法、水热炭化和闪蒸炭化4种类型。

热解法是指原料在厌氧或缺氧条件下的热分解转化过程。根据原料的升温速率和停留时间不同可进一步分为慢速热解和快速热解。慢速热解是一种比较传统的热解方式，一般是将生物质置于低于700℃缺氧条件下进行反应。升温速率缓慢，气体停留时间一般为5～30min，气体分离速度较慢。快速热解对原料的含水率要求较高，一般要求含水率＜10%wt.。快速热解升温迅速，能在极短的时间内将小颗粒（1～2mm）生物质原料迅速升温至400～500℃，气体停留时间也较短（最大为5s）。“快”和“慢”是相对的，没有明确的界限，有时较难区分。

气化法是当气化室内温度达到800℃并且气压较高时，生物质被部分氧化燃烧，发生气化的过程。该过程所得产物包括气相、液相和固相3个部分，可通过改变控制温度、颗粒大小、停留时间、压力、气体组成及催化剂的使用状况，改变各产物的比例。但一般气化过程主要以气体产物为主，液态和固态产物较少。与热解法相比，气化法得到的生物炭的芳香化程度更高，芳香环数目可达17环，而热解法一般为7～8环。

水热炭化是将生物质悬浮在相对较低温度（180～220℃）高压水中几小时，制备得到炭-水浆混合物。热解法或气化法制备的生物炭以芳香烃结

构为主，而水热法得到的生物炭以烷烃结构为主，相比之下水热炭的稳定性较低。

闪蒸炭化是指在高压条件下（1～2MPa），在生物床底部高压点火。火通过炭化床逆着通入的空气流向上移动。反应时间一般低于30min，在反应器内的温度一般为300～600℃。该过程使得产物以气态物和固态物为主。值得注意的是，通过闪蒸炭化和慢速热解获得的典型的固态物质产率比通过气化和快速热解要高。

经过多年的发展，生物炭的制备技术在效率方面逐渐得到了完善，但在多年的生产实践过程中，这些技术也暴露出很多问题。同时，为了提高制备过程生物炭的产量并降低其对环境造成的风险，不同生物炭制备工艺也各自面临着不同的挑战。表7–1总结了不同生物炭制备技术存在的风险性。

通过表7–1可知，各种生物炭制备技术都存在着一定的问题和挑战，如在热解和气化过程中会产生一定的多环芳烃、焦油、烟尘、烟灰等污染物，极易腐蚀设备，污染环境。在水热炭化和闪蒸炭化过程中，容易产生高压，对设备的抗压能力要求较高，同时也存在发生爆炸等安全隐患。

这些问题的存在，都在一定程度上阻碍了生物炭制备技术的发展，导致制备过程能耗大、成本高、污染重等问题，同时隐含了一定的环境风险和安全隐患。因此，集经济、高效、安全及智能化控制于一体的新型现代化生物炭制备技术与设备的开发将是今后研究开发及推广应用的重点。

表7–1　生物炭制备工艺类型及其风险性

制备工艺	存在的风险和技术挑战
热解法	1）为提升生物炭产量，降低运行成本，需加强处理过程余热的利用以实现对生物质物料的干化预处理。 2）存在烟气污染问题，需净化处理。 3）高氯含量的样品在制备过程中会释放出氯离子，在热解气体转移的过程中会导致反应器的腐蚀、积灰和结渣。 4）易再凝聚形成烟灰，堵塞反应器，污染环境。 5）易形成焦油，腐蚀和堵塞设备，污染环境。 6）为减少多环芳烃等的合成，需实现快速升温并维持相对稳定的高温状态；在适宜温度处保持低的气体停留时间。 7）为减少焦油对设备的腐蚀和堵塞作用，设备停机后需及时清理。

续表

制备工艺	存在的风险和技术挑战
气化法	1）易形成气溶胶，降低原料利用率，危害环境。 2）易再凝聚形成烟灰，堵塞反应器，污染环境。 3）焦油气相脱水和污染物在颗粒物上会发生相互作用，形成多种污染性气体。 4）重焦油在冷却器表面凝结，从而使过滤器、喷射器、内燃机等堵塞。 5）为减少焦油对设备的腐蚀作用，需控制焦油的比率，提高固态和气体物质的得率。
水热炭化	1）在操作过程中，用于压力器的材料的弹性可能会超过限值，存在较大的安全隐患。 2）在连续系统中不断加料产生的压力对机器的材料和安全性方面产生很大的挑战。 3）为提高生物质原料和能源的利用率，需加强处理过程中的余热利用系统设施的建设和后处理焦炭回收设施的建设。
闪蒸炭化	1）对于某些特定原料，在点火的瞬间，炭化炉内压力会急速上升，对设备的抗压能力要求较高，同时也存在设备破裂、爆炸等危险。 2）在操作过程中，用于压力器的材料的弹性可能会超过限值，存在一定的安全隐患。

二、生物炭制备过程污染物的潜在环境风险

生物炭的制备过程会产生污染物。生物炭的制备过程较为复杂，但是总体上主要可以分为3个步骤，以木炭为例，一般过程为

生物质⟶水+未反应的残渣

未反应的残渣⟶（挥发物+气体）1+木炭1

木炭1⟶（挥发物+气体）2+木炭2

第一步是生物质最初的水解过程，产生一些挥发损失，第二步出现最初的生物炭，最后一步发生生物炭的化学重排，该过程缓慢，得到丰富的以固体形式剩余的生物炭。如图7-1所示是生物炭制备过程示意图。由此图可见，在制备生物炭的过程中会发生脱水、分解聚合和炭化等复杂的化学反应过程。自然未加工过的生物质原料可能含有各类重金属和有机化合物等污染物。在生物质转化为生物炭的过程中，原料中的物质，部分会被分解，转变为其他形式的化合物；部分仍保持不变；还有部分可能会转变，

甚至浓缩成潜在的有害物质，如CO、H_2、CH_4、C_1-C_4的烃类物质、NO_x、SO_x、多环芳烃（PAHs）、二噁英、焦油等污染物质。下面从PAHs、二噁英、焦油类物质、重金属及灰渣5个方面对生物炭制备过程产生的污染物的环境风险进行讨论。

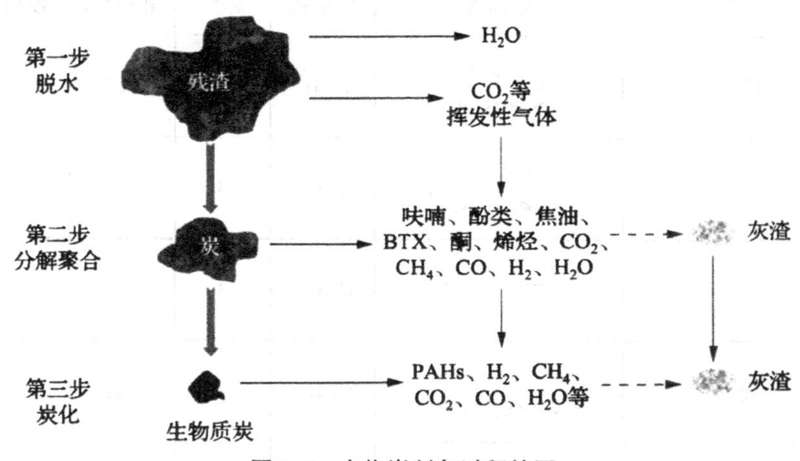

图7-1　生物炭制备过程简图

（一）多环芳烃（PAHs）的潜在环境风险

多环芳烃（PAHs）是指分子中含有2个或2个以上苯环的碳氢化合物。按照苯环的连接方式可以将其分为两类，第一类为稠环芳烃，其性质介于苯和烯烃之间，如萘、蒽、菲、苯并[a]芘等；第二类是苯环直接通过单键联合，或通过1个或几个碳原子连接的碳氢化合物，称为孤立多环芳烃，如联苯、1,2-二苯基乙烷等。多环芳烃主要是由石油、煤等燃料及木材、天然气、汽油、重油、纸张、作物秸秆、烟草等含碳氢化合物的物质，经不完全燃烧或在还原性环境中热解生成，其整个生成过程为一系列自由基反应。

多环芳烃能参与人体和生物的代谢作用，具有生物难降解、致畸、致癌和致突变等特性。据资料显示，4～6环的多环芳烃均具有致癌活性。1892年，有人发现从事煤焦油和沥青作业的工人多患有皮肤癌。1973年，美国的一些学者详细分析了一系列有关肺癌流行病学调查资料后认为，大气中的苯并[a]芘浓度每100m^3增加0.1μg时，肺癌死亡率相应升高5%。1979年，美国环保局（EPA）将16种多环芳烃列为优先监控的污染物，表7-2简要列出16种多环芳烃的结构及其致癌活性。我国也已经将7种多环芳烃列入“中国环境优先控制污染物黑名单”中。

任何含碳的生物质在制备生物炭的过程中都可能形成多环芳烃。很多实验都证明，不同生物质在不同制备条件下获得的生物炭中PAHs含量一般都高于其生产原料中PAHs的含量。高温热解的二级、三级热解反应是形成PAHs的主要化学形成途径（如图7-1所示）。在生物炭制备过程中，PAHs的产生量与生物质的来源和制备条件密切相关。

表7-2　美国EPA列出的16种优先控制的多环芳烃结构

名称	结构式	分子式	环数	沸点/℃	致癌程度
萘*	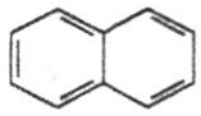	$C_{10}H_8$	3	217	—
芴	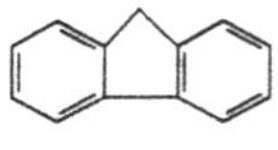	$C_{13}H_{10}$	3	298	—
菲	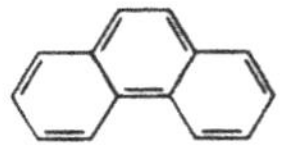	$C_{14}H_{10}$	3	340	—
蒽	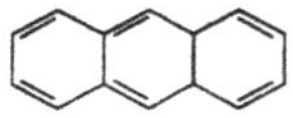	$C_{14}H_{10}$	3	341	—
荧蒽*	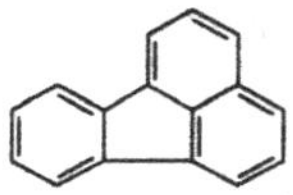	$C_{16}H_{10}$	4	384	—
芘	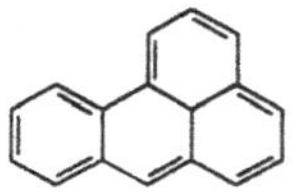	$C_{17}H_{10}$	4	384	—
屈	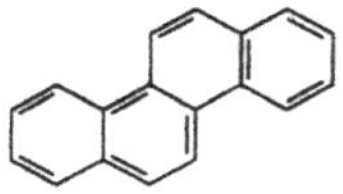	$C_{18}H_{12}$	4	448	弱致癌
苯并[a]蒽	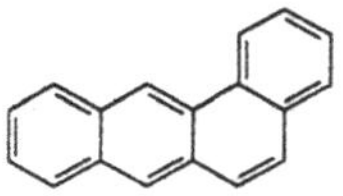	$C_{18}H_{12}$	4	438	致癌
苯并[b]荧蒽*	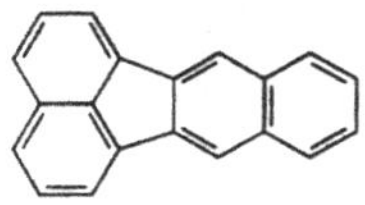	$C_{20}H_{12}$	5	481	强致癌
苯并[k]荧蒽*	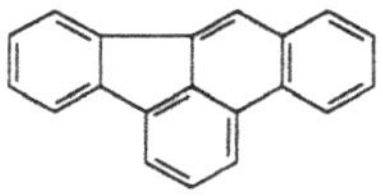	$C_{20}H_{12}$	5	481	强致癌

续表

名称	结构式	分子式	环数	沸点/℃	致癌程度
苯并[a]芘*	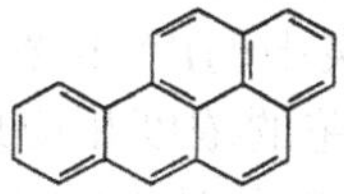	$C_{20}H_{12}$	5	500	特强致癌
茚并[1,2,3,cd]芘*	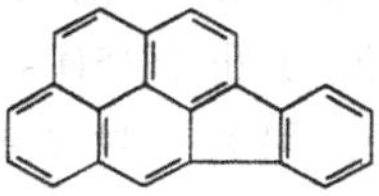	$C_{22}H_{12}$	6	497	特强致癌
二苯并[a,h]蒽	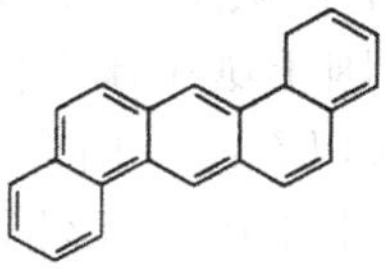	$C_{22}H_{14}$	5	升华	特强致癌
苯并[g,h,i]芘*	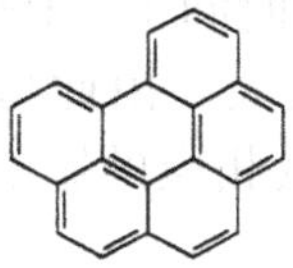	$C_{22}H_{12}$	6	542	助癌
苊	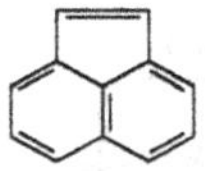	$C_{12}H_8$	3	275	—
二氢苊	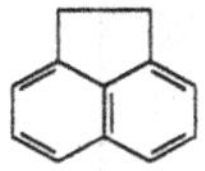	$C_{12}H_{10}$	3	279	—

注：“*”表示已列入“中国环境优先控制污染物黑名单”；“—”表示暂无数据。

生物质原料类型是影响生物炭中PAHs含量的重要因素。有学者对水稻秸秆、小麦秸秆、玉米秸秆燃烧产生PAHs的情况进行了详细研究，得到了十分重要的数据，限于本书篇幅，这里不再列出，有兴趣的读者可以参阅相关文献资料。

从相关研究结果可知，生物质燃烧产生PAHs的种类和浓度与原料类型密切相关。此外，燃烧后不同相（固相、气相）中PAHs的含量也有所不同。一般而言，小分子质量的PAHs在气相中含量比较高，而大分子质量的PAHs在固态颗粒中含量相对较高。有学者对不同原料制备的生物炭进行研究，也发现其中含有的PAHs浓度与原料类型相关，不同原料制备的生物炭所含PAHs浓度存在较大差异。Σ16PAHs（16种美国EPA规定的多环芳烃）的浓度为0.08～8.7mg/kg，其中低分子量多环芳烃的含量高于高分子量的多环芳烃。此外，有学者研究发现，虽然不同的生物质来源会影响生物炭中所含多环芳烃的量，但原料中含有的PAHs与制备后的生物炭中的PAHs的含量之间没有直接的对应关系，原因是在生物炭制备过程中存在PAHs的分解和合成的双向过程。一般而言，由经过化学处理的生物质产生的生物炭比未经过处理的生物质产生的生物炭含有更高的PAHs。有学者研究发现，由木馏油处理过的火车枕木制备的生物炭中的PAHs浓度是未经过化学处理的原料制备的生物炭的2倍，其中苯并[a]芘的浓度相应地提高了近6倍。

除了原料类型，生物炭的制备温度也对生物炭中PAHs的含量产生显著性影响。有学者研究发现，当制备温度处于350～550℃时，制备温度越低，生物炭中PAHs的含量越高。然而，另外一些数据则表明由未处理过的生物质在最高温度达600℃时制备的生物炭所含PAHs浓度低于英国城市土壤中PAHs的浓度。如图7-2所示是英国土壤中苯并[a]芘的浓度与生物炭苯并[a]芘含量的比较结果。从图7-2中可以看出，由桦木和松木制备的生物炭所含苯并[a]芘的浓度明显低于英国城市土壤。此外，有学者也发现，随着热解程度的提高（升高温度或延长停留时间），PAHs的产率在增加，当温度达到750℃左右时，PAHs的产生量最大。由此可见，制备温度虽然是影响生物炭PAHs含量的重要因素，但对其相应的影响规律还众说纷纭，莫衷一是，有待进一步研究。

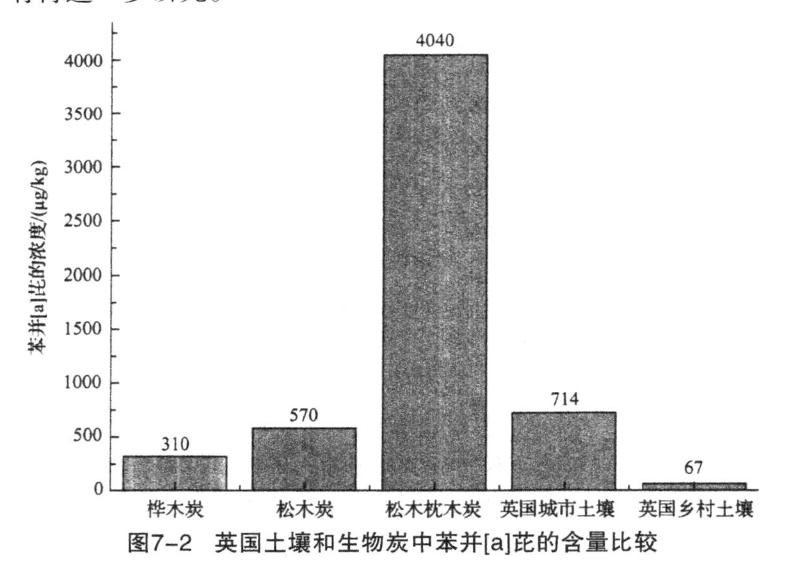

图7-2　英国土壤和生物炭中苯并[a]芘的含量比较

（二）二噁英（Dioxins）的潜在环境风险

二噁英是一类结构和理化性质相似的氯代多环芳烃化学物的总称。狭义的二噁英包括75种多氯代二苯异构体（PCDDs）和135种多氯代二苯呋喃异构体（PCDFs）。广义的二噁英还包括209种多氯联苯（PCBs）。如图7-3所示为狭义二噁英的结构式。

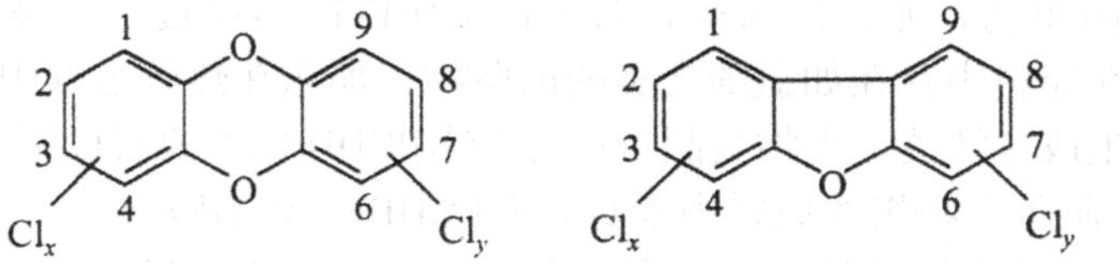

PCDDs
($x=1\sim4, y=0\sim4$)

PCDFs
($x=1\sim4, y=0\sim4$)

图7-3　狭义二噁英的结构式

二噁英在标准状况下呈固态，熔点为303～305℃，具有热稳定性（分解温度>700℃），低挥发性。其熔点、沸点、蒸汽压和水中的溶解度随着氯原子取代数目的增加而增加。由于二噁英类物质在水平和垂直两方向均具有对称结构，故相当稳定，在土壤中的半衰期为12年，在空气中的光化学分解半衰期为8.3年，也有资料显示其半衰期为14～273年。

二噁英类物质是一类具有半挥发性和强持久性的环境污染物，对生物体具有不可逆的致畸、致癌、致突变“三致”毒性。其中是2,3,7,8-TCDD（2,3,7,8-四氯-二苯-对-二噁英）毒性最大，其毒性比氰化钾高1000倍，1盎司（28.35g）二噁英就可使100万人中毒致死，称为“世纪之毒”。由于二噁英具有较强的脂溶性，极难溶于水，容易在生物体内积累，富集于食物链的脂肪组织中，进入人体后，最长可在人体内积累7年以上，对人体的许多器官和中枢系统、免疫系统及生殖系统等造成广泛的伤害。此外，二噁英还是一种典型的内分泌干扰物，不仅对接触的人体有影响，同时还会使孕育的后代产生畸形。二噁英混合物暴露的风险评估因子从20世纪80年代起用毒性当量因子（TEF）表示，世界上通用的TEF主要有3种，分别为国际毒性当量因子（1-TEF）和世界卫生组织毒性当量因子。

自然界中二噁英的来源主要分为自然源和人为源，人为活动对二噁英的释放影响极大。为了更好控制二噁英等物质的排放，减少其危害，全球制定了《关于持久性有机污染物的斯德哥尔摩公约》（简称《POPs公约》）。2001年5月23日，包括我国在内的90多个国家签署了该公约，公约中有明确的责任和义务，包括研究持久性有机污染物的主要来源和环境污染分布水平，以及这些污染物对环境及人体健康的负面影响和危害，同时开展削减技术的研发，以逐步削减二噁英等持久性有机污染物的排放。了解生物炭制备过程中二噁英的形成机制，有利于更好地控制二噁英等物质的排放，履行义务，承担责任。下面以PCDD/Fs为例简述生物炭制备过程中二噁英的形成机制。

与多环芳烃不同，二噁英的生成需要有作为基本骨架的氯的存在。所以，当制备生物炭的原料含有大量的氯时，有可能在某些特定条件下生成二噁英。前驱物，尤其是氯酚，对于PCDD/Fs的形成过程有极其重要的影响。如果在原料中存在如氯酚之类的前驱物，那么在热解过程中很可能通过缩合反应生成二蟋英。生物炭制备过程产生PCDD/Fs主要有以下3种可能：

（1）制备生物炭的原料中本身含有PCDDs和PCDFs。

（2）制备生物炭的原料中含有多氯代酚、苯酚、苯、双苯环等由不完全燃烧生成的存在于气相中的有机前驱物，这些物质会通过与飞灰表面活化物质的作用及与金属的催化作用，发生一系列复杂的缩合反应，当温度低于300℃时，会冷凝生成PCDD/Fs，这里简称通过“前驱物反应”途径合成。

（3）热解烟尘上含有的大分子碳，不完全燃烧的含碳物质，与废气中高浓度的HCl，在催化物质的作用下，经气化、氯化、缩合，在特定温度（200～400℃）可生成PCDD/Fs，这里简称通过“从头合成”途径合成。

PCDD/Fs的生成途径决定其生成速率。表7-3给出了“前驱物反应”与“从头合成”中PCDD/Fs的生成速率。

表7-3 “前驱物反应”与“从头合成”中PCDD/Fs的生成速率

生产机制	反应时间/min	PCDD/Fs的生成速率/[μg/(g·min)]	PCDF/PCDD值
前驱物反应	2～15	1.6	0.001～0.01
	30	50.1	0.0002
	10～60	2.89	—
从头合成	30	0.03	4.2
	60	0.02	0.03～5
	120	0.014	2

注：“—”表示无数据。

从表7-3中可以看出，从“前驱物反应”合成PCDD/Fs的生成速率远远大于“从头合成”PCDD/Fs的生成速率。通过“前驱物反应”合成PCDD/Fs的反应时间也比通过“从头合成”PCDD/Fs的反应时间要短很多。因此，为降低在生物炭制备过程中PCDD/Fs的生成率，应尽量避免PCDD/Fs的“前驱物反应”，改变有利于合成二噁英的条件。

生物质原料和制备温度会在一定程度上影响生物炭中二噁英的浓度。有学者通过测定来自8种原料的14种生物炭，发现生物炭中的二噁英浓度受到生物质原料、制备工艺及温度等多方面影响。不同的生物质原料制备的生物炭的二噁英浓度不同。餐厨垃圾、松木、消化牛粪制备的生物炭所含的二噁英浓度较高，其中全四八氯代二噁英浓度最高达92.0pg/g。与此同时，在生物质原料相同的情况下，由于制备温度的不同，获得的生物炭的二噁英浓度、种类、毒性也存在明显差异。以原料餐厨垃圾为例，在300℃

条件下制备的生物炭中2,3,7,8-氯代二噁英总浓度最高，达13.3pg/g，毒性二噁英浓度最大，达1.20pg/gTEQ（国际毒性当量）；但在500℃条件下制备的生物炭中2,3,7,8-氯代二噁英总浓度为0.39Pg/g，毒性二噁英浓度为0.008Pg/gTEQ，具有较大的差异。

由此可见，为了降低生物炭中的二噁英含量，依据其生成影响因素对生物炭的制备条件进行适当调整是十分必要的。而与制备条件相比，生物质原料是二噁英形成的根本物质基础，这其中影响二噁英生成的因素主要包括原料的热值与含水率、金属元素及其含量、氯种类及其含量等。

1. 热值与含水率

底物的焚烧热值对热解过程的温度有重要影响。原料的破碎粒度和含水率是影响热值的主要因素，相比之下，含水率对热值具有显著性影响。随着生物炭原料含水率的增加，净热值降低，干燥过程加长，热解燃烧推迟，火焰高度降低，从而阻碍生物质的热解，有利于PCDD/Fs的生成。研究认为最佳热值配比为含水率小于20%。但制备生物炭的原料含水率一般都比较高。我国城市生活垃圾的组成不同于发达国家，废报纸、大中型纸质、塑料包装箱多被回收，剩下的有机物主要是菜根、烂菜叶、果皮及垃圾塑料袋、碎纸、金属等，垃圾热值一般处于3000～5000kJ/kg，热值低，新鲜垃圾含水率高，其水分含量通常在50%以上。我国集约化畜禽养殖场，由于大多采用水冲粪的清粪方式，粪污的含水率甚至可高达82.6%～95.7%。与此同时，我国市政污水处理厂污泥含水率也在80%左右。由此可见，我国生物质废弃物的高含水率和低热值特性为生物炭制备过程中产生二噁英提供了有利的条件。

2. 金属元素及其含量

在烟气中的二噁英通常以通过“从头合成”途径合成为主。Cu、Fe等过渡金属及其氧化物是“从头合成”中缩合反应的重要催化剂，尤其是$CuCl_2$，其催化效果是其他金属元素的数百倍。$CuCl_2$还能够影响二噁英的生成种类，当$CuCl_2$浓度较高时，产物以PCDF为主，当$CuCl_2$浓度较低时，产物以PCDD为主。生物质原料如污泥、畜禽粪便、厨余垃圾等都有较高的Cu含量。我国有学者统计了1994—2001年59座污水处理厂的样本，发现污泥中Cu含量很高，在28.4～3068.0mg/kg波动，平均为486mg/kg。有学者测定了全国范围内20个省市170个规模化养殖场采取的鸡粪、猪粪、牛粪和羊粪的结果，相应粪便中Cu的含量分别为16.8～736.5mg/kg、12.1～1742.1mg/kg、8.9～437.2mg/kg、13.1～47.9mg/kg，平均分别为78.2mg/kg、488.1mg/kg、48.5mg/kg、23.5mg/kg。有学者通过测定浙江8个地区不同生物质热解之后的Cu含量，发现厨余垃圾制备的生物炭中Cu的含量也较高，能够达到69.4mg/kg。生物质原料中的金属元素的存在为促进二噁英生成提供了有利的条件。

3. 氯种类及其含量

氯元素是构成二噁英的重要元素组成，对二噁英的产量和种类都有较大的影响。制备生物炭的原料，如草、秸秆和食物残渣，常含有氯盐，在制备过程中为二噁英的形成提供了氯源。生物质原料中的氯源还可能来自暴露于氯盐的生物质（如接近于海滨的作物或树木），以及城市固体废弃物中的聚氯乙烯或含氯塑料。图7-4反映了常见的几种原料用不同方法测得的氯含量状况。

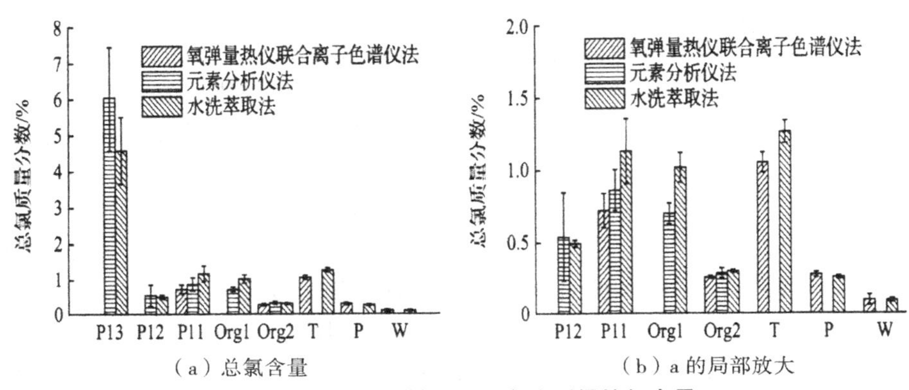

图7-4 不同原料用不同方法测得的氯含量

P11-塑料瓶和包装物；P12-塑料袋和胶片；
P13-PVC；Orgl-厨余垃圾；
Org2-庭院垃圾；P-废纸；W-废木；
T-织物（包括衣服、地毯、旧鞋等）

由图7-4可知，不同原料的氯含量有较大的差别，塑料中PVC的含量多于其他原料。此外，这些原料中的氯种类也存在差别，如图7-5所示。

由图7-5可知，不同原料所含有的氯种类不同，其中厨余垃圾中无机氯的比例大于塑料。由于无机氯盐（NaCl和KCl）比塑料具有较高的化学键能，因此热解过程中，一部分氯经化学反应转化可能形成气相的HCl，如反应方程式

$$2NaCl(s)+SO_2+0.5O_2+H_2O \longrightarrow Na_2SO_4(s)+2HCl$$

因此原料中的氯元素为形成二噁英提供了原料，都有助于合成二噁英。

（三）焦油类物质的潜在环境风险

焦油是指在热解或部分氧化气化条件下产生的有机物。它通常为大分子芳香族碳氢化合物。焦油的成分非常复杂，其中含有的有机物种类估计超过10000种。焦油的存在对于热解气化过程及其相关的设备都有较大的

危害。首先，焦油降低了生物质的利用效率，焦油的能量一般占总能量的5%～15%，这部分能量难以再收集利用，造成了能源的浪费；其次，焦油在燃气运送过程中会冷凝形成黏稠状液体，附着于管道和设备的壁面上，容易引起管道堵塞；最后，焦油在燃烧过程中容易产生炭黑，造成污染，并对燃气利用设备产生损害，严重时甚至还会导致设备无法正常运行。

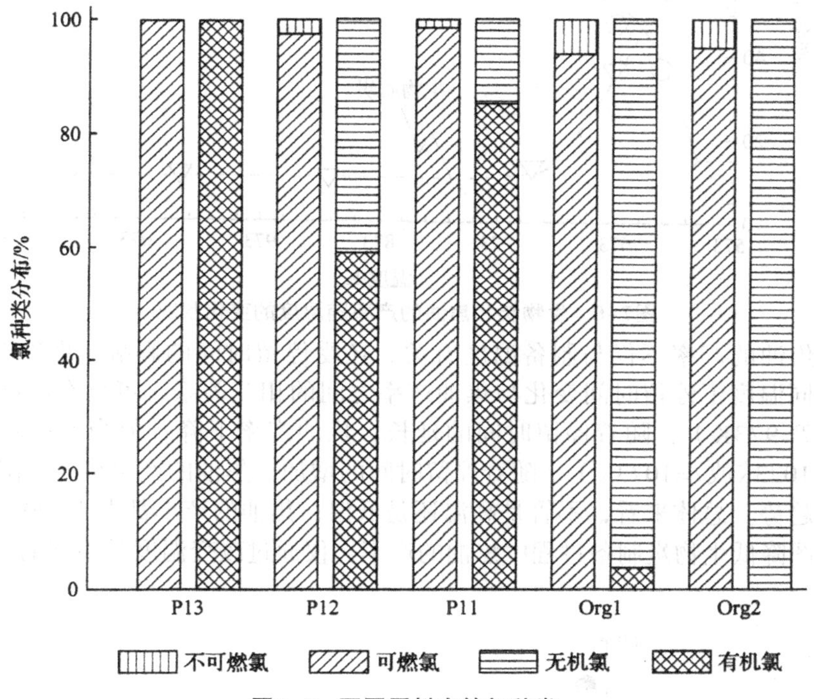

图7-5 不同原料中的氯种类

在生物炭的制备过程中，生物炭的产量与焦油的产量呈负相关，当焦油产率上升时，生物炭的产率下降。生物炭制备温度对焦油产量有重要影响（如图7-6所示）。随温度的上升，生物炭的产率下降，焦油的产率上升，当达到一定温度后，两者的产率才趋于稳定。

通过检测发现，当温度较低时，生物炭制备过程产生的焦油以轻质焦油为主，但当制备温度为1173℃时，会产生多种重焦油，如蒽、芘、屈、晕苯、二萘嵌苯、苯并[a]芘、苯并[c]芘等，其中苯的产率为7.7%，萘的产率为1.7%，苊烯的产率为1.2%，菲的产率为0.4%。

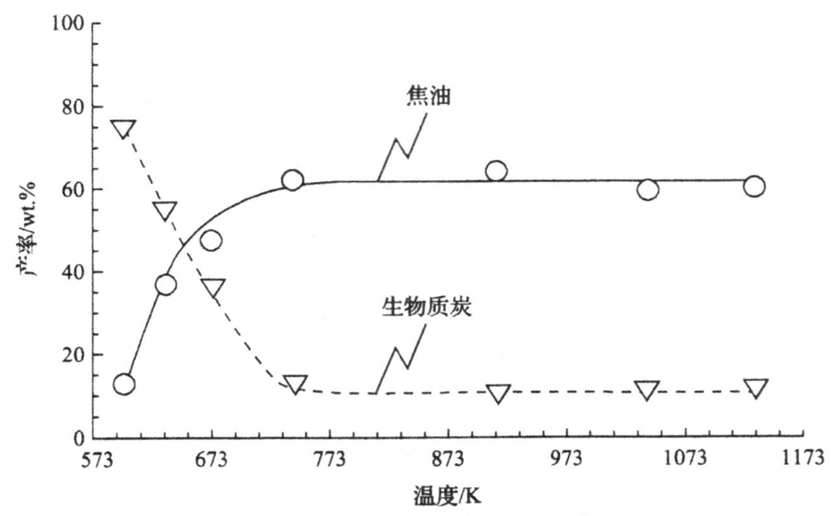

图7-6 生物炭和焦油的产率随温度的变化状况

焦油的产率不仅与制备温度有关，还受停留时间的影响。图7-7指出了不同温度下停留时间变化与焦油产率之间的相互关系，可见在温度较低时（*T*=973K），随着停留时间的延长，焦油产率下降；但当温度较高时（*T*=1023K或*T*=1073K），随着停留时间的增加，焦油的产率呈先下降后上升的趋势。总体来看，不管是高温还是低温，焦油的产率都大于200，所以若试图降低生物炭制备过程中焦油的产率，仅通过改变温度是不够的。

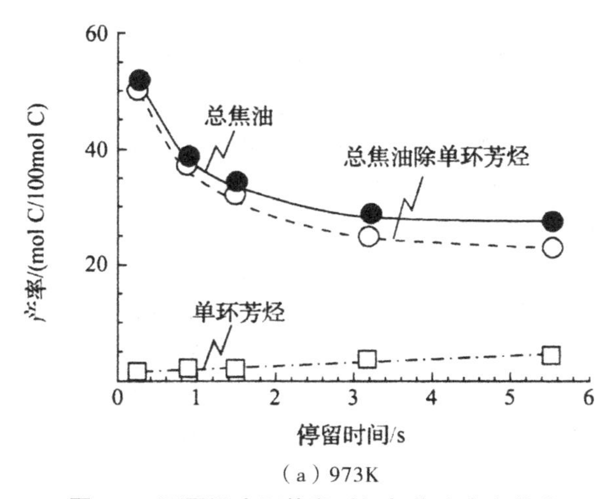

（a）973K

图7-7 不同温度下停留时间与焦油产率的关系

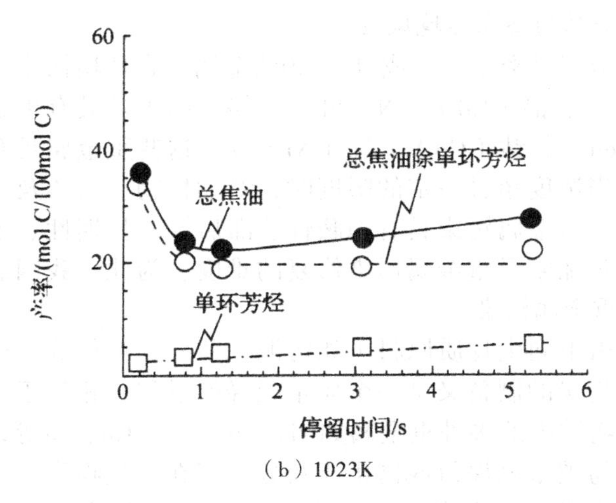

（b）1023K

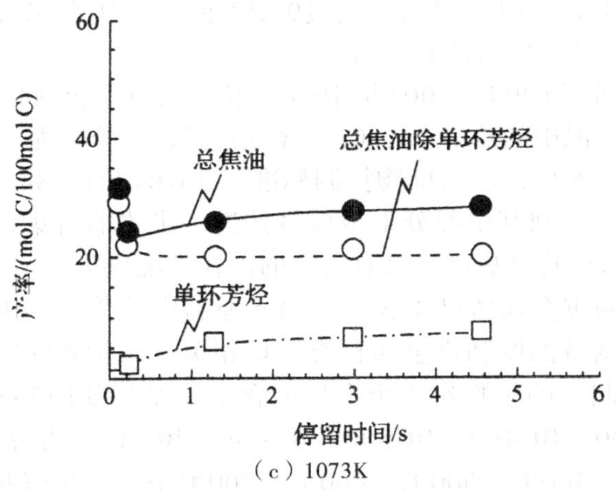

（c）1073K

图7–7　不同温度下停留时间与焦油产率的关系（续）

目前，去除焦油的方法大致可分为物理法和热化学法两类。物理法一般采用冷凝、洗涤、除雾、除尘、过滤等方式，将焦油去除。但物理法只是将焦油从气相转移到了冷凝相，并没有将焦油真正的除去，所以还是不可避免会产生一定的污染。热化学法一般采用热解或催化裂解的方式，使焦油在特定的反应条件下发生一系列化学反应，从而使大分子的焦油转化成小分子的气体。热化学法不仅能从根本上去除焦油，消除因焦油存在引起的损坏设备、破坏环境的隐患，而且还能提高生物质的转化率，减少能源的损失。因此，热化学法将成为生物炭制备过程中焦油清除与资源化利用的有效手段。

（四）重金属的潜在环境风险

重金属是指相对密度大于或等于5.0的金属。在环境污染领域中重金属主要指汞（Hg）、镉（Cd）、N（Pb）、铬（Cr）及具有重金属特性的锌（zn）、铜（cu）、钴（Co）、镍（Ni）等。这些重金属具有一定的生物毒性，尤其是当浓度超过一定的限度时，对动植物、人体及生态系统都具有一定的危害。重金属污染具有隐蔽性、滞后性、长期性、不可逆性等特性，这些进一步加剧了重金属污染修复的难度。为此，我国制定了多项标准法规来防治重金属污染。

生物炭可由不同生物质原料（如污泥、秸秆、木料等）通过多种方式制备而成，生物炭的制备又是一个质量减轻的过程，相较于易挥发的有机化合物，原生物质中的多种重金属如Ni、Zn、Cu、Co、Cr等，更加稳定，在制备过程中易被浓缩保留或富集于灰分，存在于生物炭中，从而使其中的重金属含量上升。研究表明，超过98.5%的重金属在制备过程中会被浓缩，其浓度可增加到原料的4～6倍。

有学者分析了1994—2001年中国城市污泥中重金属的含量，结果表明，我国城市污泥中的Zn、Cu、Cr等含量较高，部分污泥中Zn、Cu、Ni甚至超过了我国《农用污泥污染物控制标准》（GB4284—84）。若将该污泥热解制备生物炭，则其中部分重金属将被进一步浓缩富集，那么产品生物炭中的重金属浓度将会更高，具有更大的潜在环境风险。

生物炭中的重金属浓度不仅与生物质原料中的重金属浓度直接相关，也与生物炭的制备温度和重金属种类密切相关。有学者测定了造纸厂污泥在不同温度下制备的生物炭中重金属的含量，结果如图7-8所示。图中，BC200、BC300、BC400、BC500、BC600、BC700分别表示污泥样品在200℃、300℃、400℃、500℃、600℃、700℃条件下热解制备的生物炭。由图7-8可知，生物炭中重金属的含量与制备温度有关。一般而言，随着生物炭制备温度的上升，生物炭中重金属的含量逐渐升高。这可能是由于生物炭制备温度越高，有机物分解释放越彻底，重金属浓缩效应更明显。但并不是所有的重金属都会浓缩富集于生物炭，如Ni和Cd的浓度随着生物炭制备温度的上升而降低，这可能是由于Ni和Cd具有一定的挥发性，当制备温度过高时会发生挥发损失，从而降低了其在生物炭中的含量。

（五）灰渣的潜在环境风险

焚烧灰渣是指从焚烧炉的炉排和烟气除尘器等收集的排出物。根据灰渣的收集来源，一般可细分见表7-4。

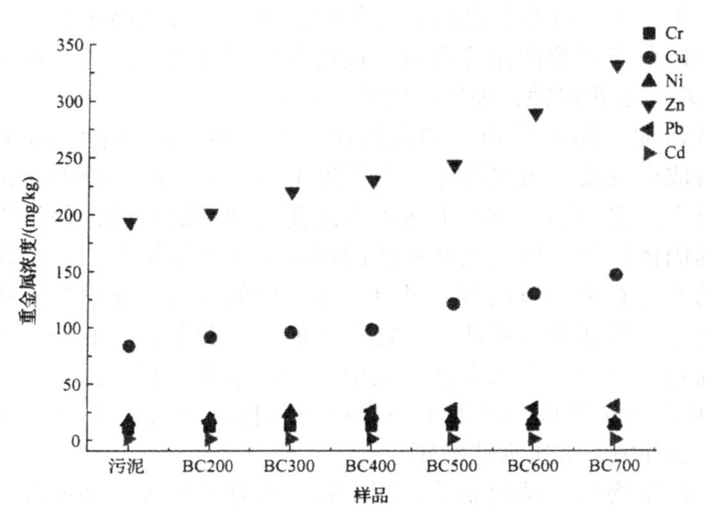

图7-8　生物炭中重金属的浓度随生物炭制备温度的变化状况

表7-4　不同的灰渣与其产生的位置

灰渣种类	产生位置
热回收系统飞灰（HRA）	热回收系统中收集的颗粒物。根据灰渣在热回收系统中收集位置不同，可进一步分为锅炉飞灰、省煤器飞灰和过热器飞灰等
烟气净化系统飞灰（APC residues）	烟气净化装置中收集而得的混合物，包括烟灰、注入的吸附剂、烟道气的冷凝产物与反应产物
烟灰（fly sah）	从燃烧室排出并在吸附剂注入前从烟道气中去除的颗粒物。包括烟道气冷却后冷凝下来的挥发物，热回收系统飞灰除外
混合灰渣（combined ash）	烟气净化系统飞灰、热回收系统飞灰及制备失败的生物炭的混合物

在生物炭制备过程中产生的灰渣主要为热解设备烟气净化系统飞灰。飞灰的理化性质随热解烟气净化系统的类型不同而变化。类似于焚烧系统，刚收集下来的飞灰通常为细小颗粒，含水率较低，具有较强的吸水性，颜色随组分不同，呈现白色到灰色和黑色不等。一般还含有一些有毒有害物质，如一些因挥发而迁移到飞灰的低熔点、高挥发性重金属（Cd、Pb、Hg等）和一些在生物炭制备过程中合成的多环芳烃、二噁英、呋喃等。一般而言，这些污染物的浓度与飞灰粒径分配（颗粒越小含量越高）、热解条件、烟道气中的颗粒炭原料及热解炉后端工艺和尾气净化工

艺的设置有关。并且这些污染物在飞灰中的含量通常要高于其他灰渣。此外，飞灰中还含有可溶性盐等物质。这些飞灰容易吸水，继而在反应容器的器壁上结垢，加快腐蚀，缩短反应器的寿命。

将造纸污泥、污水处理厂剩余污泥、畜禽养殖废弃物、城市垃圾等废弃物制备成生物炭，虽然能在一定程度上可以实现废弃物的无害化、减量化，甚至在严格控制的条件下达到资源化再利用的目的，但最终仍然会有一定量的固体废物（以飞灰和灰渣的形式）进入环境中。而存在于飞灰和灰渣中的有毒有害物质则将通过自然环境中的物理、化学及生物作用，进行迁移转化，从而对环境造成一定程度的污染和危害。此外，飞灰和灰渣还可能通过多种途径进入人体，其中可能的暴露途径是：飞灰→人体呼吸，或者灰渣→浸出水→地下水→水塘→人体饮用等，进而引发环境污染，破坏生态环境，危害人体健康。

为了提高生物炭产品的品质，使生物炭更好地发挥“环境友好”的诸多功能，在生物炭制备过程中降低以上各类污染物的产率、减小其扩散范围已经成为生物炭制备技术改进的重要方向。在制备过程中结合生物质原料的来源和特点设置相应的预处理程序、对制备设施进行功能改造以严格控制反应条件、在制备末端环节增加对污染物的收集和处理装置等都有助于减少生物炭制备过程中的潜在环境风险。为此，在整合目前已有的实践经验和研究结果基础上，组织力量开展专项研究，研发针对生物炭制备过程中二次污染的设备，研制集经济、高效、安全、环保及智能化控制于一体的新型生物炭成套化装备，对实现生物炭标准化、连续化、机械化、自动化生产具有深远的现实意义。

第二节　生物炭施用过程中潜藏的环境风险

生物炭有着广泛的应用前景，特别是农林业和环境领域。然而，由于生物炭的一些特性导致其在施用过程中可能会给环境带来一定的风险。下面主要就生物炭对大气环境、土壤环境和水体环境三方面的影响，分别讨论生物炭在施用过程中对环境的潜在风险。

一、生物炭施用对大气环境的影响

生物炭并不只呈颗粒状，也有粉粒形态，由于质量密度很小，在施用过程中容易发生飘散，悬浮于空气中，直接影响空气质量。长期暴露可能危害人体健康，影响社会稳定，产生一些难以预测的风险。迄今有不少研究表明，一些生物炭输入还会促进农田N_2O和CH_4等温室气体的排放。因此，生物炭的不合理施用不仅可能直接对大气环境造成污染，而且可能通过对土壤温室气体排放的促进作用抵消其在应对全球气候变化中的正面效应。

（一）生物炭粉尘对大气环境质量的直接影响

通过热解制备的生物炭会形成很多粉末状小颗粒物质，将这类生物炭直接施用于土壤时会导致颗粒物的大量排放。这些生物炭粉尘具有高比表面积和高孔隙度，是众多有机污染物、重金属、细菌甚至病毒的理想载体，同时也可能成为各种反应的良好界面。飘浮在空中的生物炭粉尘很容易被人体吸入，具有一定的健康风险。越来越多的流行病学和毒理学表明，黑炭颗粒与人体呼吸系统和心血管系统疾病具有显著相关性，黑炭颗粒物深入肺部，可能引发呼吸道的炎症反应，进一步诱发哮喘和慢性阻塞性肺病等肺部疾病。尤其是对儿童、老人及某些特殊工作者，长期暴露对其健康的影响更是不容忽视。当然，生物炭在其制备和施用过程中，对于产生直接接触的操作者而言，其危害更严重。漂浮于空中的黑炭颗粒也会在一定程度上影响对太阳辐射和红外辐射的吸收，扰动地球大气系统的能量收支平衡，并与硫酸盐、有机碳等水溶性气溶胶混合作为云凝结核或直接作为冰核，改变云的微物理和辐射性质及云的寿命，间接影响气候系统；同时，还会增加对流层大气的稳定度，抑制对流发生，减少地表的蒸发，从而影响水循环。有研究表明，黑炭颗粒具有较强的光散射效应，其总消光系数是透明颗粒的2～3倍，对光的吸收可能会使一些地方的能见度降低，是影响大气消光系数的第二因素，大量排放会导致城市大气雾霾严重，能见度降低，妨碍城市地面和空中交通，引发更多的意外事故。因此，生物炭生产和施用过程中其粉尘扩散对大气环境质量和人体健康的直接影响需要引起高度关注。

（二）生物炭对土壤温室气体的增排效应

大气中的二氧化碳（CO_2）、甲烷（CH_4）和氧化亚氮（N_2O）是主要的长生命周期温室气体。除了化石燃料的燃烧等工业排放源之外，农业生产如作物种植、畜禽养殖及其废弃物处理也是CH_4和N_2O等温室气体的主要排放源。据估计，全世界农业每年排放CO_2等价物5.1～6.1pg（$1pg=10^{15}g$），占2005年全球温室气体排放量的10%～12%。生物炭施入土壤会不可避免地对土壤温室气体的排放产生影响，其影响大小与生物炭的原料类型、制备条件、土壤类型、气候条件等众多因素有关。

目前，有关生物炭输入对土壤温室气体排放效应的影响规律尚未形成统一的定论。尽管大部分的研究表明，生物炭输入土壤能够减少土壤温室气体的排放，然而一些研究结果发现，生物炭输入对土壤温室气体的减排非但没有显著效果，反而还会在一定程度上增加排放量。由于有关生物炭对土壤N_2O和CH_4排放的影响研究开展得较多，且N_2O和CH_4的增温潜势巨大，因此这里主要讨论生物炭输入对这两类温室气体的增排效应的研究进展。

1. 生物炭对土壤N_2O的增排效应

N_2O在大气中的含量很低，但是其增温潜势是CO_2的298倍。此外，N_2O还对平流层中的臭氧具有一定的破坏作用，从而使到达地球表面的紫外线辐射量增加，对生物造成一定的危害。N_2O还是酸沉降中HNO_3生成的主要源，在对流层O_3和羟自由基的光化学反应过程中起着决定性作用。减少或有效控制N_2O排放对缓解全球温室效应具有重要意义。

土壤是N_2O的重要排放源，全球超过2/3的N_2O来自土壤。影响土壤N_2O排放的因素很多，如土壤类型、土壤温度、湿度、酸碱度等，对于农田土壤来说，施肥类型和用量也会影响N_2O排放。最近的一系列研究发现，人为添加生物炭对土壤N_2O的排放具有较大的影响。一些研究表明，添加生物炭能显著减少土壤N_2O排放量；同时也有研究发现，添加生物炭并不能减少土壤N_2O的排放。更有甚者，生物炭输入会在一定程度上促进土壤N_2O的排放。

至今有关生物炭促进土壤N_2O排放的作用机制研究并不深入，研究结论也主要基于实验现象结合相关因素的推测。通过总结近年来的相关研究发现，生物炭可能主要通过以下几种途径促进土壤N_2O排放：

（1）通过改变土壤孔隙含水率，促进土壤 N_2O 的排放。生物炭输入土壤能显著增加土壤孔隙含水率（WFPS）。有学者以不同比例（0、0.5%、1.0%、5.0%）向土壤添加 450℃制备的黄松生物炭时，发现土壤持水能力随着生物炭添加量的递增而不断增加（11.9g/cm、12.4g/cm、13.0g/cm、18.8g/cm）。WFPS可以反映土壤通气性和微生物可利用的氧，是影响硝化作用和反硝化作用的一个重要因素。硝化作用需要好氧条件，随着土壤O_2供给能力的降低，土壤硝化速率降低，硝化产物中N_2O/NO_3^-增加。研究发现，当土壤孔隙含水率在35%～60%时，土壤O_2含量较高，硝化作用是产生N_2O的主要过程。硝化速率随水分含量的增加而增加，当WFPS超过70%时，反硝化作用成为主要过程。土壤反硝化速率和O_2浓度成反比，随着WFPS的增加，土壤O_2浓度的下降，反硝化作用增强，N_2O产生量增大。有学者通过研究土壤水分含量与硝化和反硝化过程土壤N_2O排放量之间的关系，发现当WFPS为45%～75%，即接近于田间持水量时，N_2O的排放量最大。但一般旱作土壤在作物生长季节水分含量通常低于田间持水量。然而，随着生物炭在土壤中添加比例的增加，土壤的持水能力也随之增强。另外，还有学者也发现，土壤N_2O的排放随着WFPS的增加（从60%增加到80%）而增加。有学者通过向土壤中输入猪粪生物炭的研究发现，土壤释放的N_2O主要由反硝化过程产生，生物炭的添加可以显著提升土壤WFPS，从而促进土壤N_2O的排放。

（2）通过改变土壤的物质组成，促进土壤N_2O的排放。土壤的物质组成是土壤重要的理化指标之一。生物炭成分复杂，结构特殊，输入土壤之后会改变原始土壤的物质组成，促进土壤N_2O的排放。生物炭含有铁、锰、锌等过渡金属元素。这些金属氧化物、氢氧化物、硅铝酸盐、绿锈或碳酸盐可作为固相反应界面促进化学反硝化的进行。有学者研究发现，在严格厌氧条件下水溶液中的NO_2^-与Fe^{2+}一般不发生反应，但加入水合氧化铁后可以迅速生成NO和N_2O。土壤氮素物质是氮循环的物质基础，生物炭输入土壤会影响土壤的氮素物质。首先，氮元素也是生物炭重要的组成部分，外源输入生物炭会增加土壤氮素物质的含量，而其中的部分易降解的氮素物质可能会直接参与氮循环并促进N_2O的排放。有学者研究发现，施加富含氮素的生物炭，如家禽粪便生物炭，会显著增加土壤可利用N的含量，从而促进N_2O的排放。此外，生物炭对氮素物质有较强的吸附持留作用。有学者研究发现，不同条件下制备的木炭对土壤NH_4^+和NO_3^-均有显著的吸附持留作用。有学者的研究也发现，在20cm土层处施入竹材料生物炭能显著降低NH_4^+-N的流失。生物炭通过吸附，可以显著降低土壤氮素物质的淋溶损失，增加土壤中氮素物质的储备，为氮素物质的循环提供了更多物质基础，因而在某些特定的条件下有可能增加一些土壤的N_2O合成，表现出对土壤N_2O排放的促进作用。同时，生物炭还有可能对土壤酚、氰化物、重金属、萜烯等抑制微生物活性的物质进行吸附，从而降低土壤中对微生物生长繁殖具有毒害作用的物质含量，进而促进微生物的硝化和反硝化活动的进行，增加土壤N_2O的产生。有学者对经历自然森林火灾后生物炭含量较高的土壤进行分析，结果表明由于生物炭吸附了土壤中苯酚、萜烯等抑制氨氧化作用进行的化学组分，显著提高了土壤氨氧化细菌的种群丰度，促进了森林土壤的氨氧化作用和硝化速率，并提高了土壤N_2O的排放。

生物炭输入土壤除了通过改变土壤孔隙含水率和土壤物质组成以外，一些研究者认为生物炭还可能通过改变土壤pH值促进N_2O的排放。有学者研究发现，提高酸性土壤的pH值，可以提升土壤反硝化酶的活性，增加N_2O的产生。有学者也证明反硝化速率随pH值的增加而增加，最佳pH值为7.0～8.0。由于大部分生物炭呈碱性，因此生物炭输入土壤能够在一定范围内提高土壤的pH值。此外，生物炭含有丰富的微孔结构，可能也是改变土壤N_2O排放的一个因素。这些微孔结构可以为土壤微生物提供生长和繁殖的良好栖息地，也可以作为一些微生物的庇护所，保护它们减少竞争和被捕食，使微生物呼吸作用、微生物数量、微生物生物量和功能微生物的活性都随着生物炭输入水平（50g/kg、100g/kg、150g/kg）的增加而显著提升。这些生物学特性的改变在某些土壤类型中就可能呈现出对土壤N_2O排放的促进作用。

目前，有关生物炭究竟是如何促进土壤N_2O排放的作用机制尚无定论。由于土壤N_2O的释放与很多因素（如土壤类型、氮肥施加状况、水分管理状况等）相关，因此开展特定条件下的对比分析实验对揭示生物炭促进某些类型土壤N_2O排放的作用机制尤为重要。

2. 生物炭对土壤CH_4的增排效应

CH_4是一种重要的温室气体.由于CH_4分子具有很强的红外线吸收能力，其温室效应是CO_2分子的25倍，CH_4浓度的升高对全球气候变暖的贡献大约在25%。同时，CH_4能与大气污染物（如氟利昂等）发生反应产生其他温室气体（臭氧、一氧化碳、二氧化碳等）。因此，与N_2O一样，控制CH_4的排放对全球气候变化也有着十分重要的意义。

CH_4的排放源主要包括天然湿地、稻田、天然气渗出、废物填埋场、煤矿等开采、反刍动物及生物物质的燃烧。据统计，湿地占所有天然CH_4排放源的70%，占全球CH_4通量为20%左右。农用水稻田CH_4排放是湿地CH_4排放的重要组成部分，占大气总来源的12%左右，全球稻田CH_4年总排放量约30Tg（20～40Tg，$1Tg=10^{12}g$）。

土壤CH_4的排放是产CH_4菌产生的CH_4量超过CH_4氧化菌氧化的CH_4量的结果。影响CH_4排放的因素很多，如土壤质地、土壤氧化还原电位、土壤有机碳含量、土壤温度、湿度、酸碱度等，农田土壤的施肥类型、耕种制度和作物种类也对土壤CH_4排放产生影响。与对土壤N_2O排放作用类似，尽管许多研究表明，添加生物炭能显著减少土壤CH_4的排放量，但也有部分研究发现，生物炭的输入并不能显著降低土壤CH_4的排放量。相反，他们发现生物炭输入对某些土壤CH_4的排放具有显著的促进作用。

目前研究者对生物炭促进土壤CH_4排放的机制有不同的看法，总结起来，生物炭可能通过以下5种途径促进土壤CH_4排放：

（1）通过提高土壤有机碳含量，促进土壤CH_4的排放。生物炭含有较多的碳素，生物炭输入土壤可显著提高土壤有机碳含量。有学者通过测定不同生物炭的元素组成，发现无论何种来源的生物炭，碳元素都是生物炭的重要组成元素，一般在80%～90%。还有学者通过盆栽试验系统探讨了生物炭对新疆灰漠土有机碳及其组分的影响，结果显示，施用生物炭可显著提高土壤总有机碳含量，且生物炭热解温度越高，施用量越大，提高作用越显著。土壤有机碳不仅是土壤中产CH_4的重要底物，而且有机碳含量的提高会显著降低土壤氧化还原电位并加速CH_4以气泡的形式释放，从而有利于土壤CH_4的产生与排放。最近的一些研究证实，生物炭携带的易降解性有机碳进入土壤能够迅速提高土壤易分解有机碳的含量，为土壤产CH_4微生物提供重要的有机碳源，并由此促进土壤CH_4的排放。

（2）通过改变土壤温度，促进土壤CH_4的排放。温度对CH_4的产生、氧化及传输都具有显著性的影响。产CH_4菌产CH_4的最佳温度为30～40℃，升高温度能增加产CH_4菌及参与CH_4发酵过程的其他微生物的活性从而增加CH_4通量。此外，产CH_4菌对温度的变化也较为敏感。研究发现，产CH_4菌的Q_{10}（温度增加10℃后微生物活性增加的相对值）值为1.3～28，相较于与之竞争H_2的微生物，其Q_{10}值相对较高，如硫酸盐还原菌的Q_{10}值为1.6，铁离子还原菌的Q_{10}值为2.4。因此，升高温度能显著增加产CH_4菌的H_2竞争能力，从而产生更多的CH_4通量。而CH_4氧化菌对温度的敏感性比产CH_4菌差，其Q_{10}值相对较小，一般为1.4～2.1，升高温度对CH_4氧化菌的促进效果较低。因此，在一定的条件下，升高温度会导致土壤CH_4产生量的增加。此外，温度也会影响到CH_4气体的传输效率。有研究发现，土层5cm处的温度同植物CH_4气体的传导度成正相关关系，即温度越高，CH_4气体传输效率越大，CH_4释放越容易。与此同时，温度提升还有助于加快有机质的分解，增加对氧气的消耗，从而有利于土壤厌氧环境的形成，促进土壤CH_4的产生与排放。生物炭由于其颜色、结构的特殊性，一般认为其对光辐射具有较强的吸收能力，可以在一定程度上提高土壤温度。有学者通过考察添加生物炭土壤的颜色变化，发现随着生物炭浓度的增加土壤孟塞尔色度值显著下降，如图7-9所示。因此，生物炭输入土壤能够通过降低土壤孟塞尔色度值，在一定范围内提高土壤的温度，从而影响产CH_4菌的活性，为土壤CH_4的产生与释放提供更有利的环境，促进CH_4的排放。

（3）通过改变土壤酸碱度，促进土壤CH_4的排放。产甲烷菌对土壤酸碱度相当敏感，一般在中性或稍碱性环境中活性较强，而甲烷氧化菌则适宜于生活在微酸性的环境中。例如，在温带和亚高山的沼泽当中，甲烷氧化菌的最适pH值为5.0～6.5。研究发现，当土壤pH值处于5～7时，CH_4的生成量随pH值升高而增加。一般情况下，中性土壤CH_4排放量是酸性土壤的4倍。通常，生物炭呈碱性，主要是由于生物炭含有钾、钙、钠、镁等碱金属，以及丰富的—COO^-（—COOH）和—O^-（—OH）等含氧官能团，这些官能团在pH值较高条件下以阴离子形态存在，可以与H^+发生缔合反应。因此，生物炭输入土壤通常能够显著地提高土壤pH值，尤其是酸性土壤。有学者将生物炭输入水稻土发现，随着生物炭输入量的增加（0、10t/hm^2、20t/hm^2、40t/hm^2）土壤pH值不断增加（6.53、6.73、6.77、6.89）。由此可见，生物

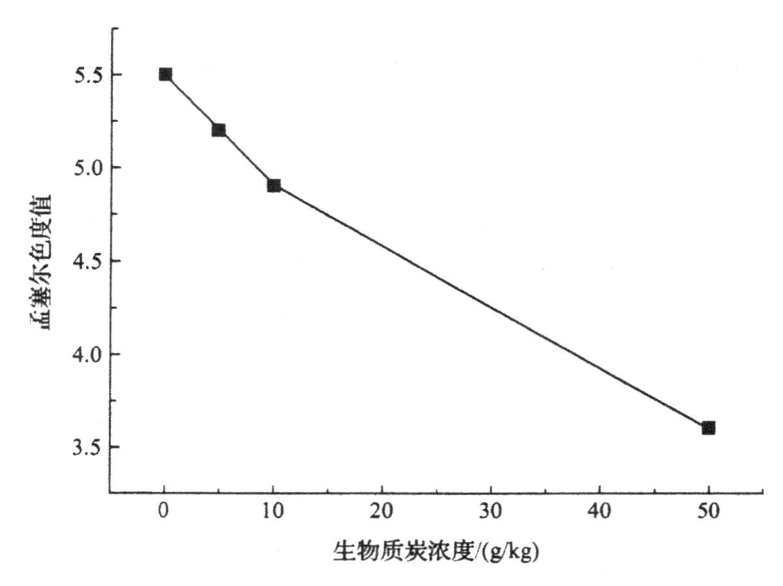

图7-9　生物炭输入对土壤孟塞尔色度值的影响

炭输入对土壤pH值的影响将有可能直接改变土壤产甲烷菌和土壤甲烷氧化菌的多样性，并在一定的土壤类型中，如酸性土壤，促进土壤产甲烷菌的丰度和活性，抑制土壤甲烷氧化菌的丰度和活性，从而提高土壤CH_4的产生量。

（4）通过改变土壤含水率，促进土壤CH_4的排放。土壤水层限制了大气氧向土壤的传输，使土壤形成厌氧还原环境，为产甲烷菌的生长和活性创造了必要条件。土壤水分状况是CH_4排放各基本过程的重要影响因素。当土壤水分充足时，有机物多发生厌氧分解，CH_4排放量较大；而水分少时，土壤通气性变好，氧气含量增多，甲烷氧化菌能更好地氧化CH_4，减少CH_4的排放。生物炭对土壤水分的影响受生物炭保水性、施加量及土壤自身含水量的影响。当土壤水分含量较少时，生物炭可能会通过吸附土壤水分进而加剧周围土壤干旱，这不仅降低土壤CH_4汇作用，而且同时增强CH_4的气相扩散，从而促进CH_4排放；当土壤水分含量过多时，生物炭的保水性会使土壤持续性维持较高的含水率，从而有利于有机物的厌氧分解，促进土壤CH_4的形成与排放。

（5）通过直接影响种间电子转移，促进土壤CH_4的排放。生物炭输入土壤不但会改变土壤物质组成、含水率、温度、酸碱度等土壤理化性质，而且作为颗粒活性炭的前体，能充当电子传递介质，影响土壤微生物的活性，参与土壤氧化还原过程，进而促进土壤CH_4的排放。有学者通过研究发现，生物炭作为电子传递的介质，促进了电子在金属还原地杆菌和巴氏甲烷八叠球菌之间传递，从而促进乙醇转化为甲烷，增加甲烷的产量，如图7-10所示。由此可见，生物炭输入一些特定类型的土壤，可能通过提高土壤有机碳含量、改变土壤酸碱度、温度、含水率及影响种间电子转移等多种方式，影响这些类型土壤中产甲烷菌和甲烷氧化菌的丰度与活性，促进土壤CH_4的释放。

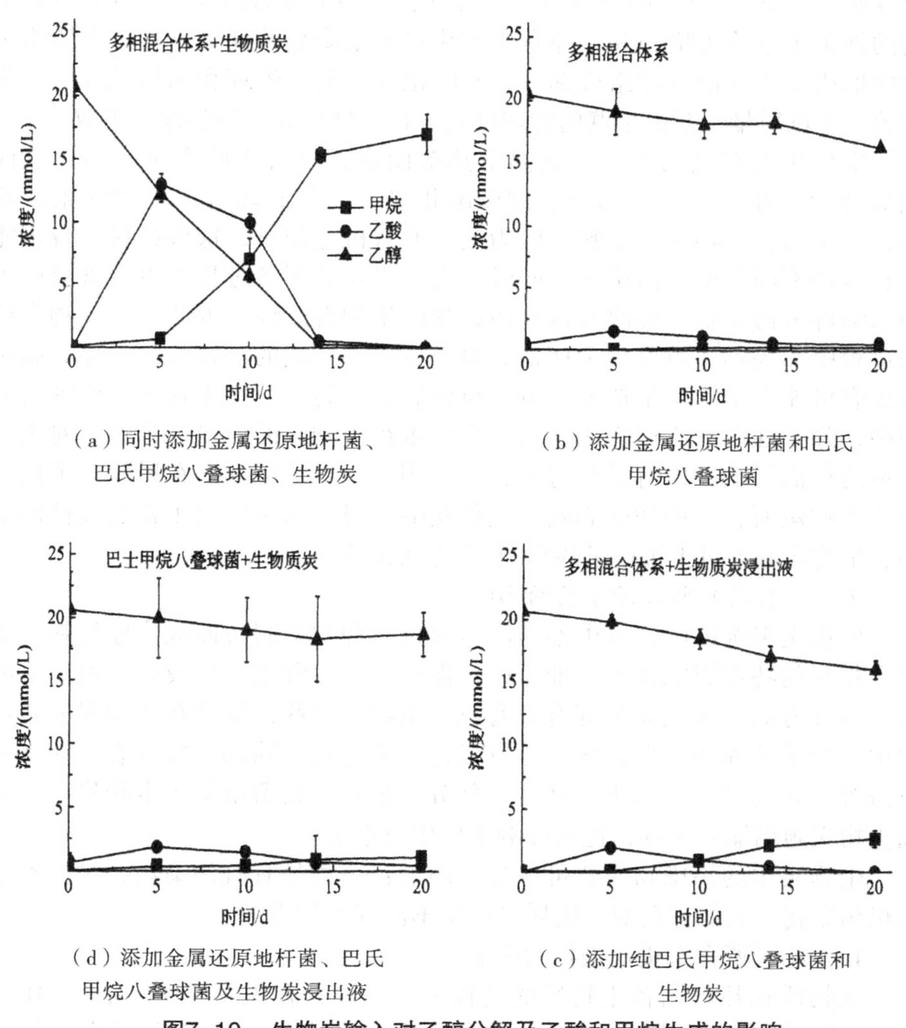

（a）同时添加金属还原地杆菌、巴氏甲烷八叠球菌、生物炭

（b）添加金属还原地杆菌和巴氏甲烷八叠球菌

（d）添加金属还原地杆菌、巴氏甲烷八叠球菌及生物炭浸出液

（c）添加纯巴氏甲烷八叠球菌和生物炭

图7-10 生物炭输入对乙醇分解及乙酸和甲烷生成的影响

二、生物炭对土壤环境质量的潜在负面影响

土壤作为一种重要的自然资源在为人类生产提供食物和纤维，维持地球生态系统等方面发挥着重要的作用。土壤质量是指土壤在生态系统的范围内，维持生物的生产能力、保护环境质量及促进动植物健康的能力，是土壤肥力质量、土壤环境质量及土壤健康质量3个方面的综合量度，也是常用的评价土壤管理措施和土地利用变化对土壤影响的评价工具。土壤质量主要取决于土壤的自然组成部分，同时也与人类的管理和利用导致的变化有关。土壤质量主要由土壤的物理性质、化学性质和生物学性质组成。

生物炭由有机物在缺氧高温下热解而成，具有高碳含量、高比表面积等特性，在土壤污染修复、固碳减排等方面具有较好的应用前景。然而，由于制备生物炭的原料一般为废弃的有机生物质，这些材料本身可能含有多种不同类型的污染物。同时，生物炭在其制备过程中也通常会产生和浓缩许多污染物，并改变这些污染物的生物有效性。因此，在生物炭使用过程中如果不注意分析和评估其对土壤生态环境的潜在风险，那么施用后极有可能对土壤质量造成严重的负面影响。为此，在生物炭的研究与应用中，除了强调其正面作用，还应高度重视生物炭的质量及其输入对土壤质量的负面影响，以有效规避生物炭施用对土壤环境的潜在风险。下面主要从生物炭所含污染物的影响、生物炭输入对土壤污染物生物有效性的影响、生物炭输入对土壤质量的影响3个方面作论述。

（一）生物炭所含污染物的影响

生物炭来源广泛，可由不同原料通过多种方式制备而成。原材料类型对生物炭的特性影响很大，如市政污泥常含有多种重金属及胺、醚、酞酸酯、多环芳烃、多氯联苯等有毒有机污染物。这些污染物在生物炭制备过程中，会被浓缩或重新合成、分解或进一步转化，除部分以气态、液态或灰渣等形式逸散或分离去除外，大部分污染物会残留富集于生物炭中，并随生物炭施用输入土壤，进而影响土壤生态系统。

生物炭中的污染物主要可以分为两类：一类是有机污染物，另一类是无机污染物。它们都会对土壤质量产生不同程度的影响。

1. 生物炭所含有机污染物的影响

生物质在热解制备生物炭的过程中，一些具有挥发性的C结构、H_2、CH_4、CO等会释放损失，剩余的有机物会发生复杂的化学反应，形成PAHs、二噁英、呋喃等多种有机污染物质。研究发现，在热解过程中，存在于生物质中的有机物会被分解成较小的不稳定的碎片。这些碎片包含

大量高活性自由基，会通过二次反应重组形成PAHs。有学者通过测定来自23种原料的59种生物炭，发现采用慢速热解制备的生物炭中PAHs的浓度为0.07～3.279g/g；采用快速热解或气化制备的生物炭中PAHs的浓度为0.3～45μg/g（图7-11）。

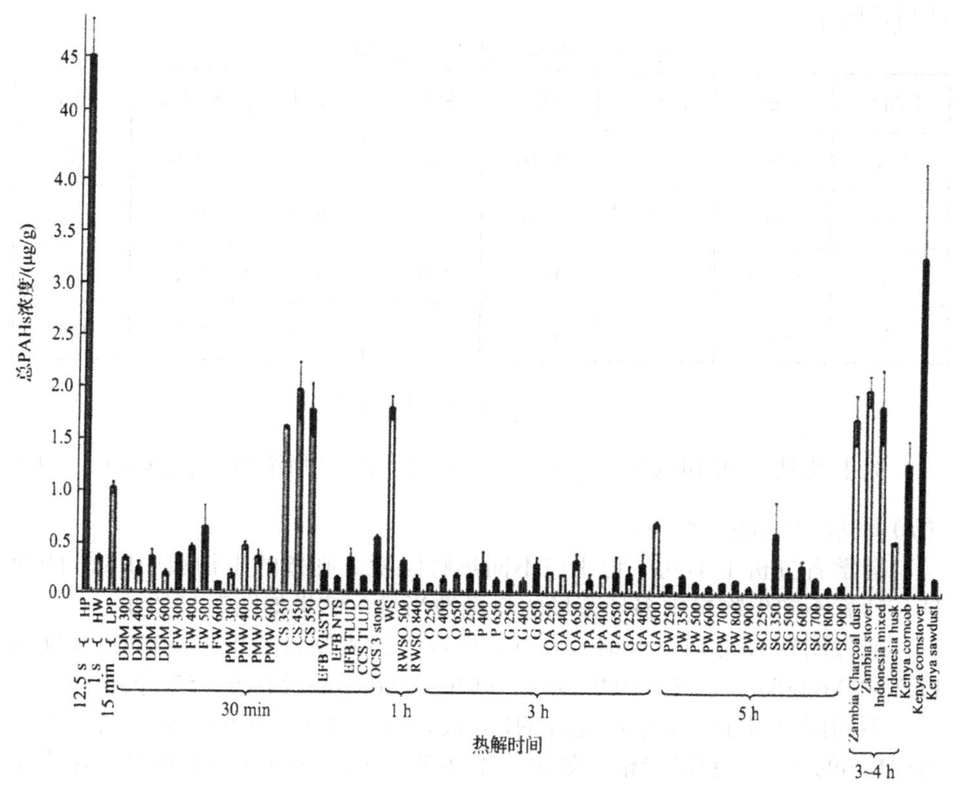

图7-11　不同生物炭中总的PAHs浓度

有学者研究发现，当热解温度为200～400℃，热解反应时间为几秒时，固体表面容易形成二噁英，尤其是当存在氯离子（如NaCl或聚氯乙烯）时，更会促进二噁英的生成。有学者通过测定来自8种原料的14种生物炭，发现生物炭中二噁英的浓度最高可达92.0μg/g。

从上述结果可知，生物炭中都会含有一定量的PAHs和二噁英。因此，不管是从监管还是环保角度，含有有机污染物的生物炭农业应用都会向土壤中输入一定量的污染物，并可能通过植物富集.危害人体健康，具有一定的环境和健康风险。

目前很多研究应用毒性当量因子法对PAHs进行健康风险评价，基本原理为：选择致癌性最强的苯并[a]芘（Bap）作为参照物质，表征各PAHs

所造成的总风险，即PAHs的总毒性当量浓度（TTEC）是将其他PAHs的浓度采用毒性当量因子（TEF）换算成Bap的毒性当量浓度（TEc），然后各PAHs的TEC相加得到的。一般认为，各PAHs的毒性当量因子越大，致癌性越强，因此可用它来评价环境中PAHs的健康风险。表7-5为16种PAHs的毒性当量因子。

表7-5　16种PAHs的毒性当量因子

PAHs	TEF	PAHs	TEF	PAHs	TEF	PAHs	TEF
Nap	0.001	Phe	0.001	Baa	0.1	Bap	1
Ane	0.001	A	0.01	Chr	0.01	Daa	1
Ane	0.001	F	0.001	Bbf	0.1	Bgp	0.01
Fle	0.001	P	0.001	Bkf	0.1	Icdp	0.1

$$\text{TTEC}=\sum C(i)\times \text{TEF}(i)$$

综上所述，可知式中，$\sum C(i)$表示i物质的实测浓度（μg/kg）；TEF（i）表示i物质的毒性当量因子。

有学者分析了不同生物质在不同热解温度下制备的生物炭中PAHs的含量，计算不同生物炭中多环芳烃的总毒性当量，结果如图7-12所示。

通过图7-12可知，水稻、大豆、树皮及猪粪制备的生物炭TTEC分别为11.2～80.6μg/kg、12.5～89.9μg/kg、11.5～89.6μg/kg及10.9～57.8μg/kg。

不同国家对于土壤中所允许的Bap最高含量存在一定的差异。荷兰对土壤中Bap的浓度控制最严格。如果将上述低温条件下制备的生物炭直接施用于土壤，很多生物炭中多环芳烃的浓度都超过了荷兰标准，尤其是B300和W300，TTEC含量达到了89.9μg/kg和89.6μg/kg。但对于其他国家，将这些生物炭直接施用于土壤，没有超过土壤环境质量标准中Bap的最大可接受浓度，可以施用。然而，生物炭还田具有长期累积效应，因此并不能说如果生物炭中Bap的浓度没有超过标准就没有风险。生物炭经过一段时间的还田之后，还是有可能增加土壤中PAHs的含量，造成一定的环境和健康风险。

有学者测定了木料生物炭中16种PAHs的浓度，通过计算得到木料生物炭中PAHs的总毒性当量浓度为（42.0±6.6）μg/kg。该浓度并没有超过加拿大、英国、美国、中国等国家的标准。但将上述木质生物炭输入饱和始成土，发现3年后用生物炭修复的土壤中，PAHs的浓度显著高于未修复土壤（$p<0.05$）。由此可见，即使应用于土壤的生物炭本身没有超过应用标

准，但是由于累积效应，生物炭施用于土壤之后还有可能增加土壤中PAHs的浓度，长期施用可能会带来更大的环境风险。

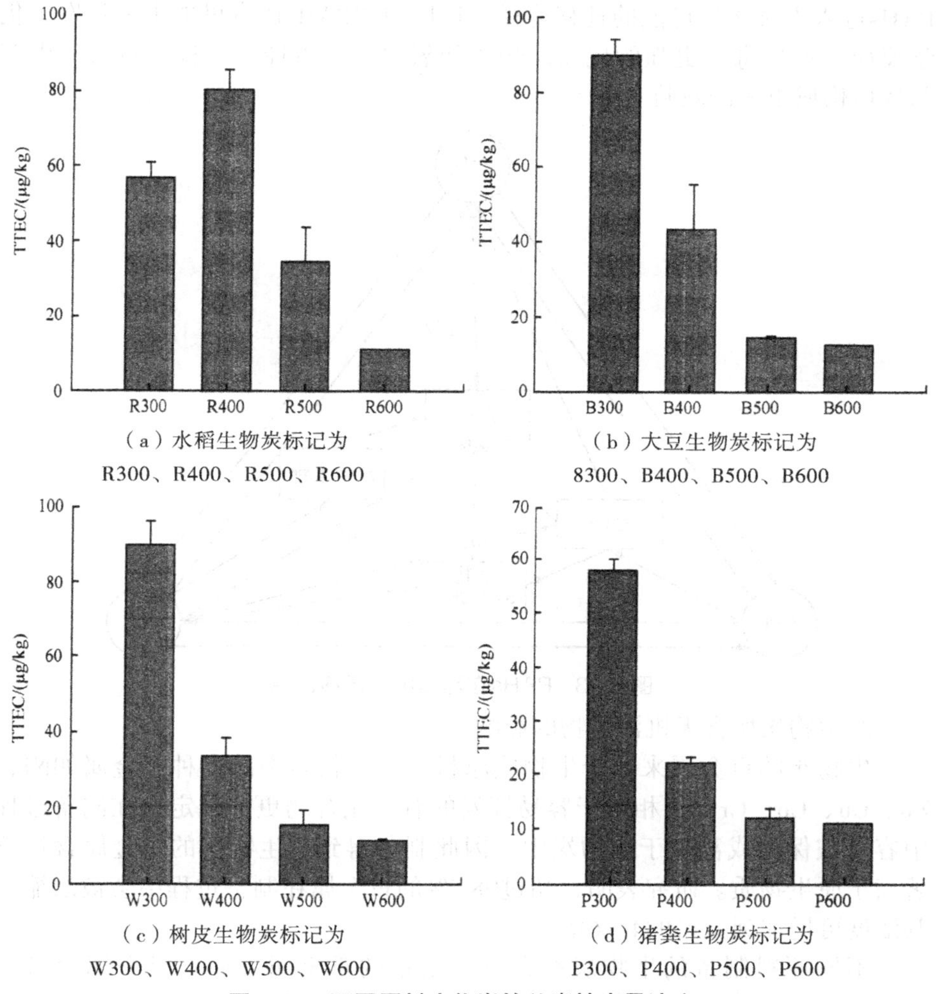

（a）水稻生物炭标记为R300、R400、R500、R600

（b）大豆生物炭标记为8300、B400、B500、B600

（c）树皮生物炭标记为W300、W400、W500、W600

（d）猪粪生物炭标记为P300、P400、P500、P600

图7-12　不同原料生物炭的总毒性当量浓度

PAHs稳定性强、生物富集率高、遗传毒性大，对土壤生物和人体健康具有极大的威胁。有学者通过在被PAHs污染的土壤上培养莴苣和卷心菜发现，PAHs会影响作物生长，显著抑制植物的生长量。有学者通过盆栽试验也发现，萘能抑制水生植物的呼吸强度和叶绿素含量，且随着萘浓度的增加，其对水生植物的毒害作用呈现明显的负效应。PAHs不仅会直接影响土壤生物的生长，而且也可能通过生物富集作用由食物链进入人体，对人体产生“三致”危害。除此以外，进入土壤的PAHs也可能通过另外几种途径进入人体，危害人类健康。如淋溶到水体，通过直接饮水和水生生物富集之后迁移到人体；挥发到大气，通过呼吸作用进入人体。如图7-13所示是PAHs进入土壤之后可能的迁移途径。环境中的PAHs还有可能进一步发生化学反应，产生毒性更强的代谢产物（如氧化多环芳烃），进而对人类生存与环境构成更大的威胁。

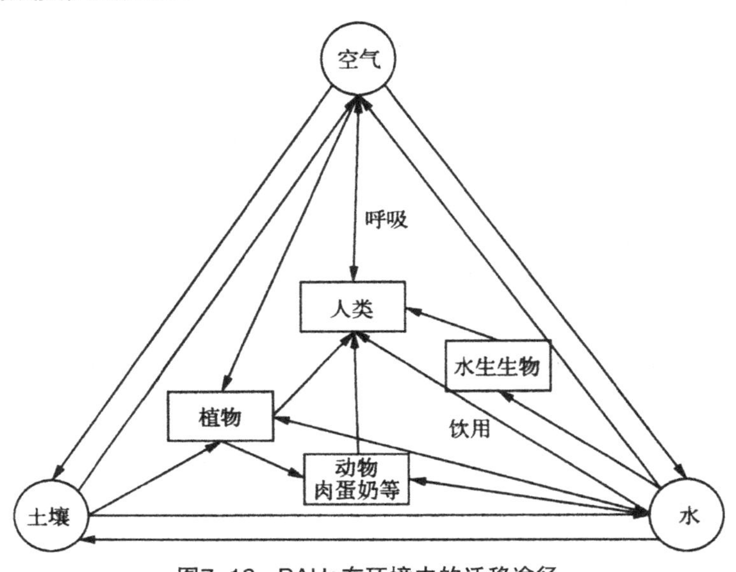

图7-13 PAHs在环境中的迁移途径

2. 生物炭所含无机污染物的影响

生物炭的重金属来源于生物质原料，原生物质中的多种重金属如Ni、Zn、Cu、Co、Cr等，相较于容易挥发的有机化合物更加稳定，在制备过程中容易被保留或富集于生物炭中，因此制备得到的生物炭的重金属含量显著高于原生物质。研究表明，超过98.5%的重金属在制备过程中会被浓缩，其浓度可增加到原料的4～6倍。

不同原料制备的生物炭都含有一定量的重金属。原料重金属含量越高，制备得到的生物炭中重金属含量也就越高。通常情况下，市政固废生物炭、污泥生物炭及畜禽粪便生物炭含有较高的铜、锌、铬、镍等重金属。此外，某些特定的原料制备的生物炭的部分重金属含量也较高。有学者研究发现，由制革厂废弃物制备的生物炭中，Cr的浓度占干重的2%。如果将这些生物炭直接施用于土壤，很容易将富集于生物炭中的重金属带入土壤，加重土壤重金属污染，危害环境。

参照我国《农用污泥中污染物控制标准》（GtM284—84）可以看出，农用废弃物（如木材、秸秆等）虽然含有一定的重金属，但是重金属含量都比较低，远低于农用污泥中污染物控制标准，可以施用。然而，由市政污泥、生活固废或畜禽粪便等制备的生物炭中很有可能存在一种或多种重金属超标现象。如果直接施用，将带来较大的环境风险，应慎重使用，不能直接农用。

大量的研究表明，虽然农用废弃物（如木材、秸秆等）含有一定的重金属，但其含量都比较低，一般都远低于国家土壤环境质量标准。即使长期使用，输入的重金属累积量也不是很高，环境风险相对较小。相较于农业废弃物，以废水污泥和市政固废等为原料制备的生物炭中重金属含量明显较高，部分重金属含量超过国家土壤环境质量标准中各重金属的限量标准，如市政固废生物炭中的Cd，无论是施用1年，还是施用5年Cd都超标，长期施用其累积量更大，毒害更强。但有些生物炭重金属含量稍低，虽然单次施用不会出现重金属超标污染现象，由于重金属在土壤中一般比较稳定，具有累积效应，长期施用该类生物炭还是有可能出现重金属超标污染现象，如市政污泥生物炭，施用1年，重金属都没有超标，但连续施用5年后，会使土壤Cd和Ni超标。

多数重金属在土壤中通常情况下是相对稳定的，在一定时期内不会表现出对环境的危害，但当土壤重金属积累超过一定限度之后，会引起严重的土壤生态风险。土壤重金属浓度过高之后，会降低土壤微生物的丰度和种群密度，改变土壤环境的优势菌群，使土壤微生物群落结构的多样性发生变化。各种重金属元素在土壤中积累对土壤动物的生存也会产生威胁。一般情况下，土壤动物群落组成与数量随着金属污染程度的加深而降低，研究表明，土壤重金属超过一定限度之后会降低土壤无脊椎动物的多样性和抑制其活动能力。土壤中的重金属还能进入植物体内对植物体产生直接的伤害，引起株高、主根长度、叶面积等一系列生理特征的改变。综上所述，由于一些类型的生物炭中含有相当数量的重金属，施入土壤或长期施用后可能导致土壤重金属的积累，具有一定的环境和健康风险，其在土壤环境中的推广应用需引起高度重视。

（二）生物炭对土壤污染物生物有效性的影响

土壤污染物的危害，不仅与污染物的浓度有关，同时与污染物的形态特性等也有密切关系。目前研究发现，生物炭输入土壤会改变污染物的存在形态、迁移转化能力、生物活性和毒理学特性等，进而促进污染物在土壤生物体内的积累，增强污染物对动植物的直接危害，更有甚者，还会具有遗传毒性，导致生物遗传特性的改变。此外，这些污染物也会通过迁移转化进入动植物体内，随后通过食物链进入人体，干扰人体正常的生理功能，对人体健康造成损害。

1. 生物炭改变土壤有机污染物生物有效性

生物炭在制备过程中，形成的PAHs、二噁英、呋喃、苯酚和苯酚的衍生物等有机污染物具有一定的遗传毒性和细胞毒性。随生物炭输入土壤后，会对土壤生物的遗传物质造成一定的影响，进而影响生物的表现型。有学者用紫露草微核实验法测定了水热法制备的生物炭和热解法制备的生物炭的遗传毒性，结果如图7-14所示。从紫露草微核实验结果可知，水热法制备的生物炭和热解法制备的生物炭会在一定程度上改变微核的数量，尤其是HTC-1、HTC-5、HTC-6、HTC-7、Py-4、HTC-15、HTC-18。说明部分生物炭具有一定的遗传毒性，且不同生物质原料和生物炭制备方式会在一定程度上影响遗传毒性的大小。在此基础上，有学者又通过培养油菜和玉米，探究生物炭添加量与下一代种子发芽率和幼苗鲜重之间的关系，结果如图7-15所示。

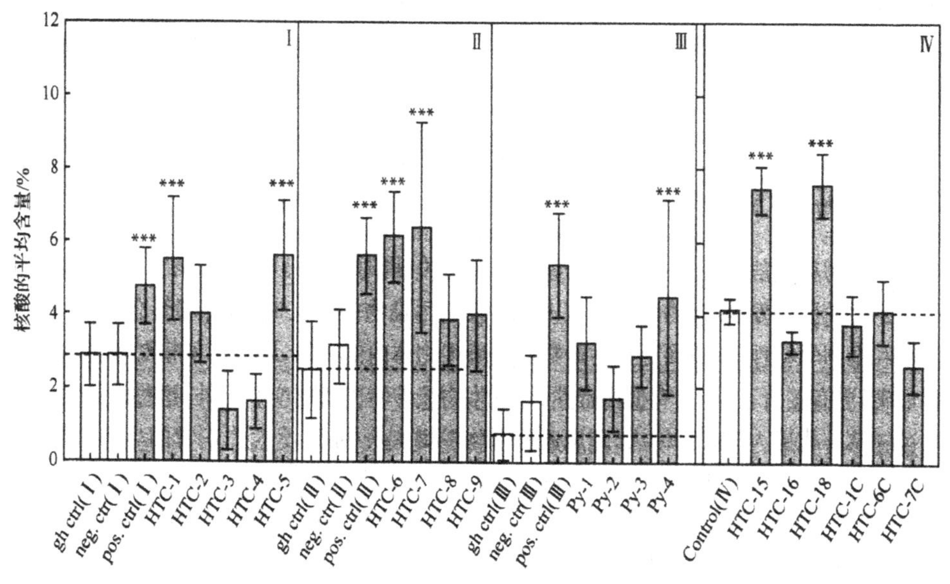

图7-14　不同生物炭处理下800个花粉中的平均核酸数

通过图7-15可以发现，水热法合成的生物炭会抑制油菜和玉米种子的发芽和生物量，尤其当生物炭输入量较高时，现象更明显。对于油菜，当生物炭添加量为2.5%时，可显著抑制油菜发芽，减少生物量；当添加量大于5%，基本完全抑制油菜籽发芽。水热法合成的生物炭对玉米种子的影响也类似。然而，热解法制备的生物炭对油菜和玉米种子的发芽率没有影响，反而随着生物炭添加量的增加，可显著提高油菜幼苗的生物量。综合上述实验现象可以发现，某些生物炭对生物具有一定的遗传毒性，会在一定程度上影响子代的生长状况，且其影响与生物质原料和制备工艺有关，具有一定的风险性。

生物炭输入土壤不仅通过生物炭含有的有机污染物直接影响生物遗传性，而且还会由于生物炭的特性，影响土壤有机污染物的生物有效性。生物炭对土壤有机污染物（如PAHs）有较强的吸附能力和螯合作用，所以生物炭输入土壤会增强对疏水性有机污染物的吸附作用，从而降低其生物可利用性和微生物的矿化作用，导致PAHs的原位积累。研究发现，向土壤中添加生物炭能显著增加其对菲的吸附能力，见表7–6。

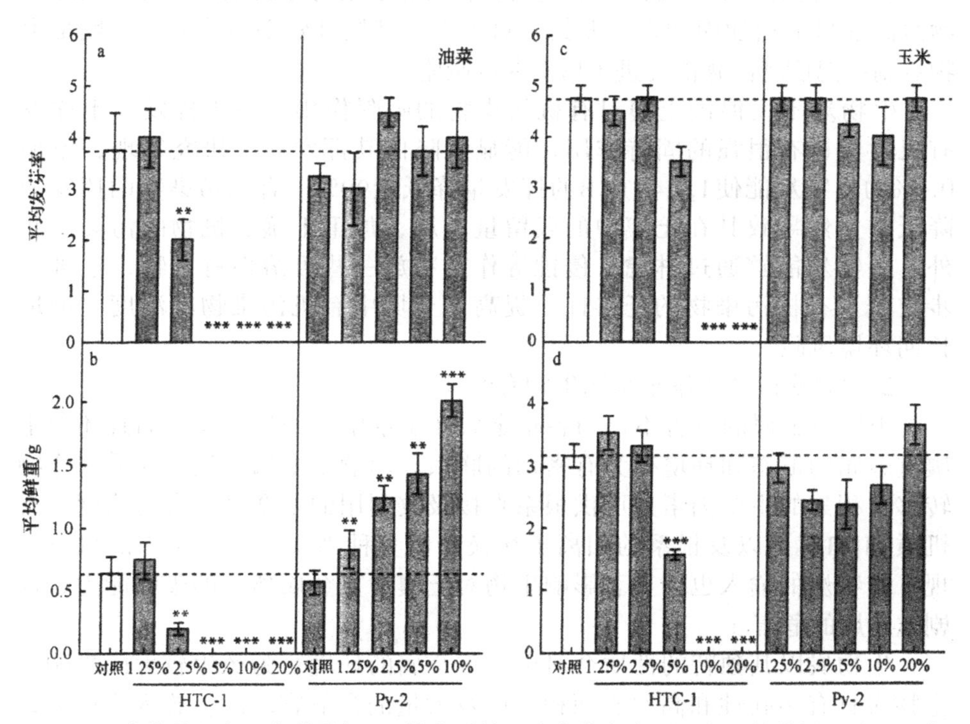

图7–15　油菜种子和玉米种子经21d培育后的平均发芽率（a和c）和幼苗鲜重（b和d）

表7–6　生物炭输入增加土壤对菲的吸附

土壤类型	生物炭类型	生物炭添加量/%（ω/ω）	吸附分配系数K_d/（L/kg）
沙土	对照	0.0	47.0
	松木生物炭（350℃）	0.1	3.5×10^2
		0.5	2.4×10^3
	松木生物炭（700℃）	0.1	2.1×10^3
		0.5	3.4×10^4

续表

土壤类型	生物炭类型	生物炭添加量/%（ω/ω）	吸附分配系数K_d/（L/kg）
沙壤土	对照	0.0	1.6×10^2
	松木生物炭（350℃）	0.1	3.3×10^2
		0.5	1.4×10^3
	松木生物炭（700℃）	0.1	1.0×10^3
		0.5	7.3×10^3

表7-6表明，生物炭输入土壤能显著增加土壤对菲的吸附能力，且随生物炭添加量的增加而增强，尤其是对砂土，其提升效果更明显。一般是生物炭制备温度越高越能促进土壤对菲的吸附。

生物炭不仅促进土壤对有机污染物的吸附作用，对于挥发或半挥发有机污染也有很强的固持作用，能显著降低其挥发量。研究发现，添加0.1%的生物炭能使1,2,4-TCB的挥发量降低近90%。有机污染物的挥发量降低，显然导致其在土壤中的残留量增加，加重土壤有机物的污染。此外，生物炭能够通过淋滤、侵蚀等作用释放一些可溶性有机物，这进一步改变了有机污染物的迁移性，提高了土壤中有机污染物的浓度，增加长期环境风险。

2. 生物炭改变土壤重金属生物有效性

土壤重金属的危害不仅与各重金属在土壤中累积量相关，而且还与土壤重金属的形态和环境行为有密切的联系。影响重金属由生长介质向作物转移、积累的主要因素是可供根系直接吸收利用的重金属形态与浓度、有机质和pH值，以及根系的阳离子交换量等多种因素。近几年来的研究发现，生物炭的输入也会显著影响生物对土壤中重金属离子的吸收能力，加剧重金属的危害。

生物炭以其独特的性质会对土壤重金属的环境行为产生较大的影响。生物炭具有多孔性和高比表面积，以及大量的含氧官能团，施入土壤后，能与土壤粒子结合，显著增加土壤阳离子交换量，增加土壤离子的交换能力，从而改变重金属在土壤中的迁移转化能力。

目前，已有不少关于生物炭输入土壤后对重金属在土壤中的行为影响的研究，实验结果主要分为两个方面，一方面是生物炭对重金属有一定的吸附容量，促使土壤中的重金属从土壤迁移到生物炭上。如图7-16所示是以Pb^{2+}为例，列举的不同生物炭对Pb^{2+}的吸附状况。

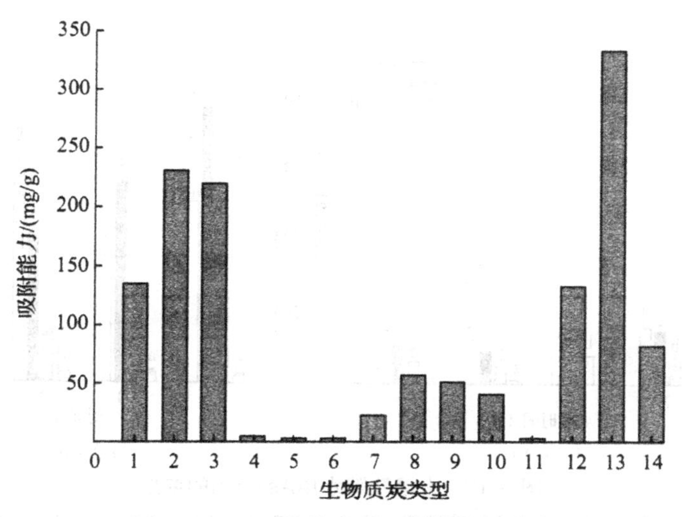

图7-16 不同生物炭对Pb^{2+}的吸附状况

由图7-16可见，大部分生物炭对土壤重金属都具有一定的吸附固定作用，能促使土壤中重金属从土壤迁移到生物炭上。但生物炭对土壤重金属的吸附能力随生物炭原料的不同和重金属种类的不同而具有一定的差异性。这是因为生物炭与重金属之间的相互作用随生物炭和重金属的性质的不同而有所不同。生物炭吸附土壤重金属，虽然能在短期内减少土壤重金属对水体、土壤生物和农作物的直接危害，但没有从根本上减少重金属在土壤中的含量。同时由于生物炭吸附土壤重金属并不是单向的，可能会随着时间迁移，或土壤条件的改变，再次解析、释放固定在土壤生物炭中的重金属从而造成对土壤的重金属污染，并导致长期的重金属污染危害。虽然，目前关于生物炭的长期效应这方面的研究还很少，但依然不能忽视。

另一方面，生物炭输入土壤还有可能改变土壤中重金属的生物有效性。生物炭输入土壤，增加了土壤可溶性有机碳，改变了土壤pH值，在一定程度上改变了土壤重金属的形态和淋溶能力，可能促进重金属的释放，提升土壤重金属浓度。有学者研究发现，生物炭输入土壤能促进土壤中As、Cu的释放，使土壤孔隙水中的As、Cu浓度增加了30多倍（如图7-17所示）。还有学者将350℃下制备的鸡粪生物炭输入土壤也得到类似的结果，发现土壤中Cu（Ⅱ）的量显著增加。

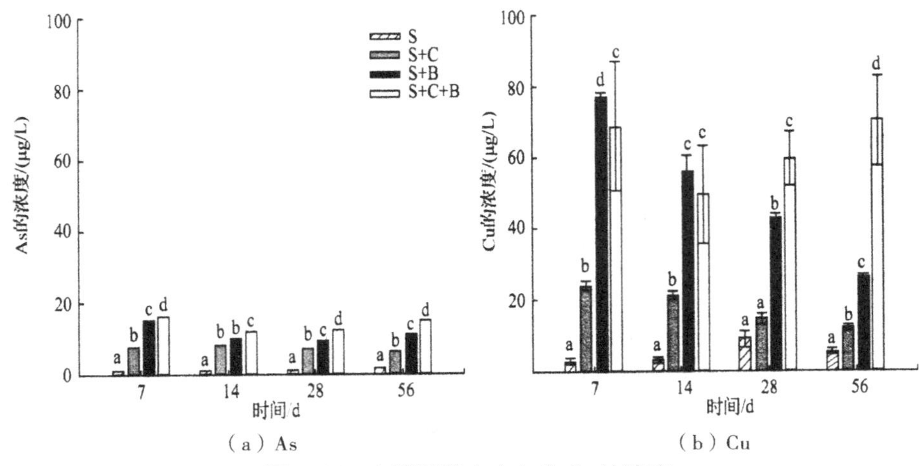

（a）As　　　　（b）Cu

图7-17　土壤孔隙水中As和Cu的浓度

生物炭输入土壤不仅可能促进土壤重金属的释放，而且也可能会提高土壤重金属的生物可利用性，增加土壤农作物中重金属的含量，危害土壤作物生长。有学者将污泥生物炭输入水稻土发现，土壤中生物可利用态Cd、Cu和Zn的浓度增大，并随着生物炭输入量的增加而不断上升。

同时，又通过测定培育于该污泥生物炭修复的土壤中的水稻的谷物、叶子和秸秆中的重金属含量，结果如图7-18所示。研究发现，无论是稻谷、叶子还是水稻秸秆，随着污泥生物炭的输入量的增加，Cd和Zn的含量明显增加，在稻谷中分别达到0.11～0.12mg/kg和26.3～28.1mg/kg。有学者也通过在污泥生物炭修复的土壤中培育菠菜、大豆、圣女果，都得到类似结果，即污泥生物炭修复土壤会在一定程度上增加Cd、Cu和Zn的生物累积量。

一些原料制备的生物炭中的重金属可能具有较大的生态毒性，直接施用于土壤会产生较大的生态风险。有学者对造纸厂污泥生物炭的重金属进行了生态风险评价，结果表明将造纸厂污泥制备成生物炭后，虽然对污泥中的重金属具有一定的固定作用，但是它们的潜在生态风险依然很高，尤其是用较低温度制备的污泥生物炭中，重金属浓度较高，潜在生态风险指数高，生物炭生态风险不容忽视。同时也发现，高温条件下制备的生物炭的潜在生态风险指数相对较低。因此，为减少生物炭中重金属的生态风险可通过提高生物炭制备温度，提高生物炭对重金属的固定作用，从而降低其潜在生态风险。

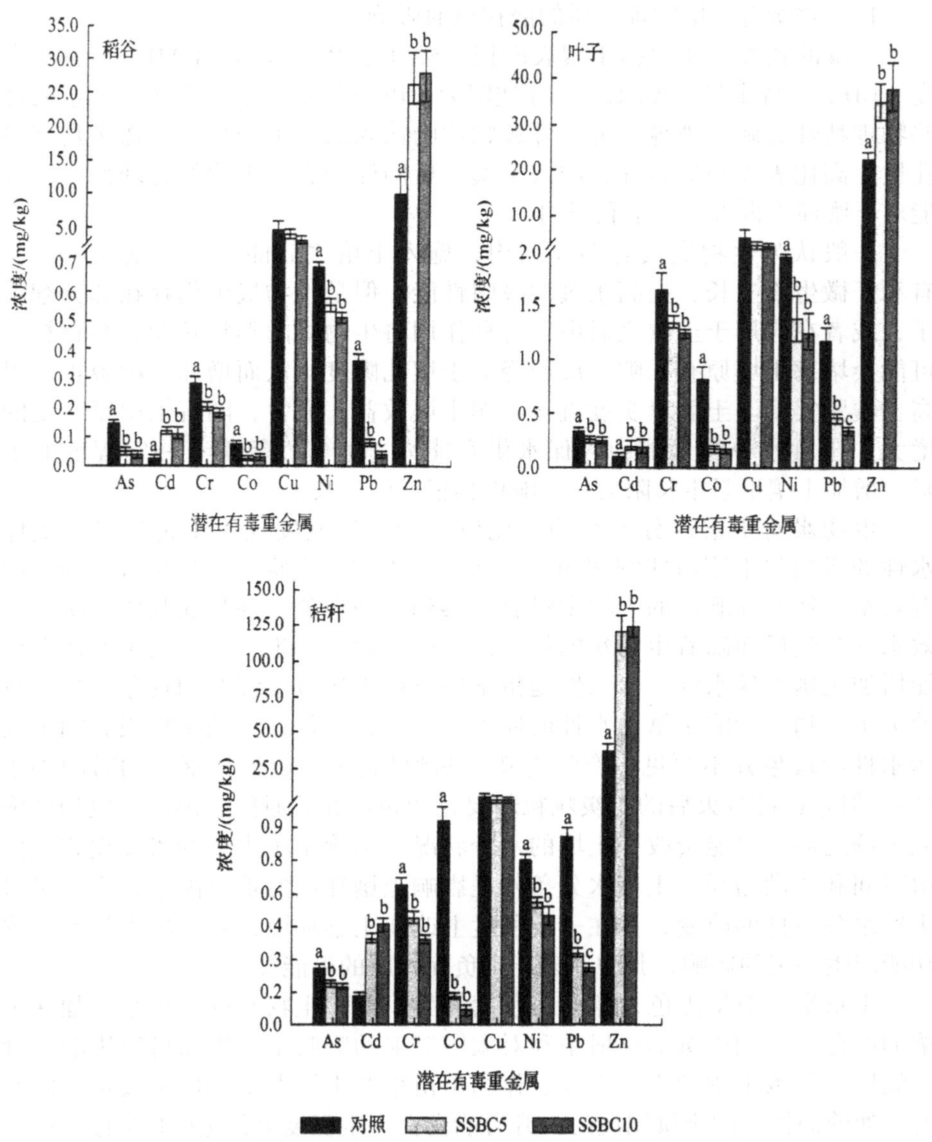

图7-18 生物炭添加对水稻各组织中有毒重金属含量的影响

（三）生物炭对土壤质量的影响

生物炭比表面积高、稳定性强，呈碱性，具有微孔结构，含有多种官能团等，这些因素都会随着生物炭的输入而影响土壤质量。近几年的研究发现，不管是实验室实验、温室试验还是田间试验，生物炭输入土壤都会在一定程度上改变土壤的物理性质、化学性质和生物学性质。

1. 生物炭对土壤物理性质的潜在负面影响

土壤的物理性质包括土壤表面积（SA）、孔径分布（PAD）、容积密度（BD）、持水量（WHC）、穿透阻力（PR）、颜色、温度等。土壤的这些物理特性会随着外界环境和外源物质的输入而发生变化。生物炭具有多孔性，高比表面积等特性，施入土壤之后同样会影响土壤的物理性质，可能对土壤环境带来一些不利影响。

一般认为生物炭具有多孔结构，施入土壤之后能增加土壤孔隙度，有利于微生物生长，提高土壤的吸附性能。但是生物炭中仍存在部分细粒子，或者在应用于土壤之后由于各种作用将生物炭的颗粒转变成小颗粒，可能会堵塞土壤原有孔隙，反而降低土壤孔隙度，从而增加土壤容重，提高土壤紧实度。土壤紧实度直接影响土壤效益，通常，随着土壤紧实度的增大，土壤水分渗入能力、保水供水能力、通气性等都有一定程度的下降，增加土壤根系生长阻力，影响作物根系的生长。

生物炭对土壤水分的影响也比较复杂。研究发现，生物炭对土壤保水性的影响与土壤质地密切相关：在沙土中加入生物炭会增加18%的土壤有效水，然而在肥沃的土壤中没有观察到这种现象，并且在黏质土壤中有效水的含量反而随着生物炭的加入而减少。此外，生物炭施入土壤还有可能增加土壤的斥水性。斥水性是指某些土壤无法被水湿润的现象。虽然目前关于生物炭影响土壤斥水性的原因并不十分清楚，但是生物炭影响土壤斥水性的现象并不罕见。有学者就观测到1滴水渗透枯枝落叶的时间小于10s，但它透过野火后的木炭颗粒却要花费超过2h的时间。因此，生物炭施入土壤之后，可能会改变土壤的水分状况，影响土壤水分的渗漏模式、停留时间和流动路径。土壤水分条件是影响土壤环境的重要因素，生物炭对土壤水分条件的改变，会在一定程度上改变土壤环境，对土壤生物和土壤功能产生一定的影响，其中不乏产生负面效应的可能性。

生物炭一般呈黑色，孟塞尔色度值为0～2，生物炭施入土壤会加深土壤的颜色，影响土壤的反射率和对太阳辐射的吸收量，进而可能影响土壤的温度，导致土壤微生物丰度、作物出苗率及土壤温室气体排放量等的改变，如前面提到的土壤温度的上升可能会在一定程度上促进CH_4等的排放。

生物炭不仅会影响土壤表层的物理性质，而且还可以随着水分沿土壤坡面向下迁移，影响下层土壤的性质。有学者通过长期实验观察到，由甘蔗残余物燃烧制备的生物炭，经过35年的时间，迁移到了心土层中。生物炭的迁移性在一定程度上将扩大其负面效应的影响范围。

2. 生物炭对土壤化学性质的潜在负面影响

生物炭含有K、Ca、Mg等碱金属，且一般都呈可溶态，施入土壤之后可解离，在一定程度上可以提高土壤的盐基饱和度和pH值。尤其是对于草本植物、禾本科植物、畜禽粪便和污泥等制备的生物炭，由于含有较高的灰分，其中Ca又是主要的成分之一，施入土壤之后，可能会增加石灰效应，提高土壤pH值，促进氮挥发，降低锌、锰等作物生长必需的微量元素的生物有效性，从而降低作物产量。尤其是对于本身呈碱性的土壤，施用高灰分、高pH值的生物炭可能会进一步加剧土壤的盐渍化程度。有学者将9种生物炭施入土壤后发现生物炭的石灰效应与其碱度有关，同时也观察到土壤pH值与生物炭的碱度呈线性相关关系。

目前，虽然很多研究表明，生物炭输入土壤有利于促进团聚体形成，对氮素物质等有较强的吸附作用，可减少养分的淋失和污染物在根际区的迁移。但也有一些研究表明，生物炭输入可能会增加土壤养分的流失。有学者将秸秆生物炭施入土壤后发现，生物炭可以提高土壤钾的淋洗量，累积淋洗量与土壤类型有关，不同的土壤类型影响效果不同。另外，生物炭对氮素物质的吸附也不是绝对的，它不仅受pH值的影响，还与氮素物质的形态有关。还有学者用砂培实验阐明，生物炭对NH_3/NH_4^-的吸附只有在接近中性（pH=7或8）时才效果明显。当pH=5时，由于生物炭的添加增加了体系的碱度，引起氨氮的大量挥发，而当pH=9时，土壤的氨氮已基本全部挥发，生物炭的作用也就变得微乎其微。有学者通过测定不同形态的氮素物质发现，将生物炭施入砂质土壤虽然能降低土壤交换性氨氮和硝氮的淋出，但却促进了可交换氮的淋洗，降低了土壤中可交换氮的含量。另外，生物炭中含有的挥发性物质可能会刺激微生物的活动，导致土壤有效氮减少，降低植物对氮素的吸收，抑制作物的生长。

此外，生物炭也会通过C/N影响N循环和土壤微生物的活性。生物炭的C/N值一般远大于25：1，是一种含碳量高而含氮量低的物质。土壤微生物需要的最佳有机质的C/N值一般为25：1左右，如果C/N值大于25：1，微生物缺乏N营养物质，活动力就会减弱，导致有机物分解降低，甚至还会与农作物争夺可利用N，造成农作物减产。生物炭的高C/N值还有可能促进微生物的固氮作用，进一步降低植物对N的利用率。有学者在研究生物炭输入对旱地土壤和水稻土中水稻和小麦的影响时发现，在没有外源可利用N添加的条件下，生物炭输入土壤并不能增加作物的产量，反而对水稻土中稻谷的产量有一定的抑制作用，只有同时施加生物炭和外源可利用N时生物炭才能增加作物的产量。

3. 生物炭对土壤生物学性质的潜在负面影响

土壤微生物对环境变化的响应较其他土壤生物更为敏感，其对生物炭施用的响应也最快。施用生物炭对土壤微生物的影响，与施用其他有机质对其影响差异较大，这是因为生物炭稳定性较高，并且缺乏可利用态的能源和碳源。生物炭对土壤微生物数量的影响与生物炭的特征及土壤的基本性质有关，而且会随着时间的推进而发生变化。

许多研究发现，生物炭输入土壤可以促进土壤微生物的生长，提高土壤微生物的多样性。然而，也有一些研究得到完全相反的结果。有学者发现，生物炭输入土壤会抑制土壤微生物的生长，改变土壤微生物丰度，降低土壤微生物生物量和微生物多样性。还有学者发现，添加生物炭会降低土壤微生物量碳和CO_2的释放量。还有学者利用磷脂脂肪酸法研究生物炭施用对土壤中主要微生物类群的影响，同样发现来源于葡萄糖的生物炭会显著降低土壤微生物生物量。还有学者研究发现，施用生物炭后，土壤细菌的几个优势菌属数量明显下降。还有学者采用变形梯度凝胶电泳技术（DGGE）分析土壤微生物多样性时也发现，生物炭施用降低了土壤微生物的多样性。与未做处理的土壤相比，在亚马逊黑土和添加生物炭的温带土壤中，古菌和真菌的多样性明显下降，添加栎树和草制备的生物炭的森林土其细菌的多样性也发生了显著性下降。

此外，生物炭对土壤微生物的影响还与生物炭的施用量有关。有学者通过室内培养考察了不同木材生物炭添加量（0、5t/hm^2、25t/hm^2，600℃）对土壤微生物量碳的影响，结果发现，高添加量条件下，与对照相比，其土壤微生物量碳显著下降（116mgC/kg，145mgC/kg）。此外，还有学者研究发现，当生物炭的施入量为90g/kg时，大豆根部土壤的生物固氮能力显著下降。以上这些研究结果均表明，生物炭添加不当将对土壤生物学特性造成潜在的负面影响，严重情况下还可能导致土壤生产力下降。

三、生物炭对水体环境的潜在风险

生物炭由于其较高的孔隙度和较强的吸附性，很容易吸附土壤中的有机污染物和重金属，加之本身从原料和制备过程中带入的有机污染物和重金属，使生物炭成为潜在的污染物载体。在环境中处置或综合利用的生物炭，由于受到雨水的冲刷和风力的带动，容易流失，进入地表水，也有可能随水流下渗，或在包气带中由上向下垂直迁移，然后进入含水层，并被输送到地下水流经的地区。因而生物炭富集的多种有毒有害物质可随着水体的流动在整个水环境中迁移，并且由于生物炭对外源物质的吸附并不是单向的，存在一定的可逆性，当周围环境改变，或存在重金属诱发因素（如水体中盐浓度、氧化还原条件的变化、pH值、水环境中配合剂含量、水体紊动强度）及其他一些因素时可能导致重金属等的再次释放–吸附，从而可能影响整个水生生态系统，污染水体环境，甚至对饮用水带来一定的安全风险。

如图7-19所示为生物炭在水体中可能的迁移途径。从图7-19中可以看出，生物炭进入水体主要通过两个途径：一是生物炭通过雨水冲刷作用，直接进入河流；二是生物炭通过土壤渗透作用。迁移进入水体。其中，生物炭从土壤向饮用水的运移过程又可以分为两个阶段：第一阶段为生物炭携带着污染物在含水层中通过渗透和稀释作用从土壤向水体的垂直运动；第二阶段为生物炭携带着污染物在含水层中从污染源向饮用水井的顺梯运动。

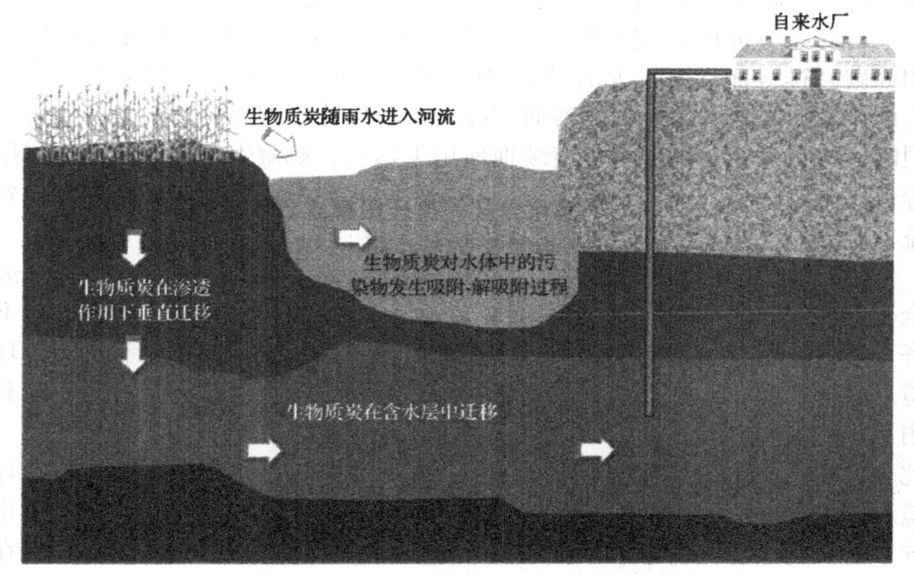

图7-19　生物炭在水体中的可能迁移途径

生物炭作为潜在的污染物载体，在水体中的迁移转化过程扩大了生物炭的作用范围，也同时扩大了生物炭中污染物的影响面，在今后的科研与实践中，需引起足够的重视，加强科学合理的评估。

第三节　生物炭经济性分析

生物炭来源广泛，制备简单，性质优良，在农业环境领域的应用潜力巨大，前景看好，然而面对市场，生物炭能否作为一种优势产品或者说生物炭化能否实现产业化发展，生物炭的经济风险就需要引起社会的足够重视，同时也需要社会各界通力合作，制定适宜的法规、政策及采取合理的保障措施，以避免或减少生物炭生产和使用过程中潜在的经济风险。

生物炭生产成本一般包括生物质原料成本、运输成本、制备成本和施用成本等。这与不同原料的可利用性、处理要求、热解条件、制备设备的可用性及使用年限等因素密切相关。生物炭来源广泛，主要包括农林生物质废弃物、城市有机垃圾、市政污泥等。不同来源生物质废弃物价格各不相同。一些原料成本占生物炭总成本的比例很高，而另一些则相对较低。因此，加强生物炭经济性分析，对全面评价生物炭经济风险，推动生物炭规模化、产业化、市场化生产与应用具有较强的现实意义。

结合各方面的研究结果容易发现，生物炭农业应用虽然在水稻增产和固碳减排方面具有较大的经济-环境效益，但与生物炭应用成本仍有一定的差距，需在政策补助、科研支撑、市场保障等方面进行一定的完善。同时，为更安全、环保、可持续地使用生物炭，规避生物炭在制备和应用等过程中的环境、经济、生态安全等风险，充分发挥生物炭的正面环境效益，需进一步加大在以下几个方面的研究力度：

（1）加强生物炭产品及其土地利用的污染物限量标准研究，建立健全生物炭生产与应用过程的标准与规范。生物质原料来源广泛，良莠不齐，某些原料制备的生物炭中污染物的含量较高，直接应用具有较大的环境风险。为此，需加强生物炭质量控制体系建设，编制生物炭产品土地利用污染物限量标准，严格控制污染风险性较强的生物炭产品的直接应用。此外，生物炭土壤环境效益还与土壤类型、生物炭添加量和添加方式及环境与气候条件有关，需建立生物炭农业应用标准，制定生物炭农业应用指导手册，为生物炭科学、规范、合理应用提供参考与支撑，实现生物炭在农业及农业环境领域的“适地、适时、适用”，以期达到生物炭农业应用“可用、可控、可循”的目标。

（2）加强生物炭制备工艺和设备的研究。目前的生物炭制备技术虽在传统工艺上有所发展，但暴露出的设备相对简陋、制备能耗大、得率低、成本高、二次污染防治设施缺乏等问题，与生物炭现代化制备工艺仍有较大的差距。为此，急需在整合目前已有的实践经验和研究结果基础上，组织力量开展专项研究，研发针对生物炭制备过程中二次污染的设备，研制集经济、高效、安全、环保及智能化控制于一体的新型生物炭成套化装备，真正实现生物炭标准化、连续化、机械化、自动化生产。

（3）建立生物炭污染物检测与分析体系。目前，国内关于生物炭污染物方面的研究主要集中在对某种生物炭污染物的总量分析上，而对于生物质原料中各物质的提取、检测分析方法，尤其是入土之后的生物炭中污染物的提取、检测等方法缺乏。这严重阻碍了生物炭环境行为与环境效益机制及其生态风险评估研究。因此，在今后的科研实践中，要加强生物炭（尤其是入土生物炭）污染物检测与分析体系的建立，大力研发生物炭中污染物标准化提取、快速检测等技术，为探究生物炭长期环境行为和生物炭中污染物的生物可利用性，污染物在环境中的吸附–解吸行为、迁移转化过程、污染物的复合作用，以及多种生物炭复合使用带来的环境风险等的研究奠定基础，提供方法保障。

（4）开展生物炭环境与生态毒理和生态风险评价研究。目前，国内关于生物炭生态毒理和环境风险方面的研究刚刚起步，缺乏系统性研究。故在未来的科研中，需注重生物炭生态毒理效应，尤其是生物炭所含污染物的累积效应及与土壤污染物之间的复合效应。同时，还需加强生物炭长期、系统、全面、科学的生态风险评价（包括一次性施用或常年连续性施用），尤其是对土壤质量和水体环境的研究。目前，对于生物炭施用过程中的生态毒理和生态风险的研究鲜有报道，加强生物炭生态风险评价，建立相应的风险评估体系和对应的公共安全管理策略意义深远。

（5）完善生物炭生命周期评价研究。目前，关于生物炭生命周期评价方面的研究尚处于起步阶段，且迄今为止，主要集中于生物炭的固碳减排及能源和经济性方面，鲜有涉及生物炭制备和应用过程中的二次污染问题。然而，生物炭在制备过程中产生的有毒有害物质和生物炭应用对生态系统带来的风险不容忽视。因此，在建立生命周期评价模型时，应充分考虑由生物炭原料、制备和应用过程中二次污染物带来的生态影响。完善生物炭生命周期评价方法，真正实现对生物炭的全面、科学、合理的评价，进而为生物炭的农业应用与改进提供指导，以实现生物炭农业环境应用中“生态、安全、循环、可持续、效益最大化”的目标。

（6）提高农用生物炭产品的经济性。生物炭农业应用虽然在提高作物产量、固碳减排等方面具有较好的效益，但与生物炭的成本相比仍有一定的差距。为此，完善生物炭制备工艺与设备，提高生物质原料综合利用率，降低生物炭成本，或提升生物炭品质与效能，研发高值化、特效化的生物炭衍生产品，为降低生物炭经济风险的可行出路。此外，重视挖掘和发挥生物炭的生态效益，加强生物炭生态补助，将生物炭产品的研究与应用提升到应对全球气候变暖的战略地位，从而提高农用生物炭的经济性，推动生物炭的市场经济发展。

第八章
生物炭应用的前景展望

生物炭广泛存在于地球上的自然环境和人工环境中。长久以来，人们围绕生物质的开发和利用不断进行着探索。生物炭作为一种古老的技术，由于具有切实锁定大气CO_2的独特功能，在近年来受到人们的关注，重新成为一种新兴的技术，并有望成为人类改善土壤生态环境与应对全球气候变化的一条重要途径。随着对生物炭研究的深入，其在全球碳生物地球化学循环、气候变化、土壤改良和环境保护中的重要作用日趋体现。

第一节　生物炭应用中亟待解决的问题

从历史角度看，木炭或竹炭的生产及使用超前于研究，生物炭的现代科学研究始于20世纪90年代。生物炭的基础研究相对较弱，关于生物炭的结构和性质研究时间很短，生物质转化生物炭的结构和性质研究虽有一些研究报道，但是很零散。不同种类生物质及不同工艺转化生物炭缺乏系统研究，生物炭的结构和性质没有确切的定义和标准。生物炭的性质或特征如化学结构、组成、挥发物、水溶出物特征、酸碱性、物理结构及孔隙度、吸附作用、阳离子交换量、降解性等缺乏系统研究。因此，今后应加强生物炭性质与特征的研究，落实推行制定生物炭的定义和标准。

在生物炭的基本性质表征上，目前的实验集中在阐明原料和烧制条件对生物炭性质的影响方面，但对于土壤中生物炭的定性定量分析方法、生物炭微观构象等问题仍然不能给出满意解答。同时，生物炭的基本性质随时间发生怎样的变化，并且这些变化是怎样影响其环境功能等也尚未解决，因此在机理的深层次研究中还有巨大空白可以填补。

目前，生物炭作为土壤改良剂及肥料缓释载体应用研究基本都是短期研究结果，有些是温室或实验室的研究结果，研究结果存在一些相互冲突的现象，这不仅与土壤类型有关，而且与生物炭的性质或特征有关。实际上，目前尚未有生物炭农用的标准，这将影响生物炭的农业应用，也影响生物炭对土壤、环境及生物长期作用的科学评价。因此，研究制定生物炭农用标准是今后亟待解决的问题。

关于生物炭或黑炭的良好作用认识大多源于对Terra Preta的研究，而生物炭及生物碳基缓释肥料对土壤、作物及环境影响的研究结果绝大多数是短期实验的结果，有些仅是实验室土柱淋洗、土壤培养及土壤水分特征曲线测定评价的结果，而在实际田间情况下生物炭对土壤物理、化学及生物学的性质的长期影响如何，对土壤及肥料养分的淋洗影响如何，尤其是生物炭在土壤中的稳定性都需要长期的实验研究。因此，今后应该加强长期评价生物炭对土壤及环境的影响研究。

生物炭的用量是生物炭对土壤是否产生作用或效果的重要因素。现有研究报道表明，作物对生物炭施用量反应存在差异，有的在低用量下就产生效果，但在高用量时则有抑制作物生长的作用，有的实验在高用量时也有很好效果，这种相互矛盾的结果需要进一步探索原因或机理。此外，生物炭与肥料配合施用几乎都是正效应，这表明生物炭与肥料之间存在互补或协同作用，生物炭与肥料复合可消除生物炭含养分不足而与作物争夺土壤有效养分的问题，还有其他益处。因此，研究生物炭与肥料的复合工艺及合理配施是生物炭农用需要解决的问题。

生物炭在土壤中固碳是简单易行的技术，甚至是低成本的，生物炭固碳减缓气候变暖已是全球热点话题。然而，有人持反对意见，尤其对Terra Preta中生物炭单方面所起的培肥效果质疑，其原因在于目前关于生物炭的研究认知大多来源于实验室、温室试验及贫瘠土壤上的短期试验，缺乏对土壤中生物炭的长期研究及评价。生物炭对土壤有机质及腐殖质的影响也需要深入研究。因此，人们需要全面系统地研究生物炭性质及特征与固碳、土壤培肥及环境的问题，为生物炭利用战略提出科学决策的依据。

目前，生物炭研究还停留在实验室和田间的理论阶段，对于生物炭在工农业生产上的推广，以及具体应用过程中所需要的工程技术支持还处于起步阶段。当务之急是根据工农业应用的具体需要针对性地优化生物炭的特性，同时对于大规模应用进行可行性研究和成本效益分析。例如，作为高度含碳的物质，生物炭具有易燃的特性，在贮存转运过程中在氧气和潮湿环境下极易发生爆炸，目前普遍采用的方法是将生物炭造粒或与液态物质泥浆化，但从工业生产的角度无疑会增加生物炭的应用成本，因此在探索经济实用的贮存转运手段方面还需更深入的挖掘。

第二节　生物炭应用的未来趋势

一、生物炭应用的国内发展动态

我国具有丰富的废弃生物质资源，且由于地理跨度大，生物质种类具有较大差异，如林木、果树及水果，废弃生物质具有多样性。中国每年仅作物秸秆可达8亿t之多。然而，中国废弃生物质利用率较低，尤其是生物炭生产尚在起步之中。

我国木炭使用虽有悠久历史，但是中国生物炭研究是近年来的事情。中国竹炭综合利用研究较为先进，竹炭以工艺品、活性炭利用为主，主要用于空气净化剂和纺织品中。

我国生物炭的科学研究是伴随着中国生物能源研究而开展的。20世纪90年代中期沈阳农业大学从荷兰引进了一套生物质热裂解装置，之后国内许多大学、研究院所开展了生物质热裂解的研究，但大多以生产生物能源为主，生物炭为副产物，并且大多数将生物炭用作燃料，特别是机制炭，且热裂解工艺尚在起步阶段。近年来通过与国外合作研究与交流，中国生物炭农用研究开始起步，并举办过涉及生物炭的学术会议，并且对生物炭改良土壤、肥料增效的研究获得了一些初步成果。将生物炭作为生物质热解的主产品，特别是用作土壤改良剂和肥料缓释及固碳载体的研究和应用尚未得到足够重视。中国对废弃生物质热解生产生物炭工艺及参数与生物炭性质、特征缺乏系统研究；对生物炭性质和特征对全国不同生态区不同土壤的改良效果缺乏系统的、长期的研究；对生物炭与肥料复合及肥料效益改善也缺乏系统的研究；对生物炭的碳固定及碳减排的作用还未足够重视。中国生物炭中试生产、商业化企业偏少，生物炭生产副产品热解蒸气深加工利用率低。故加强生物质转化生物炭工艺综合利用研究，加强将生物炭作为土壤改良剂、肥料缓释及固碳载体的利用研究十分迫切。

因此，中国应尽快转化生物质（尤其是废弃生物质）利用观念或方向——尽快转向以生物炭为主导产品并将其农用，加强全国生物炭联合研究，促进生物炭多赢效益的发挥，促进中国废弃生物质综合利用、土壤可持续利用及农业可持续发展。

二、生物炭应用的国际发展动态

全球有关生物炭的国际组织、地区组织、协会及学会、企业、研究机构网站已逾千家，这为生物炭的知识传播和研究交流提供了很好的平台，推动了全球生物炭的研究、生产与推广，推动了生物炭测试方法标准化。全球有数百个大专院校、公司和企业开展生物质热裂解转化生物炭的研究、小试及中试，有些单位具有中试车间、示范厂，个别单位拥有生物炭移动生产设备，如美国弗吉尼亚理工大学、加拿大西安大略大学等。美国、加拿大、澳大利亚等国家的生物炭研究与中试工艺先进。美国爱普利瑞达公司的生物炭与肥料联产工艺是最先进的工艺之一。在全球生物质热解研究与开发企业中，大部分以生物能源为中心，生物炭是副产物，甚至将生物炭作为能源物质使用。虽然以生物质热裂解获取生物能源的技术是碳中和技术，但由于生物能源生产需要能源植物，种植能源植物又会改变土地利用方式，导致能源植物与粮食生产争夺土地，且能源植物生长快、产量高，易于导致土壤肥力衰竭，不利于土壤可持续利用及农业可持续发展。而以废弃生物质热裂解生产生物炭为主导产品，并将生物炭作为土壤改良剂和肥料缓释载体是全球气候问题可持续的、综合的解决方案。但目前全球仅有少数企业以生产生物炭为主导产品。有理由相信，随着对生物炭固碳、土壤改良及肥料增效研究的深入及推广（图8-1），这种状况会逐渐改变。

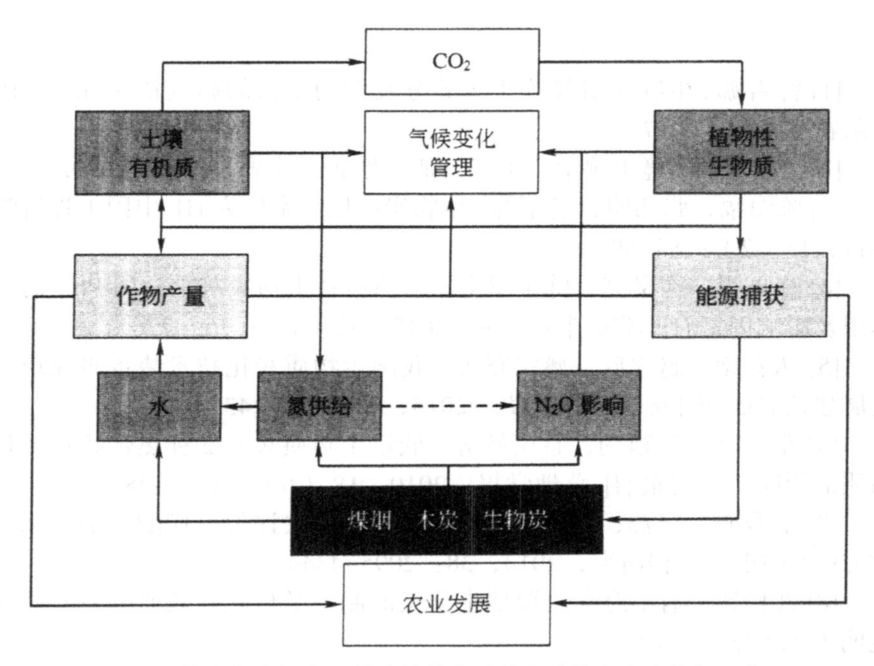

图8-1　环境中的生物炭及其关键的物质的自然的和人为的相互作用

全球有关生物炭的会议已经举办过多次，最著名的国际生物炭倡导组织（IBI）自2007年在澳大利亚召开第一届会议至今，已召开了3届。许多国家也成立了全国生物炭学会，一些国家还成立了地区协作研究网络、工作组，并相继召开了有关生物炭的研究及示范专题会议。中国也于2010年6月12日在中国农业大学成立了中国生物炭网络中心。这对生物炭名词统一、测试内容及测试方法、生物炭质量标准制定、相关政策制定及立法起着积极的作用。IBI向联合国气候变化公约及联合国沙漠治理委员会提交了建议报告，建议将生物炭作为气候变化控制及适用性工具，并为将生物炭列入碳减排贸易产品进行着积极的努力。

参考文献

[1] 曹雪娜 . 生物炭对设施土壤养分及作物生长的影响初探 [D]. 沈阳：沈阳农业大学，2017.

[2] 陈怀满 . 环境土壤学 [M]. 第 2 版 . 北京：科学出版社，2010.

[3] 陈温福，张伟明，孟军等 . 生物炭应用技术研究 [J]. 中国工程科学，2011，13（2）：84-89.

[4] 陈再明，徐义亮，陈宝梁等 . 水稻秸秆生物炭对重金属 Pb^{2+} 的吸附作用及影响因素 [J]. 环境科学学报，2012，32（4）：769-776.

[5] 丛宏斌，赵立欣，姚宗路等 . 我国生物质炭化技术装备研究现状与发展建议 [J]. 中国农业大学学报， 2015，02：1007-4333.

[6] 邓万刚，吴鹏豹，赵庆辉等 . 低量生物质炭对 2 种热带牧草产量和品质的影响研究初报 [J]. 草地学报，2010，18 （6）：844-848.

[7] 丁秀明，彭磊，文峰等 . 模拟体液浸泡法评价柠檬酸钙的生物学特性 [J]. 中国组织工程研究，2013，38：2095-4344.

[8] 杜佳姚 . 纳帕海高原湿地生物炭的制备及理化性质研究 [D]. 昆明：昆明理工大学，2014.

[9] 关天霞，何红波，张旭东等 . 土壤中重金属元素形态分析方法及形态分布的影响因素 [J]. 土壤通报，2011，42（2）：503-512.

[10] 韩伟，刘晓晔，李永峰等 . 环境工程微生物学 [M]. 哈尔滨：哈尔滨工业大学出版社，2010.

[11] 何绪生，耿增超，佘雕等 . 生物炭生产与农用的意义及国内外动态 [J]. 农业工程学报，2011，27（2）：1-7.

[12] 侯杰发 . 镁改性牛粪生物炭对农田土壤磷吸附性能及其机理研究 [D]. 昆明：昆明理工大学，2017.

[13] 花莉，张成，马宏瑞等 . 秸秆生物质炭土地利用的环境效益研究 [J]. 生态环境学报，2010，19（10）：2489-2492.

[14] 黄运，刘丽君，章明奎 . 生物质炭对红壤性质和黑麦草生长的影响 [J]. 浙江大学学报（农业与生命科学版），2011，37（4）：439-445.

[15] 会向阳 . 黑炭对农药在土壤中的吸附 / 解析行为及其生物有效性的影响 [D]. 咸阳：西北农林科技大学，2007.

[16] 金亮，刘栋，陈秋飞等 . 聚丙烯腈原液氨化程度对原丝及其碳纤维

生产的影响 [J]. 合成纤维，2014，04：1001-7054.

[17] 李昌见 . 生物炭对砂壤土理化性质及番茄生长性状的影响及其关键应用技术研究 [D]. 呼和浩特：内蒙古农业大学，2015.

[18] 李力，刘娅，陆宇超等 . 生物炭的环境效应及其应用的研究进展 [J]. 环境化学，2011，08：0254-6108.

[19] 李力，陆宇超，刘娅等 . 玉米秸秆生物炭对 Cd（Ⅱ）的吸附机理研究 [J]. 农业环境科学学报，2012，11（7）：2277-2283.

[20] 李帅霖，王霞，王朔等 . 生物炭施用方式及用量对土壤水分入渗与蒸发的影响 农业工程学报，2016，14：1002-6819.

[21] 李晓婷 . 基于红外显微成像的果蔬农药快速检测识别研究 [D]. 上海：上海交通大学，2013.

[22] 林肖庆 . 不同材料与制备工艺对生物炭性质及水稻土壤甲烷排放的影响 [D]. 金华：浙江师范大学，2016.

[23] 刘桂宁，陶雪琴，杨琛等 . 土壤中有机农药的自然降解行为 [J]. 土壤，2006，38（2）：130-135.

[24] 刘维屏 . 农药环境化学 [M]. 北京：化学工业出版社，2006.

[25] 刘鑫 . 不同水肥管理措施对旱地小麦产量与水分利用效率的影响研究 [D]. 咸阳：西北农林科技大学，2016.

[26] 刘莹莹，秦海芝，李恋卿等 . 不同作物原料热裂解生物质炭对溶液中 Cd^{2+} 和 Pb^{2+} 的吸附特性 [J]. 生态环境学报，2012，（1）：145-152.

[27] 刘玉学，刘微，吴伟祥等 . 土壤生物质炭环境行为与环境效应 [J]. 应用生态学报，2009，20（4）：977-982.

[28] 刘玉学. 生物质炭输入对土壤氮素流失及温室气体排放特性的影响[D]. 杭州：浙江大学，2011.

[29] 鲁彩艳，陈欣. 土壤氮矿化-固持周转（MIT）研究进展[J]. 土壤通报，2003，34（5），473-477.

[30] 马浩，雷光宇，李娟 . 生物质炭对农田土壤碳循环影响研究进展 [J]. 农业与技术，2017，06：1671-962X.

[31] 马嘉伟，胡杨勇，叶正钱等 . 竹炭对红壤改良及青菜养分吸收、产量和品质的影响 [J]. 浙江农林大学学报，2013，05：2095-0756.

[32] 钱新锋，赏国锋，沈国清 . 园林绿化废弃物生物质炭化与应用技术研究进展 [J]. 中国园林，2012，11：1000-6664.

[33] 曲蕃升，邢丽媛，许丽娜 . 中药及其制剂现代质量控制方法研究进展 [J]. 世界最新医学信息文摘，2016，72：1671-3141.

[34] 商伟伟，蔡良，罗磊等 . 核磁共振技术在枯草芽孢杆菌的抗菌物质

结构鉴定中的应用 [J]. 台湾农业探索，2012，01：1673-5617.

[35] 宋成芳 . 生物质催化热解炭化的试验研究与机理分析 [D]. 杭州：浙江工业大学，2013.

[36] 宋晓岚，张颖，程蕾等 . 活性炭在防治大气污染方面的应用研究与展望 [J]. 材料导报， 2011，07：1005-023X.

[37] 田永强，张正，张倩茹，尹蓉 . 生物炭的研究现状与对策分析 [J]. 山西农业科学，2016，05：1002-2481.

[38] 汪艳如 . 牦牛粪生物炭老化对纳帕海高原湿地农田土壤氮流失的影响研究 [D]. 昆明：昆明理工大学，2017.

[39] 王光学 . 栗壳基生物质炭材料的制备及结构性能演变 [D]. 上海：东华大学，2011.

[40] 王俊超 . 垫料生物炭对水、土环境中重金属污染的修复研究 [D]. 扬州：扬州大学，2015.

[41] 王莉，卢良坤，丁喆，罗立新 . 样品中未知物质分离鉴定方法的研究 [J]. 中国酿造， 2011，12：0254-5071.

[42] 王曙光 . 环境微生物研究方法与应用 [M]. 北京：化学工业出版社，2010.

[43] 王晓娜，吴川福，汪群慧等 . 1992—2015 年期间生物炭领域研究趋势的文献计量分析 [C]. 2016 中国环境科学学会学术年会论文集（第四卷），2016.

[44] 魏雪 . 生物炭包覆纳米零价铁去除水中硒的研究 [D]. 长沙：湖南大学，2016.

[45] 吴成，张晓丽，李关宾 . 黑炭制备的不同热解温度对其吸附菲的影响 [J]. 中国环境科学，2007，27（1）：125-128.

[46] 吴成，张晓丽，李关宾 . 黑碳吸附汞砷铅镉离子的研究 [J]. 农业环境科学学报，2007，（2）：770-774.

[47] 吴济舟，张稚妍，孙红文 . 无机离子对芘与天然溶解性有机质结合系数的影响 [J]. 环境化学，2010，29（6）：1004-1009.

[48] 吴文伶 . 离子型化合物对菲吸附解吸影响研究 [D]. 天津：南开大学，2010.

[49] 武鹏 . 红粘土的工程地质性质与滑坡形成机理 [D]. 西安：长安大学，2015.

[50] 徐明 . 铜冶炼炉渣浮选回收铜的初步研究 [D]. 沈阳：东北大学，2009.

[51] 徐晓阳 . 土壤中菲的形态及其生物可利用性研究 [D]. 天津：南开大

学，2010.

[52] 杨敏 . 水稻秸秆生物质炭在稻田土壤中的稳定性及其机理研究 [D]. 杭州：浙江大学，2013.

[53] 杨世关，刘亚纳，张百良等 . 赤子爱胜蚓处理鸡粪的试验研究 [J]. 中国生态农业学报，2007，15（1）：55–57.

[54] 杨振声 . 水溶性咪唑啉酰胺的制备及其缓蚀行为研究 [D]. 沈阳：沈阳工业大学，2016.

[55] 游东海 . 秸秆直接还田效果及秸秆热解制成生物炭还田模拟研究 [D]. 咸阳：西北农林科技大学，2012.

[56] 余向阳，张志勇，张新明等 . 黑炭对土壤中毒死蜱降解的影响 [J]. 农业环境学报，2007，26（5）：1681–1684.

[57] 张磊 . 饱和同酸偶数碳甘油三酯结晶行为的研究 [D]. 天津：天津科技大学，2016.

[58] 张文玲，李桂花，高卫东 . 生物质炭对土壤性状和作物产量的影响 [J]. 中国农学通报，2009，25（17）：153–157.

[59] 章明奎，王浩，郑顺安 . 土壤中黑炭的表面化学性质及其变化研究 [J]. 浙江大学学报（农业与生命科学版），2009，35（3）：278–284.

[60] 周志红，李心清，邢英等 . 生物炭对土壤氮素淋失的抑制作用 [J]. 地球与环境，2011，39（2）：278–283.

[61] 周尊隆 . 多环芳烃在黑炭上吸附和解吸行为的研究 [D]. 天津：南开大学，2008.